湿陷性黄土高填方地基变形机理及控制理论

梅　源　胡长明　袁一力　王雪艳　著

中国建筑工业出版社

图书在版编目(CIP)数据

湿陷性黄土高填方地基变形机理及控制理论／梅源
等著. — 北京：中国建筑工业出版社，2021.9
ISBN 978-7-112-26664-7

Ⅰ.①湿… Ⅱ.①梅… Ⅲ.①湿陷性黄土－黄土地基
－地基处理－研究 Ⅳ.①TU475②TU472

中国版本图书馆 CIP 数据核字(2021)第 198169 号

本书将依托黄土高填方工程实例，结合理论分析、试验研究、数值模拟等技术手段，对湿陷性黄土高填方地基变形规律及稳定性开展系统研究，研究成果对类似工程具有借鉴意义，为工程设计施工提供科学指导及参考性建议。本书主要内容共 7 章，包括：第 1 章　湿陷性黄土高填方工程研究发展动态；第 2 章　压实黄土物理力学特性研究；第 3 章　湿陷性黄土高填方地基稳定性分析；第 4 章　湿陷性黄土高填方地基沉降变形简化算法；第 5 章　湿陷性黄土高填方地基变形施工控制；第 6 章　湿陷性黄土高填方地基工程实例；第 7 章　结论与展望。

本书可作为水利、土建、岩土、地质等专业教师、研究生阅读用书，亦可作为相关科研和工程技术人员的参考用书。

责任编辑：王华月　杨　杰
责任校对：姜小莲

湿陷性黄土高填方地基变形机理及控制理论

梅　源　胡长明　袁一力　王雪艳　著

*

中国建筑工业出版社出版、发行（北京海淀三里河路 9 号）

各地新华书店、建筑书店经销

北京红光制版公司制版

河北鹏润印刷有限公司印刷

*

开本：787 毫米×1092 毫米　1/16　印张：21½　字数：519 千字

2021 年 9 月第一版　　2021 年 9 月第一次印刷

定价：98.00 元

ISBN 978-7-112-26664-7

(38522)

作　者　简　介

梅源，男，1983 年 6 月生，西安建筑科技大学土木工程学院副教授，主要从事岩土工程及土木工程建造与管理方向的教学和研究工作。近年来，主持国家自然基金项目 2 项，省部级项目 2 项，厅局级项目 3 项，作为主要完成人参与国家自然基金项目 1 项，省部级科研项目 5 项，厅局级项目 6 项，完成企业横向课题 20 余项。出版专著 2 部，参编教材 1 部。在国内外高水平期刊或会议上发表论文 20 余篇，获准国家专利 10 余项。获得省部级科技进步一等奖 1 项，省高等学校科学技术一等奖 1 项，校科技进步奖 2 项、专利奖 3 项。

胡长明，男，1963 年 7 月生，西安建筑科技大学土木工程学院教授，学术学科带头人。兼任中国建筑学会工程建设学术委员会理事、中国模板协会专家委员会副主任委员、陕西省土木建筑学会建设质量安全分会副理事长、陕西省土木建筑学会建筑施工专业委员会副主任委员、陕西省建设工程造价管理协会理事。主要从事岩土工程及土木工程建造与管理等领域的教学和研究工作，作为项目的负责人完成工程项目几十项。近年来，主持国家自然科学基金一项，省部级纵向科研项目 6 项，完成横向课题多项。已在国内外专业核心期刊及重要学术会议上发表论文 100 余篇，主编或参编著作 10 余部，获准国家专利 30 余项，软件著作权登记一项。

袁一力，男，1991年11月生，博士，西安建筑科技大学博士后，主要从事土力学与岩土工程施工研究工作。近年来，作为主要完成人参与国家自然基金1项，省部级项目2项，厅局级项目3项，完成企业横向课题2项，获得省高等学校科学技术一等奖1项，在国内外高水平期刊或会议上发表论文10余篇，获准国家专利2项。

王雪艳，女，1984年6月生，博士，西安工程大学教师，主要从事土木工程建造与管理方向的教学和研究工作。近年来，主持省部级项目1项，厅局级项目1项，作为主要完成人参与厅局级项目3项，参编教材1部。在国内外高水平期刊或会议上发表论文10余篇。

前　言

随着国民经济的发展与西部大开发战略的逐步实施，近年来在我国西部地区开展的大规模建设投资项目空前增加。由于西部地区土地资源供不应求，许多工程项目通过削山填沟来增加可用土地面积。黄土广泛分布于我国西北地区，基于就地取材原则，在该地区的填方工程施工中，黄土往往被大量用作填方工程的填料，进而形成了许多黄土高填方边坡。

黄土因其特殊的矿物组成、沉积地质条件与微观结构，导致其具有大孔隙、发育竖向节理和湿陷性等不良工程地质特点。作为填料的黄土经过良好压实后其湿陷性能够部分甚至完全消除，工程性质极大改善，但受环境因素影响，其物理力学性质会产生不同程度的劣化，导致填方工程安全性降低。对于水敏感性极强的黄土而言，干湿循环作用会给土体强度特性造成较大影响进而影响填方边坡的安全性。相较于在沉积历史中经历过大量干湿循环已经具有稳定强度的原状黄土而言，干湿循环对压实黄土强度的劣化影响更为显著。目前针对黄土干湿循环作用与黄土填方边坡安全性的相关研究已有报道，但已有研究多将干湿循环次数作为唯一研究变量，将干湿循环路径考虑在内并形成综合的干湿循环模型的研究较少，此外将压实黄土受干湿循环影响下强度劣化的宏观表现、微观机理以及强度劣化导致的填方边坡安全性降低相结合而进行的综合性研究较少。

在填方工程中，压实土的压实度（干密度）是施工质量的主要评价指标，不同干密度的压实黄土孔隙特性、渗流特性大相径庭，因而干湿循环对不同干密度压实黄土的影响必然迥异，针对不同干密度的压实黄土进行试验研究具有较大理论与实践意义。

同时，黄土属于非饱和土，但目前非饱和土理论尚不成熟。在黄土高填方固结变形分析过程中，有学者将非饱和黄土当成干土或者是饱和土来研究分析，并采用饱和土或者干土的基本假设分析黄土高填方的固结变形，这显然是不合理的。采用这种方法分析问题得到的结果只能是近似解，且误差较大，往往不能正确指导工程的设计与施工。事实上，真正意义的饱和土是不存在的，饱和土只是非饱和土的一个特殊种类。正是由于国内外对非饱和土理论研究不到位，对非饱和土高填方工程没有系统深入的认识，才导致黄土高填方地基因工后沉降过大以致失稳的现象屡屡发生，给社会带来巨大的经济损失。

近年来，黄土高填方工程填方高度高、填方量大、工期紧的特点越来越显著，有些工程的填方高度可达 100m 以上。填方地基虽然在施工阶段已经基本完成主固结变形，但工程竣工后由于高自重应力造成的工后固结变形将会持续几年或者是几十年。分析国内外学者关于非饱和土高填方沉降变形的大量研究成果可以发现：高填方地基沉降变形的影响因素有很多，其中填方体压实不到位、地基处置不当、压实机具使用不科学、填筑材料选择不合理等因素均会超出高填方地基的差异沉降，严重时就会缩短工程寿命。大量研究成果表明：改变高填方土体的工程特性可有效减少地基的沉降变形，常用的方法包括改变土体颗粒组成及增加土体压实度等。因此，要达到上述目的，则需要人为压实高填方体，使其合理固结。然而，非饱和土渗透性和黏滞性、弹性、强度、塑性等物理力学性质相互制约其具有各自的特性，又共同存在统一的土体中，这种特性给工程的设计和施工带来很大困难。

本书将依托黄土高填方工程实例，结合理论分析、试验研究、数值模拟等技术手段，对湿陷性黄土高填方地基变形规律及稳定性开展系统研究，研究成果对类似工程具有借鉴意义，为工程设计施工提供科学指导及参考性建议。

本书由西安建筑科技大学梅源（约 21 万字）、胡长明（约 10.5 万字）、袁一力（约 8.5 万字）及西安工程大学王雪艳（约 13.2 万字）共同执笔撰写，西安建筑科技大学博士研究生周东波、硕士研究生杨彤、柯鑫参与了部分章节的编写工作。本书还引用了较多的国内外文献、规范等成果，在此也对各编者与作者表示衷心的感谢。

本书由国家自然科学基金面上项目（52178302、51878551）及陕西省重点研发计划项目（2021SF-523）联合资助。

目　　录

第1章 湿陷性黄土高填方工程研究发展动态

1.1 非饱和土的固结理论

工程中常常会遇到非饱和土的固结问题，其研究的主要内容包括孔隙气压力和孔隙水压力随时间增长而消散以及随土体变形而变化的规律，由于建立同时适用于不同类型土的固结方程是一个复杂的过程，因此，很多学者只是解答了某种特定的非饱和土的固结问题。

国外研究非饱和土固结问题始于20世纪60年代，比较有代表性的有Scott. R. F.[1]、Barden L[2]、Lioret A[3]、Fredlund D. G[4]等人建立的非饱和土固结方程，其中以Fredlund的固结理论最为流行。Hasan和Fredlund认为非饱和土为四相系，将有争议的非饱和土有效应力原理放弃，采用吸力和外加应力这两个独立的应力状态变量代之，以建立非饱和土各相的体应变本构方程，虽然Fredlund的固结理论所具有的缺点与Terzaghi固结理论类似，即假定总应力在固结过程中不变，采用了过多的与实际情况不大相符的简化假设导出孔隙压力消散方程，测定本构方程中参数很困难，但同时也推广了Terzaghi固结理论。Blight[5]采用将压力梯度与质量传递联系起来的Fick扩散定律推导出干硬状非饱和土气相的固结方程。Barden[6]分析了压实非饱和黏土的一维固结问题，将液相和气相的流动用Darcy定律描述，进行了土的不同饱和度的若干种独立分析，但这些分析具有不确定性，这是因为不了解对非饱和土本构关系和应力状态。Fredlund和Hasan[7]提出非饱和土固结过程的孔隙水压力和孔隙气压力的求解方法，该方法采用了2个偏微分方程，通常被称为两相流方法，Fredlund和Hasan的公式可以在饱和与非饱和两种情况之间过渡，且形式上类似于传统的Terzaghi一维公式。Lloret和Alonso结合渗水渗气的Darcy定律及连续方程组成封闭方程，以状态面代替本构方程求解了非饱和土的固结和一维入渗时的湿陷问题和膨胀问题，虽然模型没有参数化，不便于应用，但拓宽了非饱和土固结的内涵。Alonso和Lioret[8]也曾根据研究结果提出过类似的非饱和土固结方程。Duncan和Chang[9]针对非饱和土的弹塑性固结问题也开展了深入的研究，但是由于他们研究的土中气处于封闭状态，且将气和水视为混合流体，因此，他们研究的对象接近饱和土，且表达的理论体系不够严谨。Dakshanamurthy[10]等人联立平衡方程和连续方程求解，延伸非饱和土的固结理论至三维的情况。Rahardjo[11]特别设计了K_0圆筒仪，并采用该圆筒仪开展了非饱和粉砂一维固结试验，试验结果表明试样的超孔隙水压力的消散是随时间进行的过程，超孔隙气压力基本上是瞬时消散的，且可采用流体偏微分方程近似模拟这个过程。

1979 年，Fredlund 教授提出了非饱和土一维固结理论，他在 1993 年出版的《非饱和土土力学》一书中又推导出了非饱和土三维固结控制方程组，该方程组包含 5 个独立变量的。Kitamura[12]从微观角度考虑，应用概率论理论建立了非饱和土固结本构模型，并基于概率统计的方法，得到了非饱和状态时土的含水量、孔隙率、吸力值以及饱和—非饱和渗透系数等，在这个本构模型中，管直径和倾角的分布可采用概率密度函数来表示，与此同时，他还采用数值方法模拟非饱和土一维固结过程，并将土工试验结果与数值模拟结果进行比较，从而证明了假设模型的可靠性。Wong Tai T[13]采用数值方法对非饱和土耦合的固结问题进行了研究，介绍了非饱和土固结理论中耦合公式的数值应用，分析非饱和—饱和土的固结问题时可采用该耦合固结模型。Loret，Benjamin[14]在三相介质中应用混合物理论，建立了非饱和土的三维本构关系模型，同时建立了非饱和土弹—塑性和弹性本构方程，该本构方程直接包含了土—水特征曲线，要求的材料参数最少，但吸力及有效应力的耦合和有效应力的确定对公式影响较大，许多种类的土在试验过程中观察到的固结特征都可以采用该模型描述。Saix C[15]介绍了非饱和黏质粉砂固结过程中表现出的热力学耦合作用，在其研究过程中，这种耦合作用（与总竖向应力有关）是通过对与固结力学特性（与热有关）有关的温度影响来分析的，同时，他还通过力学固结和热固结两种试验来证明耦合作用对土体固结的影响。Loret，Benjamin[16]提出了一种弹塑性模型，该模型可以用来分析非饱和多孔介质的有效应力。Ausilio E[17]分析了非饱和土在基质吸力或外荷载增加的情况下的一维固结问题，采用了由 Conte 和 Ausilio 提出的简单方程，考虑了由 Fredlund 和 Rahardjo 进行的粉砂试验结果，把非饱和土平均固结度与沉降速率联系起来，着重论述了应用太沙基经典理论预测非饱和地基的沉降速率问题。Conte[18]利用 Dakshanamurthy 的公式，分别采用 Hankel 变换和傅里叶变换对轴对称问题及对平面应变问题，分析非饱和土的固结问题。Conte[19]延伸研究了不耦合和耦合非饱和土的固结问题，比较和分析了对轴向对称荷载条件以及平面应变考虑水、气不耦合和耦合对非饱和土的固结特性的影响。

近年来，国内在非饱和土固结理论的研究中取得了很大的进展。岩土工程研究领域中非饱和土固结理论是 20 世纪 90 年代研究的热点问题，陈正汉[20]、杨代泉[21]和徐永福[22]曾先后对非饱和土的固结理论开展了深入的研究，他们各自独立地提出了自己的研究结论，其中，陈正汉和杨代泉的研究结论可涵盖饱和土的固结理论，且都适用于水、气各自连通的非饱和土，推动了非饱和土力学原理的发展，使其可以解决一些工程问题。殷宗泽和孙长龙的理论适用于气封闭的非饱和土。路志平[23]采用三轴仪对气封闭状态非饱和土的体变、孔压（孔隙气压＝孔隙水压）、强度以及非线性本构关系进行了系统的研究。陈正汉[24]运用混合物理论对非饱和土的固结理论进行了深入的研究，建立了非饱和土固结的混合物理论，其非饱和土固结理论是用公理化方法建立的，并以岩土力学的公理化理论体系为基础，是一个完整的理论体系，也是对土力学理论的创新，其理论用全量形式给出是在 1989 年，不久改用增量形式给出，其一维问题的解析解和增量控制方程组（即数学模型）发表于第 7 届国际岩土力学中计算机方法与发展会议。1993 年，该理论的比较完整的成果（详细的建模过程、一维问题解析解和二维问题的有限元分析）在《应用数学和力学》中、英文版同时发表，此项工作的研究成果还先后于 1992 年和 1995 年报道于国内和国际学术会议上。杨代泉[25]根据水、气各自连通的非饱和土的非线性本构模型建立了包括湿陷、湿胀和热运动的非饱和土的广义固结理论。殷宗泽在简化非饱和土三维固结理论的基础上，建立了非饱和土的二维固结理论。除以上研究成果以外，国内还有很多学者深入研究和探讨非饱和土的固结问题，比较典型的包括：苗天德基于突变理论，别具特色地对非饱和土的湿陷问题进行了研究；杨代泉、沈珠江系统研究了非饱和土一维、二维固结问题，并针对实际工程问题提出了一些解决方法；沈珠江建立了许多有关非饱和土的变形模型；刘祖典和董思远研究了湿陷性非饱和土；卢延浩探讨了非饱和土三维固结问题；包承纲研究了非饱和土饱和度和孔压消散系数在其固结过程中的关系；缪林昌将膨胀土的吸力分别以饱和度和含水量代替，开展了很好的研究工作。

　　陈正汉在其增量型固结理论中使用了多孔介质的有效应力公式，该公式不适用于描述具有湿陷性土类的湿陷变形，且仅对线性变形成立，若在其固结理论中引入非饱和土的改进的 Alonso 弹塑性模型和非线性本构关系，就可得到非饱和土的弹塑性固结模型和非线性固结模型。另外，他还在其本构原理指导下，以混合物理论的场方程为基本框架，建立本构方程为补充方程，方便了模拟施工过程及考虑土的非线性应力—应变关系，建立了在不计水蒸发、气溶解和热效应条件下的非饱和土固结物理数学模型，非饱和土的渗水、渗气、应力、变形耦合效应在该模型中得以体现；此外，陈正汉还借用 Laplace 变换求得非饱和土的一维固结理论解，同时从控制方程中直接解出了孔隙气压力、孔隙水压力和土的竖向位移增量，并给出了非饱和土的瞬时沉降和固结沉降，定义了综合反映非饱和土基本特性（饱和度、压缩性、渗水性、密度、吸力和渗气性）的固结度和固结系数。陈正汉等在建立的非饱和土固结理论中引入了改进的饱和土弹塑性模型（Alonso 等人提出）及非饱和土的增量非线性本构模型，得到了非饱和土的弹塑性固结模型和非线性固结模型，并在此基础上设计了计算程序，求解了在分级加载条件下的地基塑性区动态和固结过程，从而使非饱和土固结问题的研究进入了一个新的发展阶段。卢再华[26]研究了非饱和膨胀土的固结模型与弹塑性损伤本构模型，首次给出了在蒸发和多次降雨入渗条件下的非饱和膨胀土坡损伤场变化。杨代泉用水气渗流的 Darcy 定律、水气连续方程、热量守恒方程、土骨架的平衡方程、吸力状态方程等 19 个方程求得 19 个未知量，并求得了与数值解具有一致性简化解析解；他还就 Fredlund 关于非饱和土加载瞬时不排气、不排水分析方法中存在的问题进行了研究，提出用土在加载后的体变增量方程、水气连续方程和吸力方程作为封闭方程，从而得到了非饱和土的固结起始条件。沈珠江[27]假设孔隙气的排气率等于常量，提出了非饱和土的简化固结理论，并将此简化固结理论应用于裂隙黏土中雨水入渗过程的数值模拟与分析中，得出了土体有效应力降低、吸力丧失和膨胀回弹的全过程，计算结果合理可靠，但需进一步研究孔隙气排气量的设定问题。陈正汉[28]研制出国内第一台非饱和土固结仪和第一台非饱和土直剪仪，做了三组直剪试验和两组固结试验，对原状黄土的变形、强度和水量变化特性取得了一些初步认识。李顺群[29]等针对 K_0 固结状态的单向加载条件建立了非饱和土的一维弹性本构模型。将这一模型与分层总和法相结合，可以计算基质吸力变化时土的竖向变形。从而可以用于非饱和土地基上基础的沉降估算。

邓刚、沈珠江、杨代泉等[30]基于孔隙气压力等于大气压力的假定，建议了针对非饱和土的简化固结理论。凌华、殷宗泽等[31,32]先后提出了非饱和土一、二、三维固结方程简化的计算方法。曹雪山、殷宗泽等[33]提出了非饱和土受压变形的简化计算方法，他们的研究对于促进了非饱和土固结变形计算走向实用化，具有重要的工程意义。曹雪山、殷宗泽[34]对于较高饱和度的非饱和土，通过将孔隙中水、气看作一种混合介质的简化的固结过程，提出了改进的计算方法；同年，曹雪山、殷宗泽又提出了研究心墙水力劈裂问题的非饱和土固结简化计算的有效应力分析方法。国内研究者对非饱和土力学性质的研究使得黄土高填方沉降问题采用非饱和土固结理论加以解决成为可能。尽管目前还需解决非饱和土，尤其是非饱和黄土许多理论和实践问题，但作为传统土力学的延伸和补充的非饱和土土力学已经得到蓬勃发展，并开始逐渐应用于工程实践。随着近几年计算机和有限元应用技术的快速发展，研究人员将复杂的土工计算问题编制成有限元程序，并通过大量的计算机运算，从而得到土体沉降变形较为准确的数值解。这有利于提高高填方工程的使用性能，有利于人们对高填方地基的沉降变形的准确控制和合理设计，随着科技的进步，高填方系统科技含量也得到了进一步提高。

（1）通过分析国内外非饱和土固结理论的研究现状可以看出，非饱和土固结完整理论的建立困难在于几个方面：

① 对于非饱和土而言，土体中所含的气体具有高压缩性，且部分气体溶解于水中，严格的连续条件很难得到满足，不能以土体变形连续作为基本假设；

② 非饱和土的渗透系数测量困难，其原因是非饱和土的渗透性包括透水性和透气性，其渗透性与含水量和基质吸力关系密切，在非饱和土由湿到干和由干到湿的循环过程中，渗透性不一样的土体，含水量可以相同，即含水量与渗透性不是单值函数关系；

③ 非饱和土的有效应力原理和有效应力参量的适用范围较窄，且不易确定有效应力公式中含有与基质吸力有关的参量；

④ Fredlund称之为第四相的非饱和土的水气接触对非饱和土行为的影响仍不完全清楚，水气接触是一个复杂的物理——化学界面，开展系统的研究具有很大困难；

⑤ 非饱和土尚未有公认本构模型。

（2）由于非饱和土的研究还存在诸多困难，近年来，岩土界研究非饱和土，尤其是非饱和黄土高填方系统存在的主要问题如下：

① 计算土体沉降变形时没有考虑结构性黄土的土拱效应，且大多情况下仍然采用分层总和法，地基工后差异沉降及施工期沉降的计算误差较大，对实测结果与沉降变形分析不符，满足不了实际工程的需要；

② 在土体沉降变形的分析中，将会不可避免的涉及外荷的计算、土体试验参数的选用、土体固结度的计算、土中应力的计算以及土体变形的计算等许多相互影响的环节，且这些环节相互关系不是确定不变的，而是随时间不断地发生变化，所以准确地进行分析存在相当大的困难。

因此，成熟的非饱和黄土固结理论建立将是一个漫长的过程。尽管研究过程中存在诸多的困难，却丝毫不影响国内外学者对该领域的研究兴趣。

1.2　黄土本构关系模型

由于黄土分布随机和结构非连续性，作为天然地质材料，在力学性能上一般表现出弹塑性、非线性、各向异性、流变性和非均质性，具有十分复杂的应力—应变关系，其应力历史、应力水平和应力路径与其特性直接相关，同时，土的状态、组成、结构等也是其特性的重要影响因素。近年来，不少学者对湿陷性黄土的本构关系模型，在前人的基础上，进行了大量的研究。

黄义，张引科[35]以混合物理论为基础建立了非饱和土非线性本构方程和场方程，把非饱和土作为 3 种组分构成的饱和混合物来研究，首先根据土力学成果提出了非饱和土混合物的基本假设，推导出适用于非饱和土混合物的熵不等式，然后采用混合物理论处理本构问题的常规方法得出了非饱和土非线性本构方程，最后把非线性本构方程代入混合物组分动量守恒定律，获得了非饱和土各组分运动的非线性场方程，并且给出了非饱和土混合物的能量守恒方程，从而形成了解决非饱和土混合物热力学过程的完备方程组，通过对非饱和土非线性本构方程和场方程的线性化，推导出了非饱和土的线性本构方程和场方程。胡再强，沈珠江，谢定义[36]应用充分扰动饱和黏土的稳定孔隙比和稳定状态原理，根据不可逆变形由团块之间滑移和团块破碎机理所引起的概念及土体损伤演化定律，建立了非饱和黄土的屈服函数和损伤函数，得到了非饱和原状结构性黄土的结构性数学模型，且物理意义明确。周凤玺，米海珍等[37]分析了黄土湿陷变形的塑性特性，基于广义塑性力学原理建立了湿陷变形的增量本构关系，该模型能够反映湿陷性黄土在不同湿陷作用，即水和力的不同组合作用下的湿陷变形特性，考虑了湿陷体积变形和湿陷剪切变形以及球应力和偏应力对它们的交叉影响。张茂花，谢永利等[38]利用割线模量法对比分析了采用双线法和单线法原状 Q_3 黄土增（减）湿情况下的单轴压缩试验结果，研究表明：土样初始含水量与割线模量差的关系曲线类似于指数函数。邵生俊，龙吉勇等[39]基于综合结构势的概念，根据黄土的三轴剪切试验结果建立了一个湿陷性黄土结构性参数数学表达式，该表达式能够反映应力状态、含水状态和应变状态的影响，并在剪应力剪应变关系分析中引入结构性参数，从而得到能够考虑结构性的黄土应力应变关系。陈存礼，何军芳，杨鹏[40]定义了一个定量化结构性参数，该参数为三轴应力条件下同一应变的原状黄土主应力差与扰动饱和黄土主应力差之比，并将结构性参数扰动饱和土本构关系中，从而得到原状黄土本构关系，该本构关系可以描述硬化型和软化型的应力—应变关系，且能够考虑原状黄土结构性的影响。夏旺民，郭增玉[41]分析了黄土在加载和增湿作用下的结构破损过程及能量转换过程，并根据连续损伤力学和热力学理论定义了黄土的加载损伤、损伤变量和增湿损伤，同时分析了三者之间关系，最终提出可以考虑增湿和加载作用的黄土弹塑性损伤本构模型的基本构架，该理论框架由加载损伤、塑性和增湿损伤三部分组成，从而提供一种建立黄土的结构性模型的新思路。栾长青，唐益群，林斌[42]通过对不同含水量的马兰黄土的单轴压缩试验、固结不排水剪切试验、固结排水试验，在深入了解马兰黄土本身独特的物理力学性质的基础上，分析了马兰黄土的应力—应变曲线特性及物理意义，提出了马兰黄土的软化本构模型。夏旺民、郭新明、郭增玉、蔡庆娥[43]分析了黄土结构在增湿和加载作用下的破损规律，研究了黄土在增湿和加载作用下能量的转换和耗散过程，定义了增湿损伤变量，并分析了增湿损伤的演化过程，该过程可用与含水量或饱和度有关的增湿损伤的等效能量指标来描述，与此同时，提出黄土的加载损伤的能量指标，并通过分析黄土加载过程中的力学和强度指标的劣化及结构破坏过程，建立了黄土的加载损伤演化方程。通过黄土的压缩试验和常规三轴试验，提出椭圆形塑性加载函数，该函数以塑性功为硬化参数，并符合相关联流动法则。通过提出的增湿损伤演化方程、加载损伤演化方程和塑性加载函数，基于塑性力学和损伤力学理论建立了黄土弹塑性损伤本构关系，并提出黄土的弹塑性损伤本构模型。王朝阳、许强、倪万魁、刘海松[44]以损伤理论为基础，建立了非饱和原状黄土的非线性损伤本构模型，模型可反映原状非饱和黄土独特的力学特性，该模型共包含 13 个参数，都可以通过试验测定，该模型进一步揭示了非饱和土体中某些应力应变特性的内在规律，从而把非饱和黄土的本构模型研究推到了一个新的水平。钟祖良、刘新荣、方金炳[45]进行了一系列非饱和 Q_2 原状黄土室内试验，获得非饱和 Q_2 原状黄土的物理及力学参数，结合应变空间的塑性力学理论，推导出 Q_2 原状黄土的屈服函数和以塑性功为硬化参数的硬化规律，根据伊留辛公设和相关联流动法则，建立了应变空间的 Q_2 原状黄土弹塑性本构模型。该本构模型能够反映 Q_2 原状黄土的剪胀性和软化性。

长期以来，众多学者一直致力于湿陷性黄土的本构关系的研究，为湿陷性黄土的研究工作奠定了坚实的基础。但是，由于黄土分布范围较广，不同地区的黄土力学性质差异较大，所表现出的力学行为也各有其特点，现有的本构关系模型已经能够对黄土的单一特定的力学性质进行反映，然而，由于很难将不同性质的黄土的本构关系采用一种模型统一表达，因此，将两种甚至多种本构关系模型综合应用于黄土力学行为的表达是当前黄土本构关系研究方向之一。

1.3　原状黄土土工试验技术

黄土具有很强的结构性，黄土重塑以后与原状黄土的物理及力学性质的差异很大，尽管在一定情况下，采用重塑黄土代替原状黄土进行试验是可行的，但是，这种方法导致的误差仍不能满足精度要求较高的土工试验。高速铁路湿陷性黄土地基沉降变形规律及控制技术的研究所必需的一系列土工试验结果精度要求较高，因此，试验需采用原状土样制作路基的原始地基模型。然而，原状土样的采取、运输、保存及模型的制作均是长期困扰研究者的难题，随着研究的不断深入，不少学者已经采用原状土样进行了一系列的土工试验，并取得了可靠的试验数据。

扈胜霞、周云东、陈正汉[46]用新研制的非饱和土直剪仪，进行了控制吸力的非饱和土直剪试验，得到了原状黄土的抗剪强度曲线，分析和探讨了非饱和原状黄土的强度特性。倪万魁、杨泓全、王朝阳[47]利用可同步进行 CT 扫描的三轴仪，对路基原状黄土进行了三轴剪切试验，从 CT 数和 CT 图像两方面分析了不同受力过程中黄土细观结构的变化。陈存礼、胡再强[48]在不同含水率下对兰州、西安原状黄土进行压缩试验探讨了结构性参数随压力及含水率变化的规律性。陈存礼、高鹏、何军芳[49]对不同含水率的西安原状黄土及相同干密度的扰动饱和黄土进行动三轴试验，探讨了动荷作用过程中不同固结围压及含水率下结构性参数变化特性。李永乐、张红芬、佘小光、侯进凯、杨利乐[50]利用特制的非饱和土三轴仪器，对不同含水量条件下原状非饱和黄土的强度和土—水特征曲线进行了试验研究。孙萍，彭建兵等[51]通过单轴拉伸试验，分析了地裂缝发育区原状黄土的拉张破裂特性。朱元青、陈正汉[52]为了揭示原状 Q3 黄土在加载和湿陷过程中的细观结构变化，将湿陷三轴仪与医用 CT 机相配套，进行了一系列控制吸力的 CT—三轴湿陷试验，不仅得到了加载过程和湿陷过程中的宏观反应曲线，而且得到了相对应的 CT 扫描图像。李华明，蒋关鲁，吴丽君[53]为揭示黄土地基在列车振动荷载长期作用下的沉降变形，通过对原状黄土试样的循环三轴试验，模拟实际列车荷载瞬时加载状态，采用不等向长持时加载，得出了在不同围压条件下黄土的动强度特性和循环应力—累积应变关系。王志杰、骆亚生、王瑞瑞、杨利国、谭东岳[54]以不同含水率与不同应力状态下兰州、洛川、杨凌地区原状黄土为研究对象，进行动扭剪三轴试验，测定了黄土的动剪切模量与阻尼比的变化规律。陈存礼、褚峰、李雷雷、曹泽民[55]用非饱和土固结仪对不同初始含水率的西安原状黄土进行常含水率压缩试验。翁效林、王玮、刘保健[56]为揭示湿陷性黄土地区过湿拓宽路基变形破坏机理及强夯法处治效应，研制了离心场土工构造物变形测试系统，升级传感器电测手段，以浸水入渗条件下高速公路拓宽工程为研究载体，建立与实际应力相符的离心试验模型，通过试验得出了浸水增湿后拓宽路基的沉降变形特征和拓宽地基强夯处治效果。姚建平、蔡德钩、闫宏业、史存林[57]在湿陷性黄土铁路路基试验段，运用大型原位浸水试验，研究路基浸水后柱锤冲扩桩和挤密桩地基的浸水规律以及地基土湿陷对路基沉降的影响。除此之外，国内很多知名学者都曾采用原状黄土进行过不同土工试验，并取得成功，这些试验的成功为后续研究者提供了宝贵的经验。

综上所述，国内在采用原状黄土进行土工试验技术方面的研究已经取得了很大的突破，所进行的试验也已涉及大多土工试验。但是，分析发现，现今采用原状黄土进行的土工试验，所采用的土样尺寸一般较小，不能进行大型的土工试验（大模型土工离心试验等），同时，由于模型率较小，使得模型边界条件不易处理，常有试验结果失真的现象发生，这给类似地基沉降变形规律的宏观分析带来障碍。另外，采用的土样运输及保存方法也不能满足试验周期的要求，取得土样或在运输途中发生损坏，或在存放过程中含水量发生较大变化，这无疑对结构性强、对水高敏感性的湿陷性黄土的物理及力学性质影响很大，使得试验数据可靠性较低。研究采取、运输及保存大尺寸原状黄土土样进行大型土工离心试验技术已迫在眉睫，这些技术的发展与研究将提高研究中所涉及的土工试验数据的可靠性，给研究成果的科学性提供强有力的保障。

1.4　离心模型试验研究

我国早在 20 世纪 50 年代就了解到离心模型试验在模拟土工建筑物的性状和研究土力学基本理论等方面的良好作用，60 年代初，郑人龙就翻译了很多苏联的文献。然而，在

20 世纪 80 年代初，国内学者才真正着手土工离心模拟试验，在清华大学黄文熙教授的大力倡导下，土工离心模型试验工程应用研究在南京水利科学研究院及其他单位率先开展，但当时大都是采用改装光弹离心机开展试验的。之后，中国水利水电学研究院、河海大学、长江科学院、上海铁道学院、清华大学逐步建造了自己的离心机，并进行了大量的土工模型试验，取得了显著的研究成果。我国已对小浪底斜墙及斜心墙堆石坝（坝高154m）、西北口混凝土面板堆石坝（坝高 95m）、瀑布沟心墙堆石坝（坝高 188m）、天生桥一级混凝土面板堆石坝（坝高 178m）、三峡风化料深水高土石围堰（高 80m）等工程进行了离心模型试验研究，取得了众多国际先进水平的科研成果。近几年来，很多学者采用土工离心模型试验方法解决了很多工程问题，具有代表性的如：胡黎明、郝荣福等[58]为了解污染物在土壤中迁移的规律，利用 BTEX 模拟轻非水相污染物质，采用土工离心试验技术对 BTEX 在非饱和土和地下水系统的迁移过程进行模拟。得到了 BTEX 的时空分布特征和长期迁移规律。胡红蕊、陈胜立、沈珠江等[59]依托黄骅港北防波堤工程，开展斜坡式防波堤体系和土工织物加筋软黏土地基固结过程离心模型试验，并进行了大量的有限元数值模拟，分析了地基土体固结过程中防波堤—加筋垫层—基体系的位移场和应力场的发展及织物拉应力分布和发展，得出很多重要结论，这些结论有力验证了数值模拟方法及离心试验的合理性。胡再强、沈珠江、谢定义等[60]应用非饱和黄土的结构性模型，采用考虑渗流与变形偶合作用的方法，编制了能够模拟非饱和黄土结构性及湿陷性的平面有限元程序，并对非饱和结构性黄土渠道模型离心试验进行了有限元数值模拟。牟太平、张嘎、张建民[61]为了研究土坡的破坏过程并进一步探讨滑坡的机理，开发了土坡离心模型试验和测量技术以观测加载条件下土坡的变形过程。进行了自重加载情况下的土坡离心模型试验，观察了土坡的破坏过程并测量了土坡的位移场变化。杨俊杰、柳飞[62]通过对原型的模拟结果进行总结，得出对于承载力试验只要离心试验中的模型基础宽度与重力场试验中的不同，离心模型试验结果总大于重力场试验结果，即离心试验中总是存在粒径效应问题。翁效林[63]为了对强夯黄土地基震陷性进行较为直观合理的分析，基于离心模型试验定量评价了强夯黄土地基抗震性能。杨明、姚令侃[64]基于离心试验模型，采用数值模拟方法分析桩间土拱承载能力随桩宽度的变化规律。张敏、吴宏伟[65]为了在离心机试验中模拟降雨引起的滑坡，设计和使用了一套降雨模拟系统，通过一个降雨条件下砂土边坡的离心模型试验，成功应用了该套降雨模拟系统，研究了边坡中的降雨入渗过程。刘悦、黄强兵[66]为了研究开挖和堆载对黄土边坡变形破坏特征的影响，采用原状黄土在离心机上模拟黄土边坡在开挖和堆载作用下的变形过程，得到了两种工况下黄土边坡的位移变化规律和破坏特征。潘宗俊、刘庆成[67]为研究压实黄土土—水特征曲线，采用离心机对不同压实度黄土进行脱水试验，得出不同压实度黄土土—水特征曲线的变化规律。郭永建、尚新鸿[68]针对在软弱地基上进行路堤的拓宽工程中出现不均匀沉降的问题，利用离心模型试验进行不同工况分析。

从以上土工离心模型试验研究现状中可以看出，离心模型试验可以作为研究非饱和黄土有效技术手段之一，从而为工程的设计与施工提供可靠的依据，但是，在以往的研究中，尚无完全采用原状黄土制作模型进行土工离心试验，数据的采集难度也很大，尤其是采用非饱和原状黄土进行大型土工离心试验更是困难重重，然而，将结构性黄土重塑进行试验的效果存在很多不理想之处。因此，有必要研究采用原状土进行大型离心试验的相关技术，开发一整套非饱和土离心试验数据采集系统。从而，为非饱和黄土的理论研究打下坚实的基础。

1.5　黄土干湿循环强度研究

土体强度问题是岩土工程研究中的一个关键问题，也是一直困扰岩土工程界的难题之一。从将饱和土强度理论推广至非饱和土，到针对不同类型的特殊土进行的相关研究，全世界众多岩土工程领域的研究专家们从土力学创立到发展至今始终致力于岩土材料强度理论的完善工作。黄土作为一种特殊土占据世界陆地面积的 9.3%，对其进行的相关研究不仅具有理论意义更具有很大的现实实践意义。黄土不仅具有岩土材料共有的离散性、非线性、流变性以及各向异性等特点，还具有强结构性、大孔隙、发育的竖向节理、湿陷性等独有特性。此外黄土往往处于干旱半干旱地区，因而非饱和性也是其特点之一。由于黄土众多的特点，导致针对黄土的强度问题研究需要考虑多重因素，国内外众多研究学者在攻克黄土强度问题这一难题上做了大量的工作。

马秀婷等[69]基于非饱和直剪试验与无侧限抗压强度试验，分别对原状与重塑黄土各自的非饱和强度特性，对非饱和黄土的构度与基质吸力、净应力强度指标与参数 b 之间的关系进行了探讨，分析结果一定程度上反映出了原状与重塑黄土在结构性上存在的差异。陈存礼[70]基于不同干密度与含水量条件下无侧限压缩试验，构建了反映压实黄土结构性开始损伤前最大综合结构势的初始结构性参数。并认为该参数可与粒度、密度等指标相结合，共同对黄土的力学特性进行描述。高登辉[71]以高填方工程为背景，基于不同初始干密度条件下控制基质吸力的非饱和三轴试验，对压实黄土的变形与强度特性进行了研究。研究结果表明初始干密度与吸力对重塑黄土的破坏形态、变形特性和强度特性具有较大影响，根据研究结果提出可预估不同初始干密度、不同吸力下重塑黄土的强度和变形参数的抗剪强度参数与非线性模型参数的表达式。吴凯[72]基于扫描电子显微镜成像试验与图像处理技术，对压实黄土微观结构特性与宏观变形与强度特性之间的关系进行了回归分析。通过关联性分析，确定了不同宏观特性参数与微观参数之间的定性与定量关系。郭鹏[73]设计进行了不同应变速率的常规三轴试验，对不同应变速率下的应力—应变曲线、抗剪强度、孔隙压力进行了分析，分析结果表明 Q_3 原状黄土变形过程中存在明显的应变速率效应。

对于具有很强水敏感性的黄土而言，干湿循环对其造成的影响更为严重。诸如降雨蒸发、地下水位变化等环境会导致土体受到干湿循环效应的影响，引起土体强度的劣化[74, 75]，从而对岩土体的稳定性、可靠性造成负面影响。针对干湿循环引起的土体强度劣化，以及强度劣化引起的结构体安全性降低的问题，国内外许多学者进大量相关研究：

Allam[76]于 1981 年最早进行了相关的试验研究，通过烘干法与浸湿法实现试样的干湿循环，并通过固结不排水剪切试验早对重塑红土受干湿循环影响下强度与变形特性的变化规律进行了系统分析。随后在此基础上 Dif[77] 于 1991 年以原状膨胀土为研究对象，模拟实际土体的应力状态并基于改进的固结仪，研究了干湿循环导致的材料疲劳现象。AI-Homoud[78] 于 1995 年对重塑膨胀土的膨胀特性受干湿循环影响下的变化规律进行了研究，并且在研究过程通过扫描电子显微镜对干湿循环前后土样的微观特性进行了定性分析。我国针对干湿循环作用对土体影响的研究最早见于 1998 年，蒋忠信等[79] 通过直剪试验简单探讨了最多 5 次干湿循环过程对膨胀土抗剪强度的影响，定量测定了抗剪强度的衰减率。刘松玉[80] 于 1999 年对膨胀土前后膨胀土的绝对膨胀率、最大线缩率以及胀后含水量进行了定量分析，发现击实膨胀土的胀缩变形并不是完全可逆的，随干湿循环的发展，膨胀土的膨胀速率加快，绝对膨胀率总是增大而相对膨胀率则降低，并认为这些变化特性主要是黏粒集聚、微结构改变的结果。

从 1998 年至今，我国针对干湿循环对土体影响的研究逐年增多，图 1.5-1 所示为知网以干湿循环为关键字搜索并筛选后的结果，至今相关文献约有 500 篇。早期的研究多针对膨胀土，这是由于干湿循环过程对于膨胀土的影响最大。

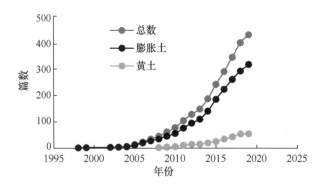

图 1.5-1　干湿循环文献

黄土作为水敏感性极强的岩土材料，干湿循环对其影响也无法忽视。但针对黄土进行的干湿循环试验研究于 2008 年首次出现，房立凤[81] 对干湿循环前后水泥改良黄土的无侧限抗压强度进行了试验研究。李聪[82] 研究了黄土路基受干湿循环作用下回弹模量的变化规律，引入影响参数对回弹模量预估模型进行了更新完善。段涛[83] 对干湿循环影响下重塑黄土与原状黄土强度与渗透性的变化规律进行了试验研究，对试验结果进行了定性拟合分析，并对变化规律进行了机理解释。

随后至今不断有学者针对不同黄土受干湿循环影响下物理力学性质的变化规律进行试验研究，但相较于针对膨胀土的研究，针对黄土的干湿循环研究仍然较少。袁志辉等[84, 85] 针对压实黄土与原状黄土受干湿循环的影响进行了试验研究，分析了原状黄土结构强度以及抗拉强度受干湿循环作用的影响，研究结果表明干湿循环对原状黄土与压实黄土的抗拉与抗剪强度均会产生劣化效应，且会使原状黄土的结构强度逐渐消失；王飞等[86] 基于实验结果分析了干湿循环对压实黄土变形特性的影响，认为压实黄土割线模量随干湿循环次数增加而呈指数减小。除上述针对黄土干湿循环效应的研究之外，针对其他类型土体的干湿循环研究亦有一定的参考借鉴价值：刘文化等[87] 研究了不同干密度下粉质黏土的干湿循环强度劣化规律，认为干湿循环对土体应力—应变形式的影响与干密度的大小有关。龙安发[88]以贵州红黏土为研究对象，通过模型试验对干湿循环影响下红黏土边坡力学参数演变规律和破坏机理进行了研究。谢辉辉[89]以荆门弱膨胀土为研究对象，基于环剪试验对其峰值强度和残余强度的变化规律进行了探讨分析，认为 3 次干湿循环后土体的强度即趋于稳定。此外，通过干湿循环强度试验数据的拟合分析，一些学者尝试性的建立了土体干湿循环劣化度与干湿循环次数之间的函数关系：涂义亮[90]研究了荷载水平和干湿循环共同作用对强度劣化的影响，认为黏聚力随干湿循环次数的劣化可以用对数函数进行描述；邓华锋[91]针对三峡沿岸原状土体，进行了干湿循环直剪试验，认为前 4 次干湿循环劣化程度较大，并采用对数函数对强度劣化进行了拟合；杨俊[92]对干湿循环造成的膨胀土黏聚力劣化规律进行了拟合分析，认为可以用二次函数描述；曾胜[93]通过幂函数以及二次函数分别对红砂岩黏聚力以及内摩擦角进行了拟合；杨和平[94]与陈宾[95]分别采用指数函数对膨胀土与红砂岩软弱夹层重塑土的劣化度—干湿循环次数关系进行了拟合研究；吕海波[96]通过包含衰减幅度以及衰减速率参数的 S 型曲线函数对干湿循环强度衰减规律进行拟合，能够描述土体干湿循环达到一定次数后土体强度趋于稳定的事实。

已有研究表明，影响干湿循环劣化效应的因素主要有干湿循环幅度以及干湿循环幅度固定时的下限含水量[97]，此外干密度会影响土体的孔隙、渗透特性，从而也会影响干湿循环劣化效应[98,99]。但已有的干湿循环试验研究仅考虑上述部分影响因素，例如文献[86,100-102]在干湿循环试验研究中考虑了干密度的影响，文献[96-97,103]考虑了循环幅度的影响，文献[104]考虑了干密度与上限含水量的共同作用。但综合考虑干密度、干湿循环幅度与干湿循环下限含水量，且将这些影响因素引入劣化模型的压实黄土干湿循环试验研究尚未见报道[105]。

现有的针对压实黄土干湿循环强度劣化的试验研究较少，且已有的针对各类型土体的干湿循环研究在试验设计过程中考虑的影响因素均不够全面，未能将关键性因素统一考虑从而形成全面的干湿循环强度劣化模型。

1.6　黄土边坡可靠度理论

可靠度理论在 20 世纪 70 年代才被应用于边坡工程的分析研究中，之后，学者们提出了一次二阶矩法[106]、蒙特·卡罗法[107]、点估计法[108]来分析边坡稳定性的可靠性。近年来，可靠度分析方法在边坡稳定性方面的应用研究成果较多。李萍等[109]定义了极限状态坡作并以此坡型为研究对象，基于 Monte-Carlo 法对黄土地区公路勘察报告中的黏聚力 c 和内摩擦角 φ 等随机变量进行抽样，并对不同区域的黄土高边坡开展可靠度分析，最终得到边坡的失效概率和可靠指标；李萍等[110]利用 Monte-Carlo 法，在考虑参数变异性的基础上对黄土边坡进行可靠度分析，利用结果评价这个地区的边坡稳定性并开展边坡设计；李萍等[111,112]以甘肃、山西、河南西部等地的黄土自然极限状态坡为研究对象，采用蒙特·卡罗法对各地区的边坡进行了研究，模拟了边坡的可靠度，分析了边坡高度、参数变异性等因素对失效概率的影响，同时研究了稳定系数和失效概率的关系；王阿丹等[113]以西安白鹿塬地区的 14 个黄土边坡为研究对象，极限状态方程选用了 Morgenstern-Price 法，分别基于 Duncan 法和 Monte-Carlo 法对边坡进行了可靠度分析；Reale 等[114]基于 Monte-Carlo 仿真技术提出了研究边坡系统可靠性的分析方法；Cao 等[115]开发了在电子表格中运用高级蒙特·卡罗模拟（MCS）的边坡可靠性分析方法，在相对较小的概率水平下提高了 MCS 的效率和分辨率。张亚国等[116]利用点估计法和有限元强度折减法研究了不同黄土地区的路堑高边坡可靠度；陈鹏等[117]基于固定值法的边坡安全系数对边坡的几何和力学参数进行了敏感性分析，并用点估计法分析了随机变量边坡的可靠度；吴振君等[118]基于可靠度分析法运用随机场模型模拟边坡滑移面上土体参数的空间变异性，利用改进的一次二阶矩法实现优化求解；舒苏荀等[119]基于神经网络进行改进，提出了模糊点估计法，克服传统模糊点估计法计算量大的缺点。

近年来，学者们从不同的角度对边坡稳定性的可靠性进行了研究。谭晓慧等[120]基于随机有限元的可靠度分析提出了模糊随机有限元可靠度的敏感性分析法，考虑变量随机性和模糊性，采用随机有限元程序得到了可靠性指标和模糊滑面位置；Luo 等[121]进行了基于蚁群算法的边坡可靠性分析；Yi 等[122]将粒子群优化算法运用于边坡可靠性分析；蒋水华[123]、李典庆[124]等提出了一种非侵入式的随机有限元法用于边坡可靠性分析；肖特等[125]基于有限元强度折减法研究了边坡非侵入式的可靠性分析方法，并用于多层土边坡的稳定性分析，验证了适用性；李典庆等[126]结合极限平衡法与有限元法提出了一种新的基于随机模拟的边坡可靠度分析方法—边坡协同式可靠度分析方法。多位学者基于响应面法的边坡可靠度分析方法开展了深入研究，李典庆等[127]针对相关非正态变量的边坡可靠度计算提出了随机响应面法；傅方煜等[128]、蒋水华等[129]均基于响应面法提出了相应的边坡稳定可靠度分析方法；部分学者研究了土质边坡的系统可靠性[130, 131]。参数变量的分布、数量等因素对可靠度分析结果有一定的影响。吴振君等[132]利用了 Low & Tang 提出的可靠度优化求解方法进行边坡稳定性分析，并验证了该方法的适用条件及优点；吴振君等[133]基于工程实际土样数量较少的问题分析了样本量对边坡可靠度计算结果的影响；唐小松等[134]在不完备的概率信息条件下利用 Copula 函数提出了一种边坡可靠度分析方法；蒋水华等[135]分析了土体强度参数之间的相关性和变异性，基于不同 c、φ 值下黏土边坡可靠度分析，研究了几种常用自相关函数对边坡稳定性的影响；蒋水华等[136]基于概率分布的影响研究了低概率水平边坡可靠度。Park 等[137]考虑信息的不确定性将模糊集理论用于边坡失效概率的评价；黄玮等[138]基于模糊数学理论建立可变模糊识别模型，根据黄土地区的土质特点分析了黄土高边坡的稳定性；唐朝晖等[139]在可靠度分析原理的基础上，研究了多种变量对填方边坡的影响，并建立了可靠度分析基本过程，通过典型算例的结果评估了边坡的稳定性。

边坡可靠性分析的常用方法中，仍存在计算代价大，效率低、计算周期长等缺点。考虑到方法的简化以及实际工程中的应用，需要提出一种快速简便的边坡可靠性方法。分析发现，专门针对黄土抗剪强度指标的分布概率模型进行系统性的研究为数不多，且大部分文献仅停留在分布概率模型的精度研究方面，并未将其应用到实际工程，个别文献虽然提出了更高精度的新模型，但是难以实际应用。此外，考虑干湿循环效应的边坡可靠性分析尚未见报道。

1.7　黄土微观结构性研究

土力学最初的发展阶段，土力学泰斗太沙基便指出了微观结构研究在岩土工程领域中所占据的重要地位。不同于其他土木工程材料，岩土材料的离散特性决定了其物理力学性质的特殊性，相较于土颗粒自身所具有的物理力学性质，土颗粒之间的接触特性是土体材料性质的决定性因素。为研究土体宏观物理力学特性的内在机理，微观结构研究必不可少，对于土体而言微观结构研究即等价于结构性研究。不同土体具有迥异的微观结构特性，其中属于特殊类土的黄土具有大孔隙、竖向节理等微结构特性。随着微观观测手段的逐渐发展，岩土工作者们将逐渐更为先进的试验手段引入岩土研究领域、从光学显微镜到 X 光衍射仪、扫描电子显微镜 CT 扫描，越来越多的手段被应用至土体微观结构的研究中：

SEM 法在土体微观机理分析方面有较多应用，唐朝生[140] 通过分析给出了 SEM 图像处理过程中的合理阈值与放大倍数。针对干湿循环前后土体微观结构的变化；陈宾、Pires L F[141, 142] 通过 SEM 试验结合图像处理进行了机理分析。CT 图像法方面，Guo X[143] 通过 CT 成像试验对土石混合料的裂缝发展进行了观测；延恺[144] 通过 CT 成像试验对黄土中的团聚体进行了三维重建，并对黄土颗粒的几何形态与连接方式进行了分析；陈世杰[145, 146] 将三轴仪与 CT 机结合，完成了强度试验过程中的同步微观结构成像试验，并分析了其应用前景。冯立[147] 结合 CT 成像试验与 SEM，对黄土垂直节理的形成过程进行了分析。SEM 图像的分辨率高于 CT 技术，可以观测到土中的微小孔隙结构，CT 技术可以三维的方式揭示黄土孔隙的空间分布和规律，且不会对试样造成扰动[148]。

对岩土材料微观结构研究的实践目的是能够更好地预测其宏观变形、力学规律，即宏观规律的研究要以微观结构分析为基础，而微观分析也应以宏观特性预测作为研究目的，两者相辅相成缺一不可。"宏微观土力学"是近几十年提出并逐渐发展成熟的一个新概念[149]，其以微观结构研究为工具，致力于从微观走向宏观，解决岩土力学与工程中的疑难与关键问题，帮助提高工程实践水平。而将微观机理与宏观现象相连接的桥梁即为离散单元法（Distinct Element Method，DEM）。

离散单元法最早由 Cundall[150] 于 1971 年提出并应用于岩体材料的数值模拟，后由 Cundall 与 Strack[151] 推广应用至土体材料。我国的离散元法研究始于 1986 年，王泳嘉[152] 最先将离散元法应用至巷道爆破对围岩影响的数值模拟研究中。随后几十年，离散元在国内外的相关研究逐步展开。其中针对黄土，许多学者完成了基于离散元的宏微观特性分析研究：江英超[153] 基于双轴试验参数标定为数值分析提供参数依据，借助离散元法对盾构隧道的开挖过程进行了模拟，分析了正常施工、盾尾空隙、超挖、停挖等因素导致的地层应力扰动以及管片应力分布情况，为实际施工过程提供了参考。蒋明镜[154] 以含抗转动和抗扭转的接触模型为基础，将库仑力、范德华力等微细观作用力引入，建立了可以综合考虑含水率—孔隙比—吸力相互耦合的黄土接触模型并通过模型的实际应用，对其准确性与合理性进行了验证。同霄[155] 基于离散元颗粒流 PFC，对重力条件、颗粒密度、刚度和模型尺寸效应与直剪试验强度曲线直剪的关系进行了分析，并对土体抗剪强度黏聚力和离散元中接触粘结强度之间的关系进行了回归分析，拟合得到了二者直剪的关系表达式。蒋明镜[156]针对结构性湿陷性黄土的大孔隙与胶结特性，基于离散元建模制作了不同含水量条件的结构性黄土数值试样，并对试样的一维湿陷特性进行了研究。基于模拟结果分析，提出了基于胶结点数目的损伤变量，研究了其在加载和湿陷过程中的变化规律。在离散元用于蠕变模拟方面 Kang 等[157]基于二维颗粒流程序（PFC²ᴰ），采用法向 Hertz-Mindlin 模型、切向 Burgers 模型进行了双轴蠕变试验的模拟。王涛等[158]在 PFC²ᴰ 中开发出广义 Kelvin 本构模型，并用于工程计算。郭鸿[159]基于 Burgers 蠕变模型，通过离散元模拟了分别、分级两种加载模式的蠕变试验。杨振伟分析了 Burgers 蠕变模型中参数对瞬时强度特性和流变特性的影响，验证了 Burgers 蠕变模型在离散元模拟中的可行性。

微观结构成像分析以及离散元数值模拟是岩土微观结构性研究必不可少的两部分，前者为岩土材料宏观特性的微观机理分析提供了依据，为强度与本构方程的建立提供了理论基础。而后者则将微观结构机理与宏观现象之间建立了联系，两者共同发展才能将土体微观结构性研究推向新高度。对于离散元边坡稳定性分析而言，材料的微观接触参数确定是关键点与难点。传统试错法效率较低，且具有一定的盲目性，如何建立一种快速准确地将宏观力学参数转化为微观接触参数的方法是亟需解决的问题。

1.8 地基变形预测方法

地基变形预测，始终是岩土工程研究的热点，但由于地基变形过程包含了影响其变化的各种确定性因素和随机因素的信息，因此，在地基变形预测方法的研究过程中遇到很多困难，尽管如此，国内外学者对地基变形预测的研究从未间断，而且取得了丰硕的成果。

郑治[160]针对路堤填筑体分级加荷的特点，对分层总和法进行改进，得到适合路堤自身沉降计算的方法，应用广泛；王琛艳[161]同时采用改进分层总和法和有限元方法计算路堤沉降变形，证明两种方法的可行性；涂许杭、王志亮等[162]针对传统的指数曲线预测模型存在的不足，对其进行了分析与改进，提出了更具有一般性的威布尔曲线模型。张仪萍、王士金等[163]为了研究沉降模型中参数的时变特性，提出了多层递阶时间序列模型，该模型能较好地反映参数的时变特性，取得较精确的沉降预测结果。李菊凤、宁立波等[164]将神经网络理论引入软基沉降预测领域，借助自控领域信号处理的思想，应用改进后的径向基函数神经网络的映射模式进行软基沉降的短期预测。黄亚东、张土乔等[165]提出了基于支持向量机（SVM）模型对公路软基沉降进行预测的一种新方法，将建立的SVM 模型应用于公路软基沉降预测能够更准确地反映实际沉降过程。王东耀、折学森等[166]运用模糊相似优先的概念，构造了高速公路软基最终沉降预测模型，实现了软基最终沉降预测，为预测软土地基路基沉降提供了一种新的方法。李永树、肖林萍等[167]为了合理确定非层状地下空间环境条件下地面沉降预测模型中的预测参数，基于地下空间围岩破坏机理及地面沉降规律，分析了预测参数与地下空间形状之间的内在联系，探讨了预测参数的变化规律，并导出了预测参数的计算公式。刘加才、赵维炳等[168]根据等应变竖向排水井地基固结理论，提出了沉降曲线的近似计算方法，通过实测沉降资料与近似理论曲线的拟合，获得竖向排水井地基的最终沉降量和平均固结度，从而预估其工后沉降量。王志亮、黄景忠等[169]提出了带软土流变特性的新型增长曲线模型，该模型能合理地反映出土颗粒骨架的蠕变过程，且能较准确地给出不同时刻的次压缩量，具有一定的工程参考价值。王志亮、黄景忠等[170]系统介绍了 Asaoka 法的基础知识，并基于抛物插值法和直线最小二乘拟合法，编制了该法预测地基最终沉降的程序。王伟、卢廷浩等[171]结合软基沉降机理，提出将软基沉降全过程用 Weibull 模型预测的方法，该预测模型不但参数意义明确，还可以反映加载速度等因素的影响，同时克服了其他两种成长模型最终沉降与反弯点处沉降值相对不变的缺点。陈斌、陈晓东等提出了一种预测公路复合地基工后沉降的新方法，对粉喷桩复合路基的沉降量进行准确预测。张丽华、蔡美峰等[172]通过分析了改进泊松模型的适用性和特点，建立了改进泊松—复合小波神经网络修正模型，结合实际工程数据分析和预测了 CFG 桩复合地基全过程沉降规律，并对比分析了改进的泊松模型的优缺点。王丽琴、靳宝成等提出一种新的分析预测模型——似固结模型，研究表明：该模型对黄土路基工后沉降的预测有较广泛的适用性。刘红军、程培峰等采用分级加载固结度理论，对软土地基固结沉降计算中随加载逐级改变计算参数并给出了计算通式，根据试验路段监测结果，采用分阶段拟合，得出了适合预测寒区湿地软土地基固结沉降的曲线。韦凯等在对上海地铁 1 号线某区间沉降实测数据分析的基础上，采用蚁群算法，综合考虑各因素对沉降影响的整体效果，利用隧道实测的纵向累积沉降量、累积沉降差分别构造信息函数和启发函数，建立地铁盾构隧道长期沉降预测模型。李长冬、唐辉明等提出基于小波分析与 RBF 神经网络相结合的新的地基沉降预测方法，具有较好的工程应用前景。赵明华等基于线性或近似线性加载情况下路基沉降过程和 Usher 曲线，将广泛用于经济和资源预测的 Usher 模型应用于路基沉降预测。李洪然等基于传统 GM（1，1）地面沉降预测模型的非稳定性，引入参数累积估计方法来代替最小二乘法，构建了参数累积估计的灰色沉降预测模型。李红霞、赵新华等[173]针对区域性地面沉降问题，用遗传算法优化 BP 神经网络的初始权重，建立了地面沉降预测模型，该模型克服了 BP 神经网络模型存在的收敛速度慢、易陷入局部极小点的缺点，模型具有很好地拟合与泛化能力。孙永荣、胡应东等[174]提出了一种同时优化背景值和初始条件的 GM（1，1）改进模型，并将其应用于对建筑物的沉降变形进行定量分析与即时预报。尹利华、王晓谋等[175]为了预估软土地基路堤产生的沉降量，以费尔哈斯模型作为沉降预测回归模型，利用 3 段计算法和最小二乘拟合法对模型求解，对模型中的时间因子指数进行了讨论。朱志铎、周礼红等[176]建立软土路基全过程沉降预测的 Logistic 模型，确定了模型中各参数含义，分析了各参数对地基沉降不同阶段的影响、应用范围及其在实践中的指导意义，并给出模型的求解方式，讨论了模型预测效果。吕秀杰[177]提出了一种反映沉降速率与沉降半立方非线性关系的双曲型曲线预测模型。韦凯等[178]提出了一种基于蚁群算法的隧道长期不均匀沉降的新预测模型。蒋建平等[179]选用了俞氏四参数曲线模型，对隧道拱顶的沉降—时间曲线进行了优化的拟合和沉降的预测。乔金丽、张义同等[180]综合考虑各种影响因素，运用遗传规划理论对地表最大沉降进行预测，利用地表沉降实测数据对模型进行测试，建立了确定盾构隧道开挖引起地表最大沉降的遗传规划模型。陈善雄、王星运等[181]将三点法的基本思想引入到双曲线模型，建立了基于双曲线模型的三点法。蒋建平、高广运等针对港口地基的沉降特性，构建了 Hyperbola-Logistic 组合数学模型。唐利民[182]应用正则化理论，基于矩阵求逆理论，提出了一种沉降预测模型参数的正则化无偏估计算法，并说明了新算法的无偏性和方差最小性。

通过对国内外地基沉降变形预测技术研究现状的分析可以看出，目前国内学者对地基变形预测技术进行了大量的研究与探索。但是，由于岩土工程的复杂性，需要进行大量假定，才能建立数学模型，而且只能满足单一工程或某种土质地基变形的预测，缺乏普遍性，现有模型不能适用于超高黄土填方地基变形的预测。且多数地基变形计算方法基于变形实测数据进行，无法在工程初期进行变形预测，或者是需要进行比较复杂的数值模拟，计算成本较高，寻找便捷、准确的理论计算方法值得继续探索。

1.9 高填方地基变形控制方法

高填方地基沉降变形控制一般分为原软弱地基的处理及填筑体的压实两部分，近年来，国内很多学者依托大量实际工程研究了高填方地基沉降变形控制技术，并得到很多重要成果。

王国忠[183]通过实践研究及分析了路基工程采用冲击式压实机加固的效果。马连宏依托河北省宣大高速公路项目，介绍了路基分层振动压实后，再用冲击式压路机进行补压的施工技术，同时探讨了采用冲击压实机械进行填前碾压技术及检测要点。张东辉等依托工程实例，详细阐述地基采用碎石夯实挤密桩加固技术的施工工艺及施工方法。谢春庆[184]分析和总结了我国现有山区机场地形、地貌、工程地质特征、填料特性，通过详细介绍高填夯实地基处理的现状、方法、步骤，提出了实用的处理高填方地基的合理方法。何兆益等[185]针对西南山区高填方设计要求及填料特性，依托重庆万州机场高填方地基处理工程，分析了山区高填方加固效果评价的试验方法，并探讨了不同试验指标之间的相关性。金世凡综合分析了软弱地基形成原因、特性及加固方法，并依托两个实际工程阐明了采用换填法处理软弱地基的施工效果和步骤。苏培仁总结研究了碎石桩加固地基的原理、类型及适用范围、碎石桩的设计与施工方法，比较分析了几种常用碎石桩加固效果，并指出在软弱地基处理过程中碎石桩的优势。陈肖华简要论述了碎石桩破坏形式及加固地基的机理，在此基础上对比分析了几种常用的碎石桩复合地基承载力计算方法的优缺点。刘宏等[186]结合西南机场工程具体施工情况，认为碎石桩、强夯（特别是置换强夯）、碾压和换填等四种方法是该机场经济合理的地基处理方案。黄浩峰等探讨了软土地基采用振冲碎石桩处理在质量检测和设计方面存在的几个问题，并针对这些问题提出了一系列的改进意见。王华俊等[187]依托四川九寨黄龙机场高填方地基处理工程，根据软弱土层强夯置换法加固的现场试验，分析了地表隆起量、实测夯沉量等试验指标。同时，运用室内土工试验及动力触探等手段检测分析了夯后地基的加固效果。陶志在分析高填方路基沉降原因的基础上，详细介绍了压力注浆加固的原理与施工工艺、质量控制与评价以及注意事项。王华俊等[188]依托四川九寨黄龙机场高填方地基处理工程，通过软弱土层采用碎石桩法加固的现场试验，检测分析了碎石桩处理后复合地基的加固效果。通过对桩间土检测和碎石桩体检测，并综合动力触探测试、室内土工试验及载荷试验检测结果，认为该工程软弱地基采用碎石桩处理能达到预期的加固效果，并能满足工程需要。王文涛浅层地基处理中换填法的材料选择、设计和施工技术。倪红梅介绍了换填垫层法的加固原理及其定义，依托实际工程介绍了换填垫层法在具体工程应用时的设计思路、施工过程、检验技术。曹建梅介绍了振冲碎石桩处理工法的特点、适用条件及范围。白晓红[189]总结了湿陷性黄土、液化土、盐渍土等几种山西地区常见的特殊土的重要工程性质，提出了相应的地基处理方法以及工程注意事项。

通过分析国内外高填方地基沉降变形控制技术的研究现状可以看出，目前，加固处理软弱地基方法有很多种，按其施工特点可将这些方法分为：压实（重锤夯实法、强力夯实法、机械碾压法、冲击压实法、振动压实法）、换填（挤填法、挖填法）、固结（电渗加固法、冻结固结法、化学加固法、灌入固结法、热加固结法）、排水（电渗排水法、加压排水、负压排水、重力排水、强制排水）、挤密（挤密砂桩法、振冲桩法、碎石桩法、挤密土桩法）。对于处理填筑体的方法可分为：排水固结法（超载预压法、加载预压法、砂井法、降低水位法、真空预压法）、压实（强力夯实法、重锤夯实法、冲击压实法、机械碾压法、振动压实法）。然而，有关超高黄土填方地基沉降变形控制技术的研究资料却比较少见，在处理此类地基时，多参考其他土质的高填方地基处理技术，因此有必要进一步研究和探讨超高黄土填方地基变形控制技术，从而明确各种土体压实技术和地基处理方法对工后差异变形和土体沉降变形的控制效果，以完善超高黄土填方地基沉降控制技术。

参考文献

[1] Scott R F. Principles of soils mechanics [A]. Addison-Wesley Publishing Company [M]. [s. l.]: [s. n.], 1963.

[2] Barden L, Consolidation of compacted and unsaturated clays[J]. Géotechnique, 1965, (3): 257-286.

[3] Liovet A, Alonso E E. Consolidation of unsaturated soils, meluding swelling and collapse behavior[J]. Géotechnique, 1980, (4): 449-477.

[4] Frelund D G. Mechanics of Fluid in Porous Media[M]. [s. l.]: [s. n.], 1982. 525-578.

[5] Blight G E. Strength and consolidation characteristics of compacted soils[D]. dissertation, England: University of London, 1961.

[6] Barden L. Consolidation of clays compacted 'dry' and 'wet' of optimum water content[J]. Géotechnique, 1974, 24(4): 605-625.

[7] Fredlund D G. Second canadian geotechnical colloquium: appropriate concepts and technology for unsaturated soils[J]. Canadian Geotechnical Journal, 1979, 16(1): 121-139.

[8] Lloret A, Alonso E E. Consolidation of unsaturated soils including swelling and collapse behavior[J]. Géotechnique, 1981, 30(4): 449-477.

[9] Chantawarangul K. Comparative study of different procedures to evaluate effective stress strength parameters for partially saturated soils[M. Sc. Thesis]. Thailand: Asian Institute of Technology, Bangkok, 1983.

[10] Dakshanamurthy V, Fredlund D G, Rahardjo H. Coupled three-dimensional consolidation theory of unsaturated porous media[A]. Preprint of Papers: 5th International Conference on Expansive Soils (Adelaide, South Australia) [C]. Australia: Institute of Engineers, 1984. 99-104.

[11] Rahardjo H. The study of undrained and drained behavior of unsaturated soils[D] Canada: Univisity of Saskatchewan, 1990.

[12] Kitamura, Ryosuke. Constitutive model for consolidation based on microscopic consideration by probability theory[A]. Proceedings of the International Offshore and Polar Engineering Conference[C]. Colorado: Golden, 1996. 456-459.

[13] Wong Tai T, Fredlund Delwyn G, Krahn John. Numerical study of coupled consolidation in unsaturated soils[J]. Canadian Geotechnical Journal, 1998, 35(6): 926-937.

[14] Loret, Benjamin, Khalili, Nasser. Three-phase model for unsaturated soils[J]. International Journal for Numeri-cal and Analytical Methods in Geomechanics, 2000,

24(11)：893-927.

[15]　Saix C，Devillers P，EI Youssoufi M S. Eléments de couplage thermomécanique dans la consolidation de solsnon saturés[J]. Canadian Geotechnical Journal，2000，37(2)：308-317.

[16]　Loret，Benjamin，Khalili，Nasser. An effective stress elastic-plastic model for unsaturated porous media[J]. Mechanics of Materials，2002，34(2)：97-116.

[17]　Ausilio E，Conte E，Dente G. An analysis of the consolidation of unsaturated soils [J]. Unsaturated Soils，2002.239-251.

[18]　Conte E. Consolidation analysis for unsaturated soils[J]. Canadian Geotechnical Journal，2004，41(4)：599-612.

[19]　Conte，E. Plane Strain and Axially Symmetric Consolidation in Unsaturated Soils [J]. International Journal of Geomechanics，2006，6(2)：131-135.

[20]　陈正汉. 非饱和土固结的混合物理论-数学模型、试验研究、边值问题[D]. 陕西：陕西机械学院，1991.

[21]　杨代泉. 非饱和土二维广义固结非线性数值模型[J]. 岩土工程学报，1992，(S1)：2-12.

[22]　徐永福，陈永战，刘松玉，等. 非饱和膨胀土的三轴试验研究[J]. 岩土工程学报，1998，(3)：14-18.

[23]　路志平. 锚定板结构与填土的相互作用[D]. 北京：铁道科学院，1987.

[24]　CHEN Zheng-han，XIE Ding-yi，LU Zou-dian. The consolidation of unsaturated soil[A]. Proceedings of 7th International Conference on Computer Methods and Advances in Geomechanics [C]. Australias：Beer G，Carter J P，eds. [s. l.]：[s. n.] 1991，1617-1621.

[25]　杨代泉. 非饱和土广义固结理论及其数值模拟与试验研究[D]. 南京：南京水科院，1990.

[26]　卢再华. 非饱和膨胀土的弹塑性损伤模型及其在土坡多场耦合分析中的应用[D]. 重庆：解放军后勤工程学院，2001.

[27]　沈珠江. 非饱和土简化固结理论及其应用[J]. 水利水运工程学报，2003，(4)：1-6.

[28]　陈正汉，扈胜霞，孙树国，等. 非饱和土固结仪和直剪仪的研制及应用[J]. 岩土工程学报，2004，(2)：161-166.

[29]　李顺群，栾茂田，杨庆. 考虑基质吸力变化时非饱和土的一维本构模型[J]. 岩土力学，2006，(9)：1575-1578.

[30]　邓刚，沈珠江，杨代泉. 黏土表面干缩裂缝形成过程的数值模拟(英文)[J]. 岩土工程学报，2006，(2)：241-248.

[31]　殷宗泽，凌华. 非饱和土一维固结简化计算[J]. 岩土工程学报，2007，(5)：633-637.

[32] 凌华，殷宗泽．非饱和土二、三维固结方程简化计算方法[J]．水利水电科技进展，2007，(2)：18-33.

[33] 曹雪山，殷宗泽，凌华．非饱和土受压变形的简化计算研究[J]．岩土工程学报，2008，(1)：61-65.

[34] 曹雪山，殷宗泽．土石坝心墙水力劈裂的非饱和土固结方法研究[J]．岩土工程学报，2009，(12)：1851-1857.

[35] 黄义，张引科．非饱和土本构关系的混合物理论（Ⅰ）—非线性本构方程和场方程[J]．应用数学和力学，2003，(2)：111-123.

[36] 胡再强，沈珠江，谢定义．结构性黄土的本构模型[J]．岩石力学与工程学报，2005，(4)：565-569.

[37] 周凤玺，米海珍，胡燕妮．基于广义塑性力学的黄土湿陷变形本构关系[J]．岩土力学，2005，(11)：132-137.

[38] 张茂花，谢永利，刘保健．增湿时黄土的抗剪强度特性分析[J]．岩土力学，2006，(7)：1195-1200.

[39] 邵生俊，龙吉勇，于清高，等．湿陷性黄土的结构性参数本构模型[J]．水利学报，2006，(11)：1315-1322.

[40] 陈存礼，何军芳，杨鹏．考虑结构性影响的原状黄土本构关系[J]．岩土力学，2007，(11)：2284-2290.

[41] 夏旺民，郭增玉．黄土弹塑性损伤本构模型基本构架研究[J]．岩土力学，2007 (S1)：241-243.

[42] 栾长青，唐益群，林斌．马兰黄土软化型本构模型研究[J]．重庆建筑大学学报，2008，(2)：53-60.

[43] 夏旺民，郭新明，郭增玉，等．黄土弹塑性损伤本构模型[J]．岩石力学与工程学报，2009，(S1)：3239-3243.

[44] 王朝阳，许强，倪万魁，刘海松．非饱和原状黄土的非线性损伤本构模型研究[J]．岩土力学，2010，(4)：1108-1111.

[45] 钟祖良等．基于伊留辛公设的 Q_2 原状黄土弹塑性本构模型[J]．解放军理工大学学报(自然科学版)，2010，(3)：316-321.

[46] 扈胜霞，周云东，陈正汉．非饱和原状黄土强度特性的试验研究[J]．岩土力学，2005，(4)：660-663＋672.

[47] 倪万魁，杨泓全，王朝阳．路基原状黄土细观结构损伤规律的CT检测分析[J]．公路交通科技，2005，(S1)：81-83.

[48] 陈存礼，胡再强，高鹏．原状黄土的结构性及其与变形特性关系研究[J]．岩土力学，2006，(11)：1891-1896.

[49] 陈存礼，高鹏，何军芳．考虑结构性影响的原状黄土等效线性模型[J]．岩土工程学报，2007，(9)：1330-1336.

[50] 李永乐，张红芬，佘小光，等．原状非饱和黄土的三轴试验研究[J]．岩土力学，

2008，(10)：2859-2863.

[51] 孙萍，彭建兵，陈立伟，等．黄土拉张破裂特性试验研究[J]．岩土工程学报，
2009，(6)：980-984.

[52] 朱元青，陈正汉．原状 Q_3 黄土在加载和湿陷过程中细观结构动态演化的 CT－三
轴试验研究[J]．岩土工程学报，2009，(8)：1219-1228.

[53] 李华明，蒋关鲁，吴丽君，等．黄土地基动力沉降特性试验研究[J]．岩土力学，
2009，(8)：2220-2224.

[54] 王志杰，骆亚生，王瑞瑞，杨利国，谭东岳．不同地区原状黄土动剪切模量与阻尼
比试验研究[J]．岩土工程学报，2010，(9)：1464-1469.

[55] 陈存礼，褚峰，李雷雷，等．侧限压缩条件下非饱和原状黄土的土水特征[J]．岩
石力学与工程学报，2011，(3)：610-615.

[56] 翁效林，王玮，刘保健．湿陷性黄土拓宽路基变形特性及强夯法处治效应模型试验
[J]．中国公路学报，2011，(2)：17-22.

[57] 姚建平，蔡德钩，闫宏业，等．湿陷性黄土铁路路基原位浸水试验研究[J]．中国
铁道科学，2011，(2)：1-6.

[58] 胡黎明，郝荣福等．BTEX 在非饱和土和地下水系统中迁移的试验研究[J]．清华
大学学报(自然科学版)，2003，(11)：1546-1549＋1553.

[59] 胡红蕊，陈胜立，沈珠江．防波堤土工织物加筋地基离心模型试验及数值模拟[J]．
岩土力学，2003，(3)：389-394.

[60] 胡再强，沈珠江，谢定义．结构性黄土渠道浸水变形离心模型试验有限元分析[J]．
岩土工程学报，2004，(5)：637-640.

[61] 牟太平，张嘎，张建民．土坡破坏过程的离心模型试验研究[J]．清华大学学报(自
然科学版)，2006，(9)：1522-1525.

[62] 杨俊杰，柳飞等．砂土地基承载力离心模型试验中的粒径效应研究[J]．岩土工程
学报，2007，(4)：477-483.

[63] 翁效林．强夯黄土地基震陷性离心试验研究[J]．岩土工程学报，2007，(7)：1094-
1097.

[64] 杨明，姚令侃，王广军．抗滑桩宽度与桩间距对桩间土拱效应的影响研究[J]．岩
土工程学报，2007，(10)：1477-1481.

[65] 张敏，吴宏伟．边坡离心模型试验中的降雨模拟研究[J]．岩土力学，2007，(S1)：
54-57.

[66] 刘悦，黄强兵．开挖和堆载作用下黄土边坡变形特征离心试验研究[J]．工程勘察，
2007，(5)：10-13.

[67] 潘宗俊，刘庆成．基于离心机法研究变重度压实黄土土—水特征曲线[J]．公路，
2009，(8)：270-274.

[68] 郭永建，尚新鸿，谢永利．管桩加固拓宽路堤地基的离心试验研究[J]．工程勘察，
2010，(2)：7-9.

[69] 马秀婷，邵生俊，杨春鸣，李小林. 非饱和结构性黄土的强度特性试验研究[J]. 岩土工程学报，2013，35(S1)：68-75.

[70] 陈存礼，蒋雪，苏铁志，金娟，李文文. 结构性对压实黄土无侧限压缩特性的影响[J]. 岩石力学与工程学报，2014，33(12)：2539-2545.

[71] 高登辉，陈正汉，郭楠，朱彦鹏，扈胜霞，姚志华. 干密度和基质吸力对重塑非饱和黄土变形与强度特性的影响[J]. 岩石力学与工程学报，2017，36(03)：736-744.

[72] 吴凯，倪万魁，刘海松，袁志辉，朱强伟，石博溢. 压实黄土强度特性与微观结构变化关系研究[J]. 水文地质工程地质，2016，43(05)：62-69.

[73] 郭鹏，王建华，孙军杰，王谦，钟秀梅，李娜. Q_3原状黄土变形过程中的应变速率效应[J]. 土木工程学报，2019，52(S2)：42-50.

[74] Pires L F, Bacchi O O S, Reichardt K. Gamma ray computed tomography to evaluate wetting/drying soil structure changes[J]. Nuclear Instruments and Methods in Physics Research Section B：Beam Interactions with Materials and Atoms，2005，229(3)：443-456.

[75] Tang C S, Cui Y J, Shi B, Tang A M, Liu C. Desiccation and cracking behaviour of clay layer from slurry state under wetting-drying cycles[J]. Geoderma，2011，166(1)：111-118.

[76] Allam M M, Sridharan A. Effect of wetting and drying on shear strength[J]. Journal of the Geotechnical Engineering Division，1981，107(4)：421-438.

[77] Dif A E, Bluemel W F. Expansive soils under cyclic drying and wetting[J]. Geotechnical Testing Journal，1991，14(1)：96-102.

[78] Al-Homoud A S, Basma A A, Husein Malkawi A I, Al Bashabsheh M A. Cyclic swelling behavior of clays[J]. Journal of Geotechnical Engineering，1995，121(7)：562-565.

[79] 蒋忠信，秦小林，文江泉，刚宝珍，袁宝印. 广西那桐试验路堑膨胀性红土的地质特性[J]. 铁道工程学报，1998(03)：89-99.

[80] 刘松玉，季鹏，方磊. 击实膨胀土的循环膨胀特性研究[J]. 岩土工程学报，1999(01)：12-16.

[81] 房立凤，蒋关鲁，张俊兵，程文斌. 郑西客运专线路基黄土填料水泥改良试验研究[J]. 铁道标准设计，2008(09)：4-7.

[82] 李聪，邓卫东，崔相奎. 干湿循环条件下完全扰动黄土路基回弹模量分析[J]. 交通科学与工程，2009，25(02)：8-12.

[83] 段涛. 干湿循环情况下黄土强度劣化特性研究[D]. 西安：西北农林科技大学，2009.

[84] 袁志辉，倪万魁，唐春，胡盛明，甘建军. 干湿循环下黄土强度衰减与结构强度试验研究[J]. 岩土力学，2017，38(7)：1894-1902，1942.

[85] 袁志辉，倪万魁，唐春，黄诚，王衍汇. 干湿循环效应下黄土抗拉强度试验研究

[J]. 岩石力学与工程学报，2017，36(S1)：3670-3677.

[86] 王飞，李国玉，穆彦虎，张鹏，吴亚虎，范善智. 干湿循环条件下压实黄土变形特性试验研究[J]. 岩土力学，2016，37(8)：2306-2312，2320.

[87] 刘文化，杨庆，唐小微，李吴刚. 干湿循环条件下不同初始干密度土体的力学特性[J]. 水利学报，2014，45(3)：261-268.

[88] 龙安发，陈开圣，季永新. 不同降雨强度下红黏土边坡干湿循环试验研究[J]. 岩土工程学报，2019，41(S2)：193-196.

[89] 谢辉辉，许振浩，刘清秉，胡桂阳. 干湿循环路径下弱膨胀土峰值及残余强度演化研究[J]. 岩土力学，2019(S1)：245-252.

[90] 涂义亮，刘新荣，钟祖良，王睢，王子娟，柯炜. 干湿循环下粉质黏土强度及变形特性试验研究[J]. 岩土力学，2017，38(12)：3581-3589.

[91] 邓华锋，肖瑶，方景成，张恒宾，王晨玺杰，曹毅. 干湿循环作用下岸坡消落带土体抗剪强度劣化规律及其对岸坡稳定性影响研究[J]. 岩土力学，2017，38(9)：2629-2638.

[92] 杨俊，童磊，张国栋，唐云伟，陈红萍. 干湿循环效应对风化砂改良膨胀土抗剪强度影响研究[J]. 长江科学院院报，2014，31(04)：39-44.

[93] 曾胜，李振存，韦慧，郭昕，王健. 降雨渗流及干湿循环作用下红砂岩顺层边坡稳定性分析[J]. 岩土力学，2013，34(06)：1536-1540.

[94] 杨和平，唐咸远，王兴正，肖杰，倪啸. 有荷干湿循环条件下不同膨胀土抗剪强度基本特性[J]. 岩土力学，2018，39(07)：1-7.

[95] 陈宾，周乐意，赵延林，王智超，晁代杰，贾古宁. 干湿循环条件下红砂岩软弱夹层微结构与剪切强度的关联性[J]. 岩土力学，2018，39(05)：1-11.

[96] 吕海波，曾召田，赵艳林，葛若东，陈承佑，韦昌富. 胀缩性土强度衰减曲线的函数拟合[J]. 岩土工程学报，2013，35(S2)：157-162.

[97] 程富阳，黄英，周志伟，赵贵刚，张浚枫. 干湿循环下饱和红土不排水三轴试验研究[J]. 工程地质学报，2017，25(4)：1017-1026.

[98] Nowamooz H, Masrouri F. Influence of suction cycles on the soil fabric of compacted swelling soil[J]. Comptes Rendus Geoscience，2010，342(12)：901-910.

[99] Sitharam T G. Micromechanical modeling of granular materials：effect of confining pressure on mechanical behavior[J]. Mechanics of Materials，1999，31(10)：653-665.

[100] 赵天宇，王锦芳. 考虑密度与干湿循环影响的黄土土水特征曲线[J]. 中南大学学报(自然科学版)，2012，43(06)：2445-2453.

[101] Nowamooz H，Masrouri F. Influence of suction cycles on the soil fabric of compacted swelling soil[J]. Comptes Rendus Geoscience，2010，342(12)：901-910.

[102] Kholghifard M，Ahmad K，Ali N，Kassim A，Kalatehjari R. Collapse/swell potential of residual laterite soil due to wetting and drying-wetting cycles[J]. Na-

tional Academy Science Letters，2014，37(2)：147-153.

[103] 吕海波，曾召田，赵艳林，卢浩．膨胀土强度干湿循环试验研究[J]．岩土力学，2009，30(12)：3797-3802.

[104] 彭小平，陈开圣．干湿循环下红黏土力学特性衰减规律研究[J]．工程勘察，2018，2018(02)：1-7.

[105] 胡长明，袁一力，王雪艳，梅源，刘政．干湿循环作用下压实黄土强度劣化模型试验研究[J]．岩石力学与工程学报，2018，37(12)：2804-2818.

[106] Christian J T，Ladd C C，Baecher G B．Reliability Applied to Slope Stability Analysis[J]．Journal of Geotechnical Engineering，1996，120(12)：2180-2207.

[107] Malkawi A I H，Hassan W F，Abdulla F A．Uncertainty and reliability analysis applied to slope stability[J]．Structural Safety，2000，22(2)：161-187.

[108] Christian J T，Baecher G B．The point-estimate method with large numbers of variables[J]．International Journal for Numerical & Analytical Methods in Geomechanics，2002，26(15)：1515-1529.

[109] 李萍，王秉纲，李同录，等．陕西地区黄土路堑高边坡可靠度研究[J]．中国公路学报，2009，22(6)：18-25.

[110] 李萍，赵纪飞，李同录．山西乡宁—吉县地区黄土高边坡可靠度研究[J]．地球科学与环境学报，2012，34(2)：81-89.

[111] 李萍，黄丽娟，李振江，等．甘肃黄土高边坡可靠度研究[J]．岩土力学，2013，34(3)：874-880.

[112] 李萍，王宁，高德彬，等．山西河南西部地区黄土高边坡可靠度分析[J]．西安建筑科技大学学报(自然科学版)，2013，45(4)：574-581.

[113] 王阿丹，王昌业，李萍，等．西安白鹿塬北缘黄土边坡稳定的可靠度分析[J]．地球科学与环境学报，2012，34(1)：104-110.

[114] Reale C，Xue J，Pan Z，et al．Deterministic and probabilistic multi-modal analysis of slope stability[J]．Computers & Geotechnics，2015，66：172-179.

[115] Cao Z，Wang Y，Li D．Practical Reliability Analysis of Slope Stability by Advanced Monte Carlo Simulations in a Spreadsheet[J]．Canadian Geotechnical Journal，2009，48(1)：162-172.

[116] 张亚国，张波，李萍，等．基于点估计法的黄土边坡可靠度研究[J]．工程地质学报，2011，19(4)：615-619.

[117] 陈鹏，徐博侯．基于因素敏感性的边坡稳定可靠度分析[J]．中国公路学报，2012，25(4)：42-48.

[118] 吴振君，王水林，汤华，等．一种新的边坡稳定性因素敏感性分析方法——可靠度分析方法[J]．岩石力学与工程学报，2010，29(10)：2050-2055.

[119] 舒苏荀，龚文惠．边坡稳定分析的神经网络改进模糊点估计法[J]．岩土力学，2015，36(7)：2111-2116.

[120]　谭晓慧，王建国，胡晓军，等．边坡稳定的模糊随机有限元可靠度分析[J]．岩土工程学报，2009，31(7)：991-996.

[121]　Luo X，Li X，Zhou J，et al. A Kriging-based hybrid optimization algorithm for slope reliability analysis[J]. Structural Safety，2012，34(1)：401-406.

[122]　Yi P，Wei K，Kong X，et al. Cumulative PSO-Kriging model for slope reliability analysis[J]. Probabilistic Engineering Mechanics，2014，39：39-45.

[123]　Jiang S H，Li D Q，Zhang L M，et al. Slope reliability analysis considering spatially variable shear strength parameters using a non-intrusive stochastic finite element method[J]. Engineering Geology，2013，168(1)：120-128.

[124]　Li D Q，Jiang S H，Cao Z J，et al. A multiple response-surface method for slope reliability analysis considering spatial variability of soil properties[J]. Engineering Geology，2015，187：60-72.

[125]　肖特，李典庆，周创兵，等．基于有限元强度折减法的多层边坡非侵入式可靠度分析[J]．应用基础与工程科学学报，2014，22(4)：718-732.

[126]　李典庆，肖特，曹子君，等．基于极限平衡法和有限元法的边坡协同式可靠度分析[J]．岩土工程学报，2016，38(6)：1004-1013.

[127]　李典庆，周创兵，陈益峰，等．边坡可靠度分析的随机响应面法及程序实现[J]．岩石力学与工程学报，2010，29(8)：1513-1523.

[128]　傅方煜，郑小瑶，吕庆等．基于响应面法的边坡稳定二阶可靠度分析[J]．岩土力学，2014，35(12)：3460-3466.

[129]　蒋水华，祁小辉，曹子君，等．基于随机响应面法的边坡系统可靠度分析[J]．岩土力学，2015，36(3)：192-200.

[130]　Zhang J，Huang H W，Juang C H，et al. Extension of Hassan and Wolff method for system reliability analysis of soil slopes[J]. Engineering Geology，2013，160(12)：81-88.

[131]　Zeng P，Jimenez R，Jurado-Piña R. System reliability analysis of layered soil slopes using fully specified slip surfaces and genetic algorithms[J]. Engineering Geology，2015，193：106-117.

[132]　吴振君，王水林，汤华，等．边坡可靠度分析的一种新的优化求解方法[J]．岩土力学，2010，31(3)：713-718.

[133]　吴振君，汤华，王水林，等．岩土样本数目对边坡可靠度分析的影响研究[J]．岩石力学与工程学报，2013，31(a01)：2846-2854.

[134]　Tang X S，Li D Q，Zhou C B，et al. Copula-based approaches for evaluating slope reliability under incomplete probability information[J]. Structural Safety，2015，52：90-99.

[135]　蒋水华，李典庆，周创兵，等．考虑自相关函数影响的边坡可靠度分析[J]．岩土工程学报，2014，36(3)：508-518.

[136] 蒋水华，魏博文，姚池，等．考虑概率分布影响的低概率水平边坡可靠度分析[J]．岩土工程学报，2016，38(6)：1071-1080.

[137] Park H J, Um J G, Woo I, et al. Application of fuzzy set theory to evaluate the probability of failure in rock slopes[J]. Engineering Geology，2012，125(1)：92-101.

[138] 黄玮，梁永辉．可变模糊识别模型在黄土高边坡稳定性评价中的应用[J]．土木工程学报，2015，48(S2)：246-251.

[139] 唐朝晖，柴波，刘忠臣等．填土边坡稳定性的可靠度分析[J]．地球科学-中国地质大学学报，2013，38(3)：616-624.

[140] 唐朝生，施斌，王宝军．基于 sem 土体微观结构研究中的影响因素分析[J]．岩土工程学报，2008(04)：560-565.

[141] 陈宾，周乐意，赵延林，王智超，晁代杰，贾古宁．干湿循环条件下红砂岩软弱夹层微结构与剪切强度的关联性[J]．岩土力学，2018，39(05)：1-11.

[142] Pires L F, Cooper M, Cássaro F A M, Reichardt K, Bacchi O O S, Dias N M P. Micromorphological analysis to characterize structure modifications of soil samples submitted to wetting and drying cycles[J]. Catena，2008，72(2)：297-304.

[143] Guo X, Zhao T, Liu L, Xiao C, He Y. Effect of sewage irrigation on the ct-measured soil pore characteristics of a clay farmland in northern china[J]. International Journal of Environmental Research & Public Health，2018，15(5)：1043.

[144] 延恺，谷天峰，王家鼎，刘亚明，王潇，王晨兴．基于显微 ct 图像的黄土微结构研究[J]．水文地质工程地质，2018，45(03)：71-77.

[145] 陈世杰，马巍，李国玉，刘恩龙，张革．与医用 ct 配合使用的冻土三轴仪的研制与应用[J]．岩土力学，2017，38(S2)：359-367.

[146] 陈世杰，赵淑萍，马巍，杜玉霞，邢莉莉．利用 ct 扫描技术进行冻土研究的现状和展望[J]．冰川冻土，2013，35(01)：193-200.

[147] 冯立，张茂省，胡炜，董英，孟晓捷．黄土垂直节理细微观特征及发育机制探讨[J]．岩土力学，2019，40(01)：235-244.

[148] 王凤，邓念东，马逢清，王超，江星辰．基于 ct 的黄土大孔隙形态三维分形研究[J]．计算机工程，2014，40(07)：217-220.

[149] 蒋明镜．现代土力学研究的新视野——宏微观土力学[J]．岩土工程学报，2019，41(02)：195-254.

[150] Cundall P A. A computer model for simulating progressive largescale movements in blocky rock systems[C]. Nancy：France，1971：128-132.

[151] A C P, L S O D. A discrete numerical model for granular assemblies[J]. Geotechnique，1979，29(1)：47-65.

[152] 王泳嘉．离散元法及其在岩石力学中的应用[J]．金属矿山，1986(08)：13-17.

[153] 江英超，何川，方勇，周济民．盾构施工对黄土地层的扰动及管片衬砌受荷特征

[J]. 中南大学学报(自然科学版)，2013，44(07)：2934-2941.

[154] 蒋明镜，孙若晗，李涛，刘俊. 一个非饱和结构性黄土三维胶结接触模型[J]. 岩土工程学报，2019，41(S1)：213-216.

[155] 同霄，朱兴华，马鹏辉，冷艳秋. 颗粒离散元方法中黄土强度参数研究[J]. 地下空间与工程学报，2019，15(02)：435-442.

[156] 蒋明镜，胡海军，彭建兵. 结构性黄土一维湿陷特性的离散元数值模拟[J]. 岩土力学，2013，34(04)：1121-1130.

[157] Kang D H, Yun T S, Lau Y M, Wang Y H. Dem simulation on soil creep and associated evolution of pore characteristics[J]. Computers and Geotechnics，2012，39：98-106.

[158] 王涛，吕庆，李杨，李宏明. 颗粒离散元方法中接触模型的开发[J]. 岩石力学与工程学报，2009，28(S2)：4040-4045.

[159] 郭鸿，骆亚生，王鹏程. 分别、分级加载下压实黄土三轴蠕变特性及模型分析[J]. 水力发电学报，2016，35(04)：117-124.

[160] 郑治. 路堤自身压缩的分层总和法[J]. 华东公路，1996(5)：51-55.

[161] 王琛艳. 高填方路基沉降变形规律计算分析与研究[D]. 重庆：重庆交通大学，2005.

[162] 涂许杭，王志亮，梁振森，等. 修正的威布尔模型在沉降预测中的应用研究[J]. 岩土力学，2005，(4)：621-623＋628.

[163] 张仪萍，王士金，张土乔. 沉降预测的多层递阶时间序列模型研究[J]. 浙江大学学报(工学版)，2005，(7). 983-986.

[164] 李菊凤，宁立波，周建伟，等. 基于 RBF 神经网络的软基沉降预测研究[J]. 湖南科技大学学报(自然科学版)，2005，(3)：49-52.

[165] 黄亚东，张土乔，俞亭超，等. 公路软基沉降预测的支持向量机模型[J]. 岩土力学，2005，(12)：1987-1990.

[166] 王东耀，折学森，叶万军，等. 高速公路软基最终沉降预测的范例推理方法[J]. 长安大学学报(自然科学版)，2006，(1)：20-23＋42.

[167] 李永树，肖林萍. 地面沉降预测参数的变化规律与计算方法[J]. 西南交通大学学报，2006，(4)：424-428.

[168] 刘加才，赵维炳，宰金珉. 排水固结下卧层固结度简化计算[J]. 水运工程，2006，(1)：75-79.

[169] 王志亮，黄景忠，杨夏红. 考虑软土流变特性的沉降预测模型研究[J]. 岩土力学，2006，(9)：1567-1570.

[170] 王志亮，黄景忠，李永池. 沉降预测中的 Asaoka 法应用研究[J]. 岩土力学，2006，(11)：2025-2028＋2032.

[171] 王伟，卢廷浩，周干武. 黏土非线性模型的改进切线模量[J]. 岩土工程学报，2007，(3)：458-462.

[172] 张丽华,蔡美峰.基于改进泊松-复合小波模型的复合地基全过程沉降预测[J].北京科技大学学报,2007,(9):869-873.

[173] 李红霞,等.基于改进BP神经网络模型的地面沉降预测及分析[J].天津大学学报,2009,(1):60-65.

[174] 孙永荣,等.基于GM(1,1)改进模型的建筑物沉降预测[J].南京航空航天大学学报,2009,(1):107-111.

[175] 尹利华,王晓谋,等.费尔哈斯曲线在软土地基路堤沉降预测中的应用[J].长安大学学报(自然科学版),2009,(2):19-24.

[176] 朱志铎等.软土路基全过程沉降预测的Logistic模型应用研究[J].岩土工程学报,2009,(6):965-970.

[177] 吕秀杰.软土地基工后沉降预测模型的研究[J].岩土力学,2009,(7):2091-2097.

[178] 韦凯等.隧道长期不均匀沉降预测的蚁群算法[J].同济大学学报(自然科学版),2009,(8):993-999.

[179] 蒋建平等.基于俞氏四参数模型的隧道拱顶沉降预测[J].中国矿业大学学报,2009,(5):670-675.

[180] 乔金丽等.基于遗传规划的盾构隧道开挖地表最大沉降预测[J].天津大学学报,2009,(9):790-796.

[181] 陈善雄,王星运,等.铁路客运专线路基沉降预测的新方法[J].岩土力学,2010,(2):478-484.

[182] 唐利民.地基沉降预测模型的正则化算法[J].岩土力学,2010,(12):3945-3950.

[183] 王国忠.冲击压实技术在路基工程中的应用研讨[J].内蒙古工业大学学报(自然科学版),2000,(4):294-296.

[184] 谢春庆,刘汉超,甘厚义.山区机场高填方夯实地基处理方法的研究[J].勘察科学技术,2001,(5):11-15.

[185] 何兆益,朱宏洲.山区高填方回填地基处理效果的现场试验评价[J].重庆交通学院学报,2002,(2):67-70.

[186] 刘宏,李攀峰,张倬元.西南地区高填方机场软基加固处理[J].工程地质学报,2004,(12):343-349.

[187] 王华俊,韩文喜,等.强夯置换法在高填方地基处理中的应用[J].防灾减灾工程学报.2004,(3):278-284.

[188] 王华俊,韩文喜,赵其华.碎石桩加固高填方地基的试验效果分析[J].中国地质灾害与防治学报.2005,16(1):114-119.

[189] 白晓红.几种特殊土地基的工程特性及地基处理[J].工程力学.2007,(S2):83-99.

第 2 章　压实黄土物理力学特性研究

黄土因其特殊的矿物组成、沉积地质条件与微观结构，导致其具有大孔隙、发育竖向节理和湿陷性等不良工程地质特点。其作为填料压实后，原有的结构和物理力学状态将发生改变，压实黄土具有独特的不同于天然黄土的孔隙结构，这决定了其不同于天然黄土的特殊性质，因此不能完全按照一般黄土理论或是原状黄土的研究成果解决其强度分析及变形计算问题，开展压实黄土强度及变形特性的研究具有重要的工程意义。

本章通过系列试验对压实黄土的物理力学特性进行研究，初步探讨了压实黄土变形与抗剪特性、干湿作用下强度劣化及微观结构变化规律等，研究成果可用于压实黄土填筑地基的变形分析与计算。

2.1　压实黄土物理性质

2.1.1　取土环境

（1）地理位置
本章试验所用土样取样陕北地区某挖填方工程（图 2.1-1）。

图 2.1-1　取土位置

（2）地质条件
取土地区属于陕北黄土高原的梁峁沟壑区，地貌类型较复杂，具体可分为黄土堆积地貌，包括黄土梁和黄土峁；黄土侵蚀地貌，主要为河谷和冲沟；重力地貌，主要为黄土滑坡和崩塌堆积层。根据勘察资料，黄土梁峁区主要地层结构为 Q_3 黄土、Q_2 黄土、N_2 红黏土和 J 砂岩泥岩，黄土冲沟区主要地层结构上部为第四系全新统地层，地质成因主要是冲洪积、堤坝淤积层，下部为 N_2 红黏土（局部可见）及 J 砂泥岩，第四系崩积层及滑坡堆积层主要分布在冲沟两侧山体上[1]。

黄土梁峁区黄土按其工程性质分为湿陷性黄土，非湿陷性黄土层，沟谷中的黄土状土，但性质及成因不同，可分 3 个亚层，岩土的野外特征及埋藏条件分述如下：

耕植土①：褐黄色，以粉土为主，含植物根系，分布于地表，一般厚度 0.3～0.7m。该层主要分布在黄土梁峁、黄土缓坡和支沟沟底内，徒坎处基本缺失该层。

第四系地层在沟谷区和黄土梁峁区不同，沟谷区地层描述如下：

填土①-1：褐黄色，土质不均匀，以粉土为主，含砖块、混凝土块、植物根系等。该层主要分布于冲沟沟底，为人工回填整平场地形成，最大揭露厚度 17.3m。

黄土状土分为三个亚层，主要分布在沟谷中。

黄土状土②-1（Q_4^{al+pl}）：黄褐～红褐色，具层理，可见少量虫壳碎片、零星钙质结核等，以硬塑状态为主，局部呈软塑状态。属中压缩性土，局部为低压缩性土。为沟谷两侧黄土、古土壤经流水搬运沉积形成，呈条带状分布于沟谷底部[2]。

黄土状土②-2（Q_4^l）：灰褐～深灰色，为沟谷两侧及上游黄土、古土壤等经流水搬运，在淤积坝内淤积形成，以可塑状态为主，局部软塑，属中压缩性土。

黄土状土②-3（Q_4^l）：黄褐～灰褐色，以坚硬状态为主，局部呈硬塑状态，为沟谷两侧及上游黄土、古土壤等经流水搬运，在淤积坝内淤积形成，属中压缩性土。

黄土梁峁区地层描述如下：

崩积、滑坡堆积层③（Q_4^{del}）：为黄土地区典型黄土滑坡堆积产物，滑坡受垂直节理、降雨、地下水等不利条件影响，岩土体失稳形成滑坡，主要为原生黄土沿滑坡面软弱带整体下滑所致。滑坡岩土成分主要为黄土状粉土（原马兰黄土）、粉质黏土（原离石黄土，含古土壤）、第三系粉质黏土和部分砂泥岩碎块等组成。黄土状粉土岩性接近马兰黄土，坚硬—硬塑，粉质黏土岩性接近原离石黄土，坚硬—硬塑，局部具湿陷性，滑带附近土质较软，局部饱和；第三系粉质黏土一般位于滑带附近，其土质紧密，透水性差，其表层遇水极易形成软弱滑面，导致上覆地层发生滑坡。

湿陷性黄土（粉土或粉质黏土）①：褐黄～褐红色，稍湿，坚硬，局部硬塑。以粉土为主，土质较均匀，针状孔隙发育。具轻微～中等湿陷性，压缩系数平均值 $a_{1-2}=0.2MPa^{-1}$，属中压缩性土。该层一般分布在黄土梁峁顶部。

非湿陷性黄土（粉土或粉质黏土）⑤：黄褐～棕红色，稍湿，硬塑，局部可塑。其中古土壤主要以粉质黏土为主，黄土主要以粉土为主，土质较均匀，针状孔隙发育。一般不具湿陷性，压缩系数平均值 $a_{1-2}=0.15MPa^{-1}$，属中压塑性土，该层露头多位于冲沟侧壁。

第三系及以前地层：红黏土（粉质黏土）⑥：主要分布在黄土梁峁区和沟头位置，非湿陷性黄土层底部，该层底部为砂、泥岩，棕红～褐红色，坚硬～硬塑，中偏低压缩性，结构致密，含较多白色钙质结核及少量黑色锰质斑点，局部钙质结核含量较大，并富集成层，钙质结核最大粒径约为 15cm。一般厚度 5～10m。

砂泥岩⑦～⑧：泥质页岩与砂岩互层，其中⑦层为全～强风化砂泥岩，⑧层为中风化砂泥岩，灰黄色～青灰色。全～强分化砂岩泥岩岩石结构基本被破坏，大部分已风化成块状或砂土状。中风化砂岩泥岩岩芯呈短柱状～柱状。薄层～中厚层状构造，硅质和泥质胶结，砂岩矿物成分以石英长石为主。该层未被钻穿，根据现场调查，最大出露厚度超过 50m[3]。

（3）气候水文条件

据取土地区所属气象站 1951～2012 年资料[4]，多年平均降水量为 530.97mm，最大为 1964 年 871.2mm，最小为 1974 年 330mm；20 世纪 80 年代后期以来，降水呈减少趋势，20 多年平均降水量 496.2mm，为原来的 88.3%。年内降水主要集中在 6～9 月，占全年降水量的 70% 左右，多以雷阵雨形式出现。2013 年夏季，该地区遭受强暴雨袭击；7 月份该地区降水量最大点月降水量达到 656mm。

取土地区地下水水质较好，但储量较小，属贫水区。其地下水类型大致可分为以下几类：

① 黄土原区地下水：四周沟谷切割达 80～200m，区中部地下水埋伏较浅，而边缘则逐渐加深，一般在 200m 左右，水量小而不稳，地下水主要受降水补给，局部地区也受基岩裂隙水补给[5]。

② 黄土梁峁区地下水：分布在该地区以北，地下水属基岩裂隙潜水，岩性主要为砂、泥岩互层，为良好的含水岩层，潜水多呈液状起伏，断续分布，地下水具有多层性，尝尝沿砂、泥岩接触地带，顺着砂岩的孔隙和裂隙有为数较多的泉水出露，侵蚀基准面以上的沟谷区，地下水顺沟谷方向运移，并汇入河谷，常见到天然泉水串珠似的忽隐忽现，地形产状近于水平，地下水埋藏主要取决于岩层厚度，受地形的影响，埋藏深度一般为20～60m。

③ 河谷阶地区地下水：主要指河谷第四系冲积层潜水，分布在各大沟谷及其支沟内，随着沟谷水位的涨落，水流与潜水互有补排关系，洪水期地下水得到沟谷水流的补给，而在枯水期地下又反补给沟谷流水。

2.1.2　土样采集

重塑土样取自陕北地区某高填方工程挖方区 Q_3 黄土层（图 2.1-1），通过施工机械将

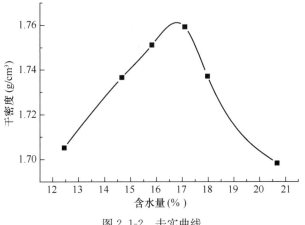

图 2.1-2　击实曲线

土层断面挖出后，从断面底部挖取 Q_3 黄土土样并装入塑料袋密封保存。

2.1.3　土样基础试验

（1）击实试验

在相同的击实功下，填土的密实度会随着含水量的变化而变化，当含水量较低时，由于较大的颗粒间摩擦作用，导致土体难以压密因而密实度较低；随着含水量的增大，颗粒间摩擦力逐渐减弱，压实土的密实度随之增大；当含水量增大到某一特定值后，填土密实度达到最大值；继续增大含水量，密实度反而会降低，这是由于水分会占据土体内部孔隙，导致潜在压缩量变小。该密实度的最大值即为最大干密度，对应的含水量就是最佳含水量[6]。在填方工程中，压实度是最为关键的施工质量指标，而压实度的计算有赖于土体的最大干密度确定。因而在对压实土进行试验研究之前，应首先通过击实试验确定其最大干密度与最优含水量，以此作为试验过程中设置的干密度的参考。

基于《土工试验规程》DT—1992进行击实试验，将得到的不同状态下的含水量和干密度绘成击实曲线如图 2.1-2 所示。

通过击实曲线确定试验用黄土的最佳含水量为 17.09%，最大干密度为 $1.76\mathrm{g/cm^3}$。

（2）颗粒级配试验

颗粒级配曲线代表了土体粒径的分布是土体材料较为重要的一个物理指标，且在离散元方法的建模过程中，颗粒级配曲线是还原土体颗粒构成的必要参数。颗粒大小分布曲线是指土的粒径与小于该粒径的土重占土样总重的百分比之间的关系曲线，可以通过颗粒分析试验测得。一般对于粒径大于 0.075mm 的土可采用筛析法，对于粒径小于 0.075mm 的土可采用密度计法，密度计法是根据斯托克斯公式由颗粒的沉降时间和沉降距离计算出颗粒的直径，可获得粒径小于 0.075mm 的颗粒级配分布曲线[6]。本次试验用土属于粉土，颗粒较小，可采用相对密度计法进行量测(图 2.1-3)。

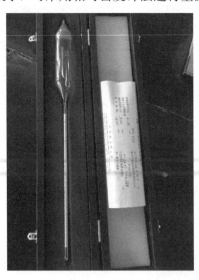

图 2.1-3　相对密度计法测定颗粒分布

得到的试验数据如表 2.1-1 所示，颗粒级配曲线如图 2.1-4 所示。

土样颗粒分析   表 2.1-1

颗粒粒径（mm）	小于该粒径的颗粒含量（%）	颗粒粒径（mm）	小于该粒径的颗粒含量（%）
0.0661	100.00	0.0072	24.30
0.0476	86.68	0.0051	21.34
0.0235	47.28	0.0037	17.73
0.0170	35.79	0.0030	16.09
0.0122	28.24	0.0015	12.48
0.0100	26.27		

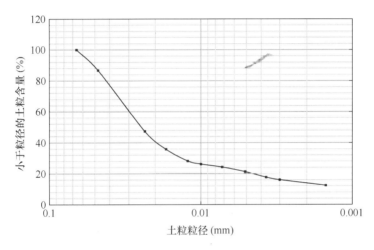

图 2.1-4　颗粒级配曲线

基于式（2.1-1）、式（2.1-2）可对颗粒级配曲线进行处理得出所取土体的不均匀系数 C_u 与曲率系数 C_c：

$$C_u = \frac{d_{60}}{d_{10}} \tag{2.1-1}$$

$$C_c = \frac{d_{30}^2}{d_{60} \times d_{10}} \tag{2.1-2}$$

式中　　d_{10}——有效粒径，小于此种粒径的土的质量占总土质量的 10%；

　　　　d_{30}——小于此种粒径的土的质量占总土质量的 30%；

　　　　d_{60}——控制粒径，小于此种粒径的土的质量占总土质量的 10%。

$C_u = 25 > 5$ 表明所取土样为不均匀土，经充分压实后细颗粒可以充填到粗颗粒的间隙之中，容易得到较高的密度和较好的力学性能；$C_c = 5.44 > 5$ 表示土的级配不均匀，表明试验用土缺少某种中间粒组的土，在工程实践中最好搭配其他粒组的土使用。

（3）液塑限试验

细粒土在不同的含水量条件下会表现出截然不同的物理特性，当含水量很高时土体处于流动状态，随着含水量的降低土体会依次进入可塑状态、半固体状态和固体状态。液限是流动状态与可塑状态的界限含水量，塑限是可塑状态与半固体状态的界限含水量，缩限是半固体状态与固体状态的界限含水量。采用液塑限联合测定仪来测定所取黄土的界限含水量[7]。液塑限联合测定仪的读数为圆锥刺入土样的深度，试验结果如表 2.1-2 所示。

液塑限联合测定仪读数   表 2.1-2

设计含水量(%)	读数(mm)	实测含水量(%)
20	3	19.98
24	6.6	23.5
28	12	27.33
32	20.5	30.74

根据《土工试验规程》DT—1992，以含水量为横坐标，以测定仪的读数为纵坐标，在双对数坐标纸上可以绘出关系曲线，对关系曲线进行处理可以得到圆锥下沉深度与含水量的关系图。关系图上下沉深度为 17mm 时所对应的含水量即液限 w_L，下沉深度为 2mm 所对应的含水量为塑限 w_p。

试验测得土样液限为 33.42%，塑限为 19.71%，塑性指数 I_p 为 13.71。

液性指数可用于判断重塑土的软硬状态，塑性指数能反映细粒土的黏性和可塑性，一般用于细粒土的工程分类。根据《土的工程分类标准》GB/T 50145—2007，我国统一采用的塑性图如图 2.1-5 所示，图中 A 线为 $I_p = 0.66(w_L - 20)$，B 线为 $w_L = 42\%$，C 线为 $w_L = 26\%$。

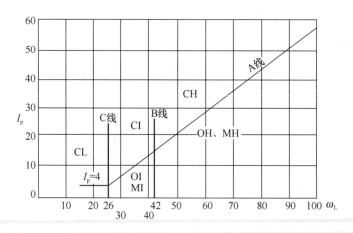

图 2.1-5 土体塑性图

可以看出，试验用土处于 A 线以上，B、C 线之间，属于 CI，即中液限黏质土。

(4) 压实黄土抗剪强度值指标与干密度的关系

为获取压实土抗剪强度指标与干密度之间的关系，本节展开了多组快剪试验。重塑土样为取自陕北地区某高填方工程的挖方区 Q_3 黄土。采用直接剪切试验对所取黄土的抗剪特性展开研究。直剪仪采用 ZJ 型应变控制式直剪仪（四联剪），如图 2.1-6 所示。

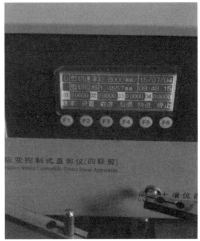

图 2.1-6 应变控制四联直剪仪

每次放入一组中的 4 个土样，分别施以 100、200、300 和 400kPa 的垂直应力，以 0.80mm/min 的速率进行直接快剪，记录破坏时的剪切变形。将试验结果处理后绘制成 $\sigma\tau_f$ 曲线，即莫尔-库伦破坏包线，该曲线与纵轴交点的纵坐标为黏聚力 c，曲线的斜率就是内摩擦角 φ。

试样的质量含水量 w 控制为施工现场压实土初始含水量 12%。设置 1.2g/cm³、1.3g/cm³、1.4g/cm³、1.5g/cm³、1.6g/cm³、1.65g/cm³、1.7g/cm³、1.75g/cm³、1.8g/cm³，共 8 组干密度，每组试样分别施加 100、200、300 和 400kPa 的垂直压力，以 0.8mm/min 的加载速率进行直接快剪试验。重塑土试样通过压样法制得，制样误差干密度控制在±0.01g/cm³，含水量误差控制在±0.5%以内。每种相同条件的试验进行 5 组取平均值，将试验结果绘制成散点图，并进行曲线拟合。所得结果如图 2.1-7 与图 2.1-8 所示。

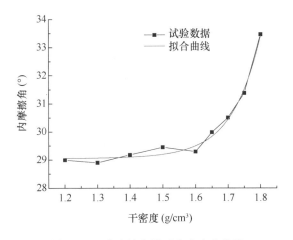

图 2.1-7 内摩擦角随干密度变化曲线

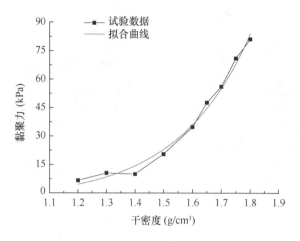

图 2.1-8　黏聚力随干密度变化曲线

通过图 2.1-7 与图 2.1-8 可看出，干密度的变化对黏聚力有较大影响，而对内摩擦角的影响相对有限，仅在 1.6g/cm³ 之后影响显著，且数值上变化有限，之间关系均可以指数函数表示（相关系数分别为 0.9869 和 0.9856）。式（2.1-3）、式（2.1-4）为拟合曲线函数。

$$c = -3.44 + 0.06626 \cdot \exp(3.99\rho)(\rho > 0)(R^2 = 0.9869) \qquad (2.1\text{-}3)$$

$$\varphi = 29.05 + 5.23E - 9 \cdot \exp(11.41\rho)(\rho > 0)(R^2 = 0.9856) \qquad (2.1\text{-}4)$$

此处需要指出，经验公式的引入也会额外增加可靠度分析的不确定性，但由于压实土强度参数与干密度之间的拟合度较高，因而处于简化的目的，忽略经验公式导致的不确定性。

（5）压实黄土干密度统计特性的确定

在压实黄土填方体的施工过程中，干密度是施工质量的一个控制指标，而由于分层填筑以及施工中许多的不确定性因素，最终形成的填筑体的干密度分布也是不均匀的。

在填筑体施工过程中，每层填筑完毕后都会通过现场大量取样对干密度进行检测如图 2.1-9 所示。

图 2.1-9　干密度现场检测

通过对现场检测所得的 400 个压实度数据进行概率模型分析，采用岩土工程中常用的三种概率模型即正态分布、对数正态分布与 Weibull 分布，对数据进行拟合，如图 2.1-10 所示。

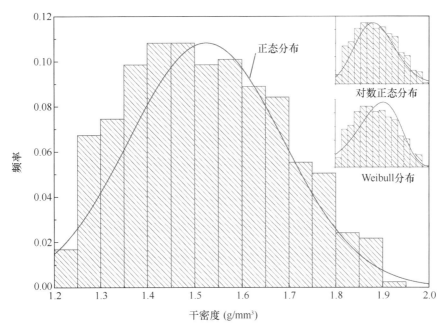

图 2.1-10　干密度概率密度分布

通过对概率分布进行假设检验可得三种分布概率模型的 D_{max} 值分别为 0.125、0.121、0.129 均满足可接受的临界值，即三种分布概率模型均可用于描述干密度的分布。考虑到正态分布参数意义明确形式更简便，选择正态分布作为干密度的分布概率模型，其中均值 μ 为 1.525，标准差 σ（点特征）取为 0.1973。

2.2　压实黄土变形与抗剪强度特性

马兰黄土是典型的风积黄土，结构疏松，具有大孔隙，垂直节理发育，粒组成分以粉土为主，土体各向异性明显。马兰黄土结构性较强，力学性质不同于一般黄土，在水软化作用下，土体的物理、力学与水理性质呈现出明显的规律性，属典型的水敏感性地质体，常具有较强的湿陷性，作为填料压实后，即改变了马兰黄土原有的结构和物理力学状态，不能完全按照一般黄土理论或是原状黄土的研究成果解决其强度分析及变形计算问题。吕梁山区广泛分布马兰黄土，并常作为填料大规模应用于山区沟壑的填筑，因此，开展该地区的压实马兰黄土强度及变形特性的研究具有重要的工程意义。

国内外针对压实土或压实黄土的变形及强度问题开展的研究已经取得一些规律性成果。Lambe[8]认为在压实能和干密度相同的条件下，最优含水率干侧压实的土比湿侧压实的土具有较高的强度、较低的侧限压缩性（限于较低作用应力下）；Micheals[9]在试验中观察到非饱和的压实黏土含水率低于最优含水率时，黏聚力随含水率减小而减小；陈开圣[10]分析了压实黄土变形特性；王林浩[11]对压实黄土状粉土的黏聚力与内摩擦角随干密度及含水率变化的总体趋势进行了定性研究；骆以道[12]分析了含水状态影响压实土抗剪强度的机制；申春妮[13]认为非饱和土的黏聚力和内摩擦角均随含水率增加而线性减小，黏聚力随干密度呈指数增加；程海涛[14]分析了干密度与含水率对强度参数的影响；陈开圣[15]讨论了最优含水率附近的压实土样黏聚力与含水率的关系；李保雄[16]揭示了不同沉积时代与含水状态下黄土抗剪强度的水敏感性特征及应力—变形机制；张茂花[17]认为非饱和黄土的黏聚力随初始含水率的增大而迅速降低，而内摩擦角受初始含水率变化的影响较小。除此之外，苗天德[18]、陈正汉[19]、刘祖典[20]、张炜[21]等针对初始压实度及初始含水量变化导致压实马兰黄土填筑地基变形问题进行了大量的基础性研究。

上述研究工作为本节的研究工作奠定了良好的基础。但研究内容或是针对一般压实土，或是针对原状黄土，即使针对的是压实黄土，也没有将压实马兰黄土作为特例对待，又由于不同地区的黄土土质情况不尽相同，因此，上述研究成果不能完全解决吕梁地区压实马兰黄土填筑地基的变形与强度问题。

本节通过压缩及直剪试验初步探讨了压实马兰黄土初始压实度和初始含水率与抗剪强度指标及侧限压缩变形的关系，并基于割线模量法提出了压实马兰黄土在压实度及含水量变化时的变形修正公式。

第四系上更新统马兰黄土（Q_3^{eol}）广泛分布于吕梁地区黄土梁、峁上，是组成黄土丘陵顶部主要地层，岩性以粉土为主，辅以少量砂质黏土，结构疏松具大孔隙，具有较强的湿陷性，垂直节理发育，稍密～中密，韧性及干强度低。试验制样采用的马兰黄土粒组成分见表 2.2-1，土样最优含水率为 12.3%～14.2%，最大干密度为 1.85～1.89g/cm³。

吕梁地区马兰黄土的粒组成分　　　　　　　　　　　　表 2.2-1

粒组	细砂	粉砂	粗粒粉土	细粒粉土	黏粒
粒径(μm)	75～250	50～75	10～50	5～10	<5
含量(%)	0.7	16.6	58.0	8.9	15.8

2.2.1 初始压实度及初始含水率对抗剪强度的影响

压实黄土一般属非饱和土，其初始含水率及初始压实度非常容易测定。尽管直接研究非饱和土的抗剪强度随初始含水率及初始压实度的变化是近似的和经验性的，但这种方法简单实用，也避免了吸力的量测困难[23]。压实黄土初始含水率和初始压实度变化对抗剪强度产生的影响主要由它们对黏聚力及内摩擦角产生的影响来反映。对于同一种土而言，初始压实度和初始含水率无疑是决定抗剪强度最主要的因素[12]。按照试样处于天然、最优、塑限、饱和状态的初始含水率水平及不同初始压实度水平制备试样进行直接快剪试验[22]，其中，初始压实度为 90%的试样，初始含水率分别为 11.2%、12.7%、15.8%、21.5%；初始压实度为 93%的试样，初始含水率分别为 11.2%、12.7%、15.8%、

19.8%；初始压实度为 95% 的试样，初始含水率分别为 11.2%、12.4%、16.0%、18.9%；初始压实度为 98% 试样初始含水率分别为 11.2%、12.4%、16.0%、16.9%。

（1）初始含水率及初始压实度对内摩擦角的影响

试验得到的试样内摩擦角与初始含水率及初始压实度变化曲线如图 2.2-1、图 2.2-2 所示。由图 2.2-1、图 2.2-2 可知：同一初始压实度水平下，试样内摩擦角 φ 值随着初始含水率 w 的增大而减小，且初始压实度越低，初始含水率对 φ 值的影响越大；同一初始含水率水平下 φ 值随初始压实度 K 增大而增大，并且初始含水率越大，初始压实度对 φ 值的影响越大。随着初始压实度的增大及初始含水率的降低，黏聚力及内摩擦角均会增加，但是初始含水率及初始压实度对黏聚力的影响程度远大于对内摩擦角的影响，黏聚力及内摩擦角与初始含水率及初始压实度呈线性关系。

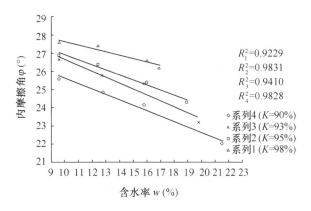

图 2.2-1　初始含水率与内摩擦角关系曲线

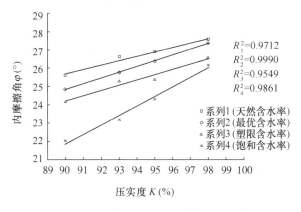

图 2.2-2　初始压实度与内摩擦角关系曲线

（2）初始含水率及初始压实度对黏聚力的影响

试验得到的试样黏聚力与初始含水率及初始压实度变化曲线如图 2.2-3、图 2.2-4 所示。由图 2.2-3 可知：同一初始压实度水平下，黏聚力 c 随着初始含水率 w 的增大而减小，其原因可能是由于土中弱结合水膜中的水分子随初始含水率增大而增加，对土体颗粒的润滑作用越来越强，同时，自由水产生的水压力又使土颗粒间咬合作用变小，从而使得

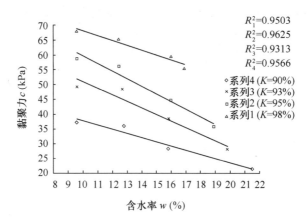

图 2.2-3 初始含水率与黏聚力关系曲线

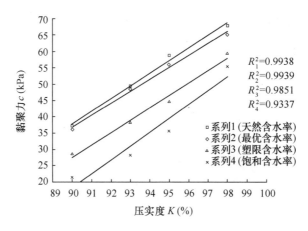

图 2.2-4 初始压实度与黏聚力关系曲线

黏聚力减小。另外，初始压实度越低，土体黏聚力受初始含水率影响越小。同时，当土体初始含水率低于最优含水率时，c 值受初始含水率影响较小，当土体初始含水率大于最优含水率时，c 值受初始含水率影响显著。

由图 2.2-4 可知：同一初始含水率水平下，黏聚力 c 值随初始压实度增大而增大，这是由于初始压实度越大，土粒接触越紧，咬合作用越大。同时，孔隙比缩小也有利于土中自由水压力的发挥。另外，不同初始含水率水平下，黏聚力随初始压实度增加表现出的变化趋势基本相同，这种规律表明：不同初始含水率条件下，提高土体初始压实度所导致的黏聚力增加量基本不受初始含水率水平的限制。

2.2.2 初始压实度及初始含水率对压缩变形的影响

为明确初始压实度及初始含水率的变化对压实马兰黄土压缩变形的影响，配制不同初始压实度及初始含水率的试样进行压缩试验[22]。其中，初始压实度为 90% 的试样，初始含水率分别为 12.7%、15.8%、21.5%；初始压实度为 93% 的试样，初始含水率分别为

12.7%、15.8%、19.8%；初始压实度为 95% 的试样，初始含水率分别为 12.4%、16.0%、18.9%；初始压实度为 98% 试样，初始含水率分别为 12.4%、16.0%、16.9%。试验加压等级分别为 50、100、200、300、400、600、800、1000、1200kPa，每级压力下的稳定标准为每小时变形不超过 0.01mm。试验过程中调节透水石的含水率与试样相接近，以免水分蒸发，试验得到的试样侧限压缩应变 ε 与垂直压力 p 的关系曲线如图 2.2-5 所示。

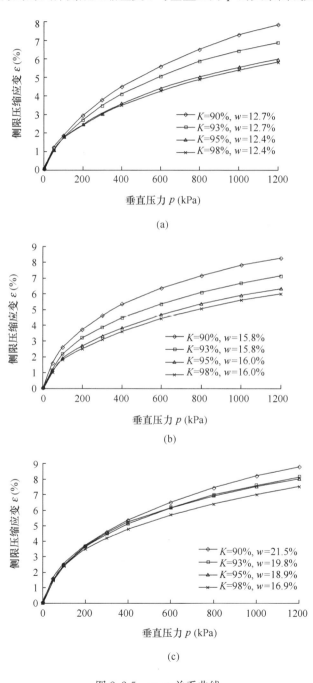

图 2.2-5　ε～p 关系曲线

（a）最优含水率状态；（b）塑限含水率状态；（c）饱和状态

图 2.2-5 表明，同一初始含水率水平下，初始压实度越大，侧限压缩应变越小，随着垂直压力的增大，初始含水率越高，侧限压缩应变增幅越大，这表明初始压实度对压缩变形的影响随初始含水率水平的提高而增大。纵向比较可知：同一初始压实度水平下，初始含水率越高侧限压缩应变越大，随着垂直压力的增大，初始压实度水平越高，侧限压缩应变增幅越小，表明初始含水率对压缩变形的影响随初始压实度水平的提高而减小。因此，提高初始压实度是控制压实马兰黄土填筑地基变形的有效方法之一。

从图 2.2-5 中可以判断试样侧限压缩应变 ε 与垂直压力 p 关系曲线的形式类似于幂函数，采用幂函数对 $\varepsilon \sim p$ 关系曲线进行拟合，结果见表 2.2-2。

$\varepsilon \sim p$ 关系拟合结果 表 2.2-2

初始压实度 $K(\%)$	初始含水率 $w(\%)$	拟合公式	R^2
90	12.7	$\varepsilon = 0.1260 p^{0.5896}$	0.9974
93	12.7	$\varepsilon = 0.1239 p^{0.5756}$	0.9952
95	12.4	$\varepsilon = 0.1412 p^{0.5341}$	0.9951
98	12.4	$\varepsilon = 0.1468 p^{0.5247}$	0.9945
90	15.8	$\varepsilon = 0.2404 p^{0.5086}$	0.9899
93	15.8	$\varepsilon = 0.1655 p^{0.5412}$	0.9808
95	16.0	$\varepsilon = 0.1436 p^{0.5423}$	0.9857
98	16.0	$\varepsilon = 0.1766 p^{0.5013}$	0.9988
90	21.5	$\varepsilon = 0.1711 p^{0.5654}$	0.9906
93	19.8	$\varepsilon = 0.1968 p^{0.5360}$	0.9840
95	18.9	$\varepsilon = 0.2587 p^{0.4920}$	0.9931
98	16.9	$\varepsilon = 0.2618 p^{0.4795}$	0.9940

表 2.2-2 表明：压实马兰黄土的 $\varepsilon \sim p$ 关系符合幂函数的形式，即：

$$\varepsilon = kp^n \tag{2.2-1}$$

其中 k，n 为常数，可通过试验得到。

2.2.3 初始压实度及初始含水率与割线模量的关系

（1）初始压实度与割线模量关系

根据压缩试验结果，绘制割线模量与初始压实度的关系曲线如图 2.2-6 所示。

图 2.2-6 表明：E_{soi} 在初始压实度为 $93\% \sim 95\%$ 时受初始含水率状态影响较大，且此范围内 E_{soi} 的变化幅度随着初始含水率的增加而减小。且不难发现，试样的割线模量在不同初始含水率状态下随初始压实度增加而增大的线性关系是明确的，可用式（2.2-2）对

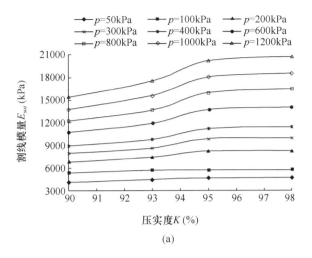

(a)

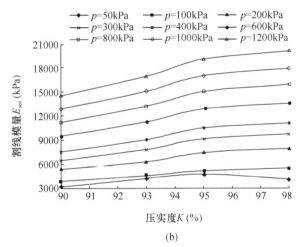

(b)

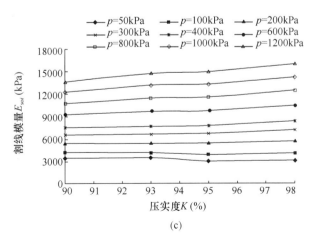

(c)

图 2.2-6　初始压实度与割线模量关系曲线

（a）最优含水率状态；（b）塑限含水率状态；（c）饱和状态

压实马兰黄土的割线模量 E_{soi} 与初始压实度 K 的关系加以描述，即：

$$E_{soi}^{K} = \alpha K_i + \beta \qquad (2.2\text{-}2)$$

式中，α、β 为常数，可通过试验得到。

（2）初始含水率与割线模量关系

根据压缩试验结果，绘制割线模量与初始含水率的关系曲线如图 2.2-7 所示。

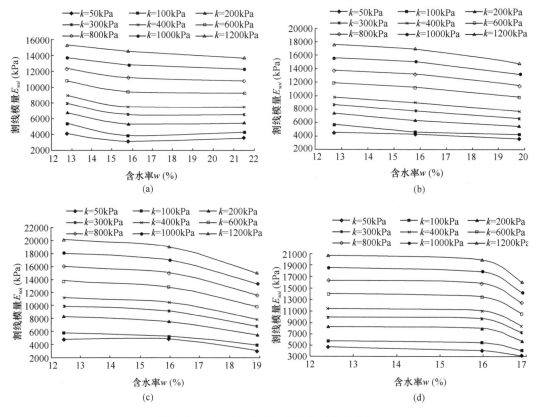

图 2.2-7　初始含水率与割线模量关系曲线

(a) $K=90\%$；(b) $K=93\%$；(c) $K=95\%$；(d) $K=98\%$

不难发现，试样的割线模量在不同初始压实度水平下随初始含水率的增加而减小，在试样处于塑限状态时，初始压实度对割线模量 E_{soi} 影响较大，可见，只有当土体饱和度达到一定水平时，初始压实度的增加才会对土中自由水压力的发挥产生较大影响。

对试验数据进一步分析发现，试样割线模量 E_{soi} 与初始含水率的倒数 $1/w$ 的关系曲线与抛物线非常相似，通过回归可确定趋势方程为：

$$E_{soi}^{w} = \frac{a}{w^2} + \frac{b}{w} + c \qquad (2.2\text{-}3)$$

式中，a、b、c 为常数。

初始压实度或初始含水率与割线模量的关系可采用土粒与水相互作用规律加以解释：当初始压实度较低时，土体孔隙比较大，土粒间的接触相对较松，土中自由水及气体较容易排出，含水率的变化不会对土体强度造成较大影响；当初始压实度很大时，土体空隙比较小，土粒间的接触相对较紧，土中自由水及气体排出较困难，土中自由水的压力发挥地比较充分，因此，初始含水率增加时同样不会带来土中水的压力的大幅变化。当压实度一定时，初始含水率增加，土中水以弱结合水膜形式存在的水分子越来越多，自由水也越多，当自由水压力达到一定水平时，含水率的变化引起的水压力的变化幅度就会减小，含水率的变化对强度的影响也随之减小。

2.2.4　压实马兰黄土填筑地基变形修正公式

当试样在压力 p_i 作用下，由某一初始含水率或初始压实度由 w_1 或 K_1 变化至 w_2 或 K_2 时，试样的割线模量 E_{soi1}^* 变为 E_{soi2}^*（$*$ 代表 w 或 K），试样侧限压缩应变由 ε_{i1}^* 变为 ε_{i2}^*。设 h_0 为试样初始高度，得到在压力 p_i 作用下，试样变形量：

$$\begin{cases} \Delta h_{i1} = \varepsilon_{i1}^* h_0 \\ \\ \Delta h_{i2} = \varepsilon_{i2}^* h_0 \end{cases} \tag{2.2-4}$$

由割线模量定义：$E_{soi} = p_i/\varepsilon_i$，可以得到试样在荷载 p_i 作用下的变形量：

$$\Delta H = \mid \Delta h_{i2} - \Delta h_{i1} \mid = p_i h_0 \left| \frac{1}{E_{soi2}^*} - \frac{1}{E_{soi1}^*} \right| \tag{2.2-5}$$

将式（2.2-2）、式（2.2-3）分别代入式（2.2-5）中，并由试样变形系数定义：$\Delta\delta_{i1,2} = \Delta H/h_0$ 可得压力 p_i 作用下，试样初始含水率或初始压实度由 w_1 或 K_1 变化至 w_2 或 K_2 时的变形系数：

$$\begin{cases} \Delta\delta_{i1,2}^w = p_i \dfrac{\left| a\left(\dfrac{1}{w_1^2} - \dfrac{1}{w_2^2}\right) + b\left(\dfrac{1}{w_1} - \dfrac{1}{w_2}\right) \right|}{\left(\dfrac{a}{w_2^2} + \dfrac{b}{w_2} + c\right)\left(\dfrac{a}{w_1^2} + \dfrac{b}{w_1} + c\right)} \\ \\ \Delta\delta_{i1,2}^K = p_i \dfrac{\alpha(K_2 - K_1)}{(\alpha K_1 + \beta)(\alpha K_2 + \beta)} \end{cases} \tag{2.2-6}$$

因此，当填筑体初始含水率或初始压实度发生变化的土层厚度为 S^* 时，其修正变形量 ΔH^* 为：

$$\begin{cases} \Delta H^w = p_i S^w \dfrac{\left| a\left(\dfrac{1}{w_1^2} - \dfrac{1}{w_2^2}\right) + b\left(\dfrac{1}{w_1} - \dfrac{1}{w_2}\right) \right|}{\left(\dfrac{a}{w_2^2} + \dfrac{b}{w_2} + c\right)\left(\dfrac{a}{w_1^2} + \dfrac{b}{w_1} + c\right)} \\ \\ \Delta H^K = p_i S^K \dfrac{\alpha(K_2 - K_1)}{(\alpha K_1 + \beta)(\alpha K_2 + \beta)} \end{cases} \tag{2.2-7}$$

沟壑区地基填筑施工过程中，下部土层的上部荷载逐渐变大，其初始压实度由于压缩变形而不断增加。地表水浸入及水分蒸发或迁移亦会导致填筑体初始含水率发生变化。所以，计算施工期及工后期填筑地基变形时，可先不考虑含水率及压实度的影响，采用式（2.2-1）计算填筑体变形量，后采用式（2.2-7）计算在压力 p_i 作用下试样初始含水率或初始压实度由 w_1 或 K_1 变化至 w_2 或 K_2 时的变形系数，对式（2.2-1）计算结果加以修正。

2.3 干湿循环作用下压实黄土强度劣化规律

2.3.1 干湿循环作用下压实黄土强度劣化试验研究

（1）压实黄土干湿循环试验方案

1）试样制备

首先将取得的土样在105℃下烘干至恒重，然后碾碎并过2mm筛，分层喷水增湿至最佳含水量，静置7d保证土样含水量均匀后采用压样法制成直径39.1mm，高80mm的标准三轴试样，试样的干密度通过制样时土的质量进行控制。试样制备好之后在进行干湿循环处理之前密封静置2d以使水分分布均匀。

2）干湿循环过程

干湿循环过程包括增湿与减湿两个步骤，自然状态下，降雨入渗、地下水位上升、水分蒸发等导致的增湿与减湿过程均为近似的水分一维迁移。含水量梯度会影响土体裂隙的发育特性[24]，不同的水分迁移的方式必然会导致不同的含水量梯度变化，从而对土体强度劣化造成影响。为准确模拟自然干湿循环过程对土体强度的影响程度，在增湿与减湿过程中通过保鲜膜将试样侧面包裹住，使土中的水分只能通过圆柱体试样的上下两面进行迁移，以近似模拟水分一维迁移[25, 26]。

本节在干湿循环三轴试验中试样的含水量是通过控制试样总质量而准确控制的。由于本节所进行的干湿循环增湿与减湿过程均将试样通过保鲜膜进行包裹处理，且在12次增湿过程中间歇性颠倒试样上下顶面，因而在干湿循环过程中尽可能地避免了试样质量损失。通过控制试样总质量可以有效控制试样的含水量，含水量计算式如下：

$$w = \frac{m_w}{m_s} = \frac{(m_w + m_s) - m_s}{m_s} = \frac{m_g - m_s}{m_s} \qquad (2.3\text{-}1)$$

式中 m_w，m_s，m_g 分别为干土质量、水的质量以及总重，土样中干土的质量是不变的，因而可以通过控制试样总质量 m_g 实现含水量的控制。

具体实现步骤如下：

① 增湿过程

通过对近五年干湿循环相关研究所采用的增减湿方式进行总结，发现其中增湿主要有以下几种方式：试样浸泡增湿，真空饱和增湿，喷水及水膜转移法增湿。

其中浸泡增湿与真空饱和增湿较难对含水量进行精确控制，仅适用于增湿至饱和的情况，并且对于多处于十旱半十旱地区的黄土而言，采用这两种方式进行增湿也会过分夸大增湿过程导致的土体强度劣化。因而本节采用水膜转移法实现干湿循环的增湿过程（图 2.3-1）。具体步骤为：计算土样增湿至预定含水量所需的水的质量，通过吸水球在土样上表面滴水进行增湿，每次滴水 1g，待水分被土样完全吸收后再进行下一次滴水，当接近所需含水量时将土样放置在电子秤上并逐滴增水至计算所得质量（精度控制为 ±0.1g）。增湿完成后将土样放置于保湿缸静置 48h 使水分平均分布。

图 2.3-1　增湿过程

② 减湿过程：

减湿过程主要的方法为烘箱风干与室温自然风干。烘箱加热风干适用于下限含水量较低时，因为此时含水量逐渐趋于稳定，因而烘干时间较易控制，因而本节对下限含水量为 4.5% 的土样（即干密度组的四组土样，以及循环路径组的 b 组土样）进行减湿操作时，采用 45℃烘箱风干方式进行（图 2.3-2）。而对于循环路径组的 c、d 组土样进行减湿操作时，采用烘箱风干加自然风干的方式进行。减湿过程中定期对土样进行称重，当接近预定质量时增加称重频率并提前关闭烘箱以免过量减湿。

图 2.3-2　减湿过程

3）试验方案

对于压实土而言，干密度是施工质量的主要控制要素，且相较原状土而言，压实土的强度指标与干密度之间高度相关[27,28]，因而研究干密度对压实土干湿循环强度劣化效应影响具有实际意义。此外,实际岩土体中不同深度或位置的土体能达到的干湿循环路径(即干湿循环过程中的上下限含水量)也是不同的,而干湿循环路径可以通过干湿循环幅度(A)与干湿循环下限含水量(w_l)两个指标来表示。因而本节的压实黄土干湿循环三轴试验将分为两部分:① 干密度组:考虑干密度变化,而干湿循环幅度与干湿循环下限含水量保持不变。② 循环路径组:干密度保持不变,而考虑不同干湿循环幅度与干湿循环下限含水量。

不排水不固结(UU)三轴试验通过 TCK-1 型应变控制三轴仪完成。

① 干密度组

本部分干湿循环试验设置 $1.4g/cm^3$、$1.5g/cm^3$、$1.6g/cm^3$、$1.7g/cm^3$ 共 4 种干密度。干湿循环共进行 12 次,取其中 0 次,1 次,3 次,6 次,9 次,12 次试样进行不排水不固结(UU)三轴试验,考虑 100kPa、200kPa、300kPa 三种围压,共 72 个试样。分组编号见表 2.3-1,编号规则为"干密度—循环次数"(例如 1.6-6 表示干密度为 $1.6g/cm^3$ 干湿循环 6 次的试样)。干湿循环过程下限含水量(干侧)设置为填方工程现场压实土样天然质量含水量($w=4.5\%$)。在采用水膜转移法对试样进行增湿处理时发现不同干密度土样增湿至恒重时的饱和度均在 90% 左右,因而上限含水量(湿侧)设置为各干密度下 90% 饱和度下的含水量。

干密度组试样编号   表 2.3-1

试样编号	循环路径	试样编号	循环路径	试样编号	循环路径	试样编号	循环路径
1.4-0		1.5-0		1.6-0		1.7-0	
1.4-1		1.5-1		1.6-1		1.7-1	
1.4-3	4.5%~29.2%	1.5-3	4.5%~26.0%	1.6-3	4.5%~23.3%	1.7-3	4.5%~20.5%
1.4-6		1.5-6		1.6-6		1.7-6	
1.4-9		1.5-9		1.6-9		1.7-9	
1.4-12		1.5-12		1.6-12		1.7-12	

② 循环路径组

此部分试验研究将干密度固定于 $1.6g/cm^3$(已完工填方体的平均干密度),干湿循环设置为三种情况,分别为 13.9%~23.3%、4.5%~13.9% 与 9.2%~18.6%,共 54 个试样。对应的编号分别为 1.6-b,1.6-c,1.6-d(简称 b、c、d 组)见表 2.3-2,同时在此部分将干密度组试验中干密度 $\rho=1.6g/cm^3$ 组试验结果编号为 1.6-a(简称 a 组)以方便对比分析。b、c、d 三组干湿循环幅度均为 a 组的一半(9.4%)但下限含水量不同,b、c、d 三组的干湿循环为相同干湿循环幅度下在 4.5%~23.3% 含水量之间的等幅度平移[25]。通过 a 组与 b、c、d 三组进行试验结果对比得出干湿循环幅度的影响,通过 b、c、d 三组之间对比以得出下限含水量的影响。试验编号见表 2.3-2,含水量循环示意图见图 2.3-3。

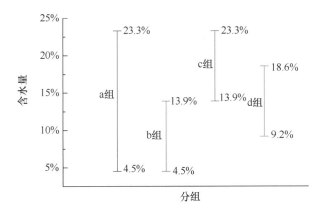

图 2.3-3　循环路径组含水量变化示意图

循环幅度组试样编号　　　　　　　　　　　　表 2.3-2

试样编号	循环路径	试样编号	循环路径	试样编号	循环路径
1.6-b-0		1.6-c-0		1.6-d-0	
1.6-b-1		1.6-c-1		1.6-d-1	
1.6-b-3	13.9%～23.3%	1.6-c-3	4.5%～13.9%	1.6-d-3	9.2%～18.6%
1.6-b-6		1.6-c-6		1.6-d-6	
1.6-b-9		1.6-c-9		1.6-d-9	
1.6-b-12		1.6-c-12		1.6-d-12	

（2）试验结果分析

1）压实黄土干湿循环三轴试验结果分析

① 不同干密度下的干湿循环强度指标劣化规律

通过干湿循环作用下压实黄土的不固结不排水（UU）三轴试验，得到了各干密度条件下的应力-应变曲线，将同一个围压下不同干湿循环次数的曲线汇总见图 2.3-4。应力-应变曲线存在峰值时取峰值剪应力为极限剪应力，不存在峰值时取轴向应变 ε_1 为 15% 时的剪应力为极限剪应力[25]。

抗剪强度：

从图 2.3-4 不同干密度及不同干湿循环次数下的压实黄土应力-应变曲线中可以看出：干湿循环会对压实黄土造成明显的劣化效应，即应力应变曲线随着干湿循环次数的增加而不断下降，但下降的程度随干湿循环次数的增加而减缓，当干湿循环次数大于 6 次时，应力应变曲线基本趋于稳定，可以认为此时干湿循环效应对土体的劣化效应达到最大。随着干密度的增大，土体的应力应变曲线有从硬化型变为软化型的趋势，但仅在干密度为 1.7g/cm³ 围压为 100kPa 时为明显的软化型应力应变曲线，这是由于三轴试验的制样过程

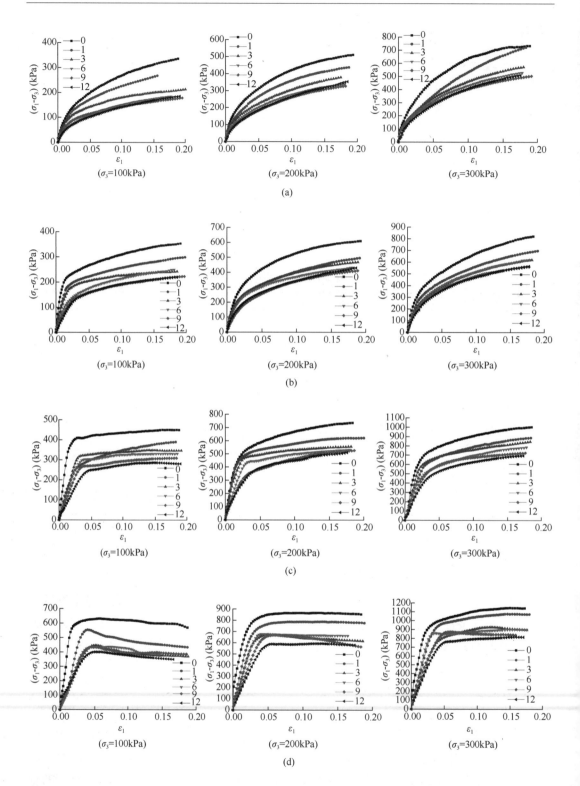

图 2.3-4 不同干密度条件下干湿循环土样应力-应变曲线

(a) $\rho=1.4\mathrm{g/cm^3}$；(b) $\rho=1.5\mathrm{g/cm^3}$；(c) $\rho=1.6\mathrm{g/cm^3}$；(d) $\rho=1.7\mathrm{g/cm^3}$

类似于给予土样先期固结压力的过程，干密度越大这种效果将会越明显，当干密度较高且围压较小时，这种超固结特性便体现了出来。此外干湿循环过程对应力应变曲线的类型没有明显的影响，对绝大多数试样，干湿循环前后均为应变硬化型，可以认为对压实黄土而言干湿循环作用仅对抗剪强度有劣化的作用，而对应力应变曲线的形式无明显影响[25]。

强度指标：

不同干密度压实黄土的黏聚力 c 与内摩擦角 φ 随干湿循环次数的劣化规律曲线见图 2.3-5 与图 2.3-6。从图 2.3-5 与图 2.3-6 可以看出，压实黄土不同干密度下的黏聚力与内摩擦角均随干湿循环次数的增加而不断减小，且在干湿循环达到一定次数后趋于稳定。同时可以看出干湿循环对黏聚力影响程度明显大于内摩擦角，且黏聚力劣化的规律相较内摩擦角而言也更加明显，这与文献[29-31]的研究成果相吻合。相同干湿循环次数下压实黄土的黏聚力与内摩擦角均随干密度的增大而增大（图 2.3-7、图 2.3-8），且不同干湿循环次数下强度参数随干密度增大的趋势一致，说明干湿循环对于干密度与强度参数之间的关系影响不大。

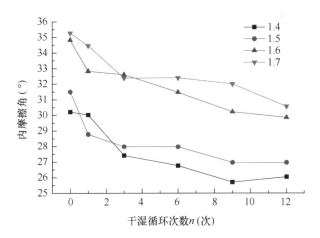

图 2.3-5　不同干密度下内摩擦角劣化规律

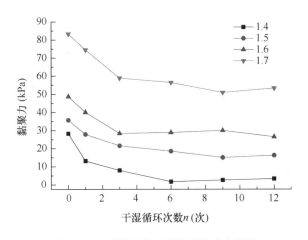

图 2.3-6　不同干密度下黏聚力劣化规律

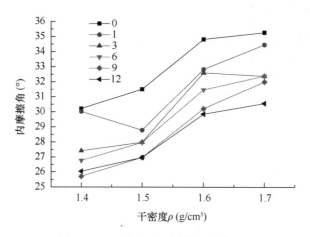

图 2.3-7　干密度对不同循环次数下内
摩擦角的影响

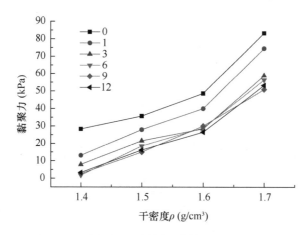

图 2.3-8　干密度对不同循环次数下黏聚力的影响

劣化度：

为定量研究黏聚力与内摩擦角随干湿循环过程的劣化规律，本节根据式（2.3-2）定义的强度参数劣化度 DR 计算出各干密度在各干湿循环次数下的黏聚力内摩擦角的劣化度并列于表 2.3-3。通过式（2.3-3）所示的双曲线函数进行黏聚力与内摩擦角的劣化度-干湿循环次数（DR-n）函数拟合分析，拟合结果见图 2.3-9～图 2.3-11 与表 2.3-3：[25]

$$DR_{c(\varphi)} = \frac{c(\varphi)_i - c(\varphi)_f}{c(\varphi)_i} \times 100\% \qquad (2.3\text{-}2)$$

式中，$DR_{c(\varphi)}$ 为黏聚力或内摩擦角的劣化度，$c(\varphi)_i$，$c(\varphi)_f$ 分别为黏聚力和内摩擦角干湿循环前后的值。

$$DR_{c(\varphi)} = a_{c(\varphi)} - \frac{a_{c(\varphi)}}{1 + \dfrac{n}{b_{c(\varphi)}}} \qquad (2.3\text{-}3)$$

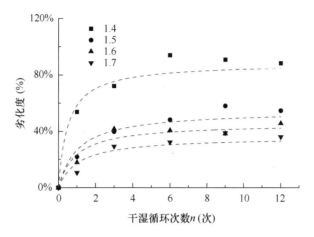

图 2.3-9　不同干密度下黏聚力劣化度及拟合曲线

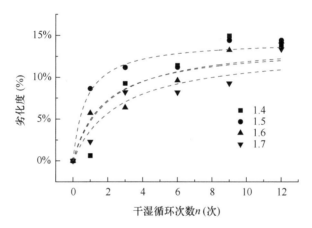

图 2.3-10　不同干密度下内摩擦角劣化度及拟合曲线

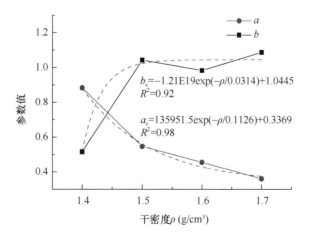

图 2.3-11　参数 a_c, b_c 随干密度的变化规律

式（2.3-3）中，$a_{c(\varphi)}$ 为最终劣化度，通过试验直接获取，$b_{c(\varphi)}$ 为控制劣化发展速率的参数，$b_{c(\varphi)}$ 值越小说明强度参数劣化的发展速率越快，$b_{c(\varphi)}$ 值通过试验数据拟合获取。

不同干密度 c、ϕ 劣化度与拟合参数 　　　　表 2.3-3

循环次数	干密度(g/cm³)							
	1.4		1.5		1.6		1.7	
	c(kPa)	φ(°)	c(kPa)	φ(°)	c(kPa)	φ(°)	c(kPa)	φ(°)
0	0.00%	0.00%	0.00%	0.00%	0.00%	0.00%	0.00%	0.00%
1	53.71%	0.63%	21.85%	8.64%	17.86%	5.72%	10.56%	2.30%
3	72.09%	9.27%	39.78%	11.18%	41.68%	6.38%	29.29%	8.19%
6	93.99%	11.42%	48.18%	11.21%	40.66%	9.62%	32.29%	8.17%
9	90.81%	14.93%	57.98%	14.41%	38.40%	13.24%	38.90%	9.27%
12	88.34%	13.80%	54.62%	14.41%	45.59%	14.27%	36.01%	13.35%
a	88.34%	13.80%	54.62%	14.41%	45.59%	14.27%	36.01%	13.35%
b	0.516	1.807	1.042	1.746	0.943	2.024	1.087	2.399
R^2	0.96	0.84	0.95	0.97	0.94	0.91	0.91	0.91

从表 2.3-3 以及图 2.3-9～图 2.3-11 的结果可以看出，通过式（2.3-3）进行的劣化度-干湿循环次数拟合的相关指数 R^2 绝大部分大于 0.9，可以认为采用式（2.3-3）双曲线形式的关系式能够较好地对劣化度-干湿循环次数关系进行拟合。图 2.3-11 所示的是黏聚力劣化度函数参数 a_c、b_c 随干密度的变化规律，可以看出黏聚力的最终劣化度以及劣化发展速率（即拟合参数 a_c 与 b_c）受干密度的影响较大且规律性较强，最终劣化度 a_c 随干密度的增加而减小，从 88.34% 减小到了 36.01%，说明增大压实黄土的压实度有助于减小干湿循环劣化效应对黏聚力的劣化，同时随着干密度的增加 b_c 值也不断增加且逐渐趋于稳定，根据 b 值的定义可以认为随着干密度的增大，需要更多次的干湿循环才能将压实黄土的黏聚力劣化至稳定值，即黏聚力对干湿循环劣化作用的抵抗能力在不断增加。将黏聚力劣化度函数中的参数 a_c 与 b_c 与干密度进行拟合分析，两者均可用指数函数进行拟合且拟合度较高（图 2.3-11）；与之相反，内摩擦角的拟合参数 a_φ、b_φ 随干密度的增加有较小的上下波动但无明显规律性变化，可认为内摩擦角劣化规律与干密度关系不大，取其均值 $a_\varphi = 13.96\%$，$b_\varphi = 1.99$。表 2.3-4 为黏聚力与内摩擦角拟合参数与干密度之间的分析结果汇总。

参数拟合结果 　　　　表 2.3-4

最终劣化度 a_c	劣化发展速率参数 b_c	最终劣化度 a_φ	劣化发展速率参数 b_φ
$a_c = 135951.5\exp(-\rho/0.1126) + 0.3369$	$b_c = -1.21E19\exp(-\rho/0.0314) + 1.0445$	13.96%	1.99

强度劣化机制分析：

利用 Quanta 200 环境扫描电子显微镜分析干湿循环前后土体微观结构的变化。如图 2.3-12 所示为不同干密度压实黄土干湿循环前与 12 次干湿循环后土样放大 1000 倍后的微观结构对比图。文献［32］将黄土粒状颗粒分为有棱碎屑与磨圆碎屑两种，而将骨架颗粒连接形式分为点接触与面胶结两种，从图 2.3-12 可以明显看出，干湿循环导致了压实黄土的颗粒类型以及颗粒间连接形式发生了转变，干湿循环后，有棱碎屑数量减少，磨圆碎屑数量增加，颗粒碎裂化程度提高且呈现出团粒状，且土体中的孔隙明显增多。干湿循环之前颗粒间接触形式以面接触为主，而干湿循环后点接触逐渐增多。上述因素的共同作用导致了压实黄土抗剪强度劣化的产生。

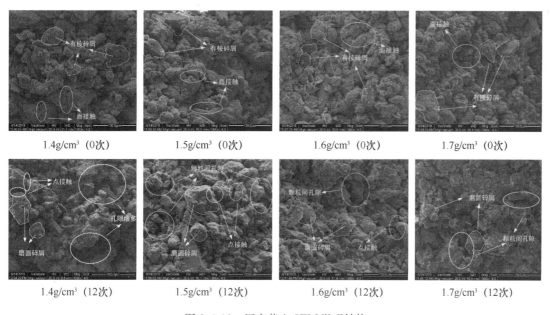

1.4g/cm³（0次）　　1.5g/cm³（0次）　　1.6g/cm³（0次）　　1.7g/cm³（0次）

1.4g/cm³（12次）　　1.5g/cm³（12次）　　1.6g/cm³（12次）　　1.7g/cm³（12次）

图 2.3-12　压实黄土 SEM 微观结构

同时还注意到，随着干密度的增加，压实黄土颗粒之间的孔隙减少，颗粒之间的接触更加紧密，从而导致了图 2.3-7、图 2.3-8 中黏聚力 c 与内摩擦角 φ 逐渐提升的现象。

压实黄土的黏聚强度由原始黏聚力和吸附强度构成，其中原始黏聚力不易改变，而吸附强度由基质吸力和毛细压力决定；基质吸力和毛细压力与土体的孔隙特性关系密切，干湿循环导致压实黄土内孔隙增多增大，从而导致相同含水量条件下基质吸力与毛细压力的减小，进而导致吸附强度降低。对于摩擦强度而言，颗粒棱角的磨损以及碎裂导致的摩擦与咬合作用的减弱是其降低的主要原因。从图 2.3-12 的横向对比可以看出，随着干密度的增加，干湿循环导致的孔隙增加、颗粒磨损与破裂以及颗粒接触方式的转变均有不同程度的抑制，这是由于孔隙的不均匀性导致干湿循环过程中的基质吸力的不均匀变化是干湿循环导致土体孔隙增多的主要诱因之一，而干密度提升能够降低这种孔隙不均匀性。这些现象解释了提高干密度能够降低黏聚力的最终劣化程度以及劣化速率的原因[25]。对于内摩擦角而言，颗粒的磨损与碎裂主要受含水量变化通量影响，而干密度的提升对此影响不大，因而内摩擦角的劣化受干密度变化的影响较小。

② 不同干湿循环幅度下的干湿循环强度指标劣化规律

自然条件下由于降雨强度、地下水位变化幅度以及气候变化等外部条件的差异，以及土体埋深、土体渗透性等内在条件的不同，导致岩土工程体例如边坡的不同位置土体或同一位置土体在不同时间的干湿循环路径（即不同的上下限含水量）有较大差异，而干湿循环路径可由干湿循环幅度（A）与干湿循环下限含水量（w_l）描述。因而本节还对不同干湿循环幅度、干湿循环下限含水量的情况进行了试验分析。

取干湿循环次数为 1、6、12 时不同循环路径情况下的应力-应变曲线于图 2.3-13 进行对比，a、b、c、d 分别代表干湿循环路径为 4.5%～23.3%、13.9%～23.3%、4.5%～13.9% 与 9.2%～18.6% 的试验结果。其中 a 组即为 2.3.1 节 "（2）1）① 不同干

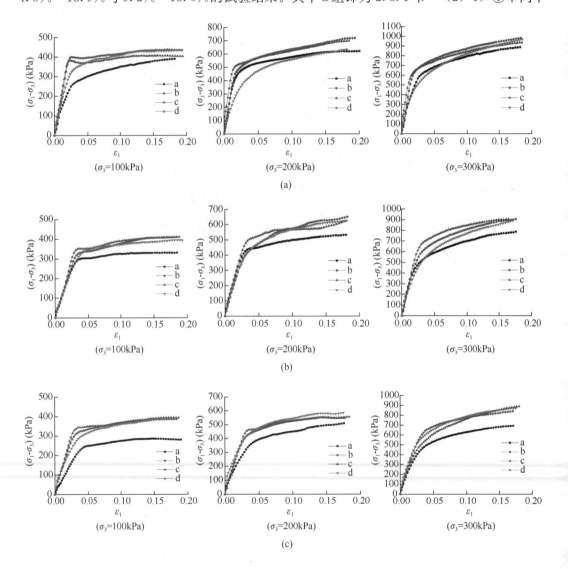

图 2.3-13　不同循环幅度及循环路径的应力应变曲线

（a）$n=1$；（b）$n=6$；（c）$n=12$

密度下的干湿循环强度指标劣化规律"中干密度为 1.6g/cm³ 组的试验结果。a 组干湿循环幅度 A 为 18.8%。b、c、d 组干湿循环幅度相同均为 a 组的一半即 9.4%，但下限含水量 w_1 不同。从图 2.3-13 可以看出，a 组的应力应变曲线明显低于 b、c、d 三组，此外 b、c、d 三组曲线相距较近，即与下限含水量 w_1 相比，干湿循环幅度 A 对压实黄土强度劣化的影响更大。

　　计算得出各组压实黄土的强度参数 c，φ 见图 2.3-14、图 2.3-15。可以看出不同干湿循环幅度与不同下限含水量试验结果的黏聚力与内摩擦角均随干湿循环次数的增加而不断减小，但可明显看出干湿循环幅度较大的 a 组试验结果的黏聚力与内摩擦角均为最小，更加说明了干湿循环幅度对压实黄土干湿循环强度劣化影响较大。相同干湿循环幅度不同下限含水量下黏聚力大小有明显区别，从小到大依次为 c、d、b 组，对应的下限含水量依次为 4.5%、9.2%、13.9%，下限含水量越小黏聚力的劣化越明显[25]；对于内摩擦角而言，不同下限含水量下劣化程度区别不大，可以认为内摩擦角的劣化仅与干湿循环幅度有关，而与下限含水量无关。

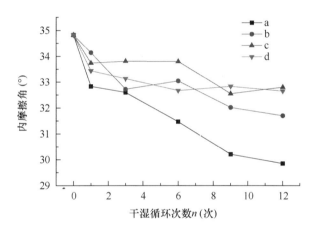

图 2.3-14　不同干湿循环幅度下内摩擦角劣化规律

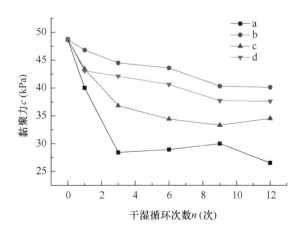

图 2.3-15　不同干湿循环幅度下黏聚力劣化规律

    根据式（2.3-2）将强度参数数据转化为劣化度，并通过式（2.3-3）对劣化度与干湿循环次数之间的关系进行拟合，劣化度值及拟合结果见表 2.3-5 与图 2.3-16、图 2.3-17。从表 2.3-5 可以看出，除 c 组内摩擦角的拟合指数为 0.73 较低外，其他数据的拟合指数均大于 0.9。将黏聚力与内摩擦角的拟合参数 a、b 与干湿循环幅度 A 与干湿循环下限含水量 w_l 之间的关系进行拟合如图 2.3-18～图 2.3-21。

不同干湿循环路径下强度参数的劣化度与拟合参数 表 2.3-5

循环次数	编号					
	b		c		d	
	c(kPa)	φ(°)	c(kPa)	φ(°)	c(kPa)	φ(°)
0	0.00%	0.00%	0.00%	0.00%	0.00%	0.00%
1	3.90%	1.95%	10.88%	3.10%	11.50%	3.96%
3	8.62%	6.03%	24.44%	2.90%	13.55%	4.85%
6	10.47%	5.11%	29.36%	2.93%	16.63%	6.18%
9	17.25%	8.04%	31.62%	6.52%	22.59%	5.72%
12	17.66%	8.96%	29.16%	5.80%	22.79%	6.23%
a	17.66%	8.96%	29.16%	5.80%	22.79%	6.23%
b	0.848	1.587	1.268	0.581	2.425	1.629
R^2	0.90	0.90	0.91	0.73	0.93	0.98

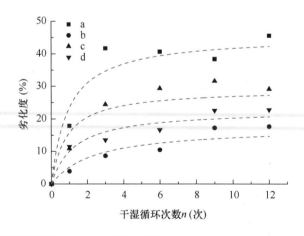

图 2.3-16　不同干湿循路径下黏聚力劣化度及拟合曲线

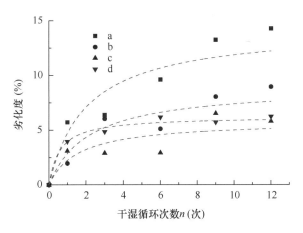

图 2.3-17 不同干湿循环路径下内摩擦角劣
化度及拟合曲线

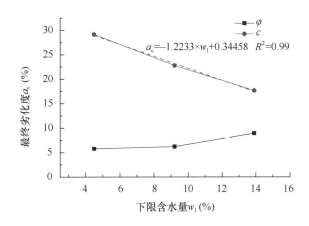

图 2.3-18 下限含水量与最终劣化度 a 的关系

最终劣化度参数 a_c、a_φ：

从图 2.3-18 可以看出黏聚力的最终劣化度 a_c 随下限含水量的增加而线性减小，而内摩擦角的最终劣化度 a_φ 随下限含水量并无明显变化，可取 b、c、d 三组结果的均值，即认为当干湿循环幅度为 9.4％时内摩擦角的最终劣化度为 7.0％。

图 2.3-19 为黏聚力与内摩擦角的最终劣化度 a_c、a_φ 与干湿循环幅度的关系。在图 2.3-19 中，（0，0）点也作为拟合分析中的数据点，这是因为当干湿循环幅度为 0％时即土体不受干湿循环影响，黏聚力与内摩擦角的最终劣化度显然为 0％。从图 2.3-19 可以看出，黏聚力与内摩擦角的最终劣化度 a_c、a_φ 均随干湿循环幅度的增加而线性增加但 a_c 的增长速度明显大于 a_φ。

劣化发展速率参数 b_c、b_φ：

从表 2.3-5 可以看出，b、c、d 三组结果中内摩擦角的劣化发展速率参数 b_φ 分别为 1.58696、0.58063、1.62923，其中 b、d 组的结果相近而 c 组的结果偏差较大，考虑到 c

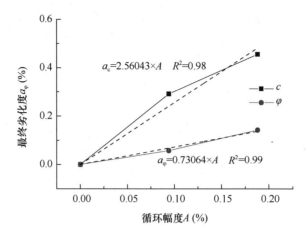

图 2.3-19　循环幅度与最终劣化度 a 的关系

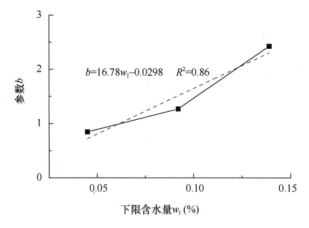

图 2.3-20　下限含水量与劣化发展参数 b 的关系

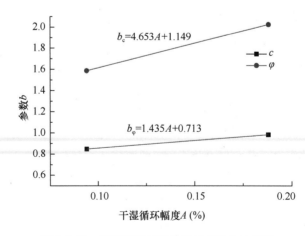

图 2.3-21　循环幅度与劣化发展参数 b 的关系

组数据拟合指数为较小且从图 2.3-17 也可以看出其数据离散性偏大因而在考虑劣化发展速率参数 b_φ 时忽略 c 组数据，认为 b_φ 与下限含水量无关其值取为 b、d 两组数据的均值 1.6081。而黏聚力的劣化发展速率参数 b_c 近似采用线性拟合表示，如图 2.3-20 所示。

此外 b_c、b_φ 随干湿循环幅度的变化规律也采用线性函数进行拟合，见图 2.3-21。随着干湿循环幅度的增加，黏聚力与内摩擦角劣化度的发展速率均随之减缓。

综上所述，当保持干湿循环下限含水量不变时，随着干湿循环幅度的增加，黏聚力与内摩擦角的最终劣化度 a_c、a_φ 均线性增大，而劣化度的发展速率线性减小；当保持干湿循环幅度不变而增加下限含水量时，黏聚力的最终劣化度 a_c 与劣化度发展速率均随之线性减小，而内摩擦角的最终劣化度 a_φ 与劣化度发展速率均保持不变[25]。参数 a_c、a_φ、b_c、b_φ 与干湿循环幅度 A 以及下限含水量 w_l 的拟合结果总结至表 2.3-6。

参数拟合结果　　　　　　　　　　　　　　　　　　表 2.3-6

变量	拟合参数			
	黏聚力 c		内摩擦角 φ	
	最终劣化度 a_c	劣化发展速率参数 b_c	最终劣化度 a_φ	劣化发展速率参数 b_φ
A（w_l 固定为 4.5%）	$a_c=2.56043\times A$	$b_c=4.653A+1.149$	$a_\varphi=0.73064\times A$	$b_\varphi=1.435A+0.713$
w_l（A 固定为 9.4%）	$a_c=-1.2233\times w_l$ $+0.34458$	$b_c=16.78w_l-0.0298$	7.0%	1.6081

强度劣化机制分析：

如 2.3.1 节 "（2）1）①不同干密度下的干湿循环强度指标劣化规律" 中所述，黏聚力劣化的主要原因是吸附强度随干湿循环而不断降低，而吸附强度与土体孔隙特性密切相关。从细观的角度来看，土壤中的基质吸力是由液桥的表面张力所引起，土壤在脱湿过程中，含水率不断降低，连接土壤颗粒的液桥体积减小基质吸力变大，当达到土壤开裂的临界基质吸力时，土壤颗粒间的液桥将破裂，从而土壤产生裂隙[33]。循环幅度 A 的增加会延长此开裂过程，从而导致黏聚力的劣化效应提高。而当含水量相对较低时，基质吸力很大，且随着含水量的降低，液桥破裂的可能性逐渐增大，从而导致裂隙数量的增多，这解释了下限含水量 w_l 对黏聚力的劣化规律有较大影响。对于内摩擦角而言，由于颗粒的磨损与碎裂是其劣化的主要诱因，主要受含水量变化通量控制，因而循环幅度 A 对其有明显影响，而下限含水量 w_l 对其影响不大。

2）压实黄土干湿循环强度劣化模型（CLDM）

自然界中岩土体由于埋深、所在位置平均降雨量与平均蒸发量、地下水位等因素的不同，导致岩土体的干湿循环幅度与干湿循环下限含水量均不相同，此外土体干密度的不同也会对干湿循环所造成的强度劣化造成一定的影响。因此仅将劣化度视为干湿循环次数的函数是不够准确的。2.3.1 节 "（2）1）压实黄土干湿循环三轴试验结果分析" 中对不同干密度以及不同干湿循环次数与不同下限含水量下的压实黄土强度参数劣化规律进行了拟合分析，得到了干密度 ρ、干湿循环幅度 A 以及下限含水量 w_1 对拟合参数的影响规律。根据表 2.3-4、表 2.3-6 所示的结果可以得出如下结论：黏聚力的劣化度 DR_c 是干湿循环次数 n、干密度 ρ、干湿循环幅度 A、下限含水量 w_1 的函数，即 $DR_c = f(n, \rho, A, w_1)$；而内摩擦角的劣化度 DR_φ 仅与干湿循环幅度以及干湿循环次数有关，即 $DR_\varphi = g(n, A)$[25]。

① 压实黄土黏聚力劣化模型

本章 2.3.1 节"（2）1）压实黄土干湿循环三轴试验结果分析"中针对多种因素对干湿循环效应的影响进行了试验研究，下面将采用函数叠加的方式建立压实黄土黏聚力的干湿循环劣化模型。

首先将式（2.3-3）所定义的劣化度函数中的参数 a_c、b_c 表示为干密度 ρ、干湿循环幅度 A、下限含水量 w_1 的函数，采用如下函数叠加的方式进行。当干密度 ρ 固定为 $1.6\mathrm{g/cm^3}$ 且下限含水量 w_1 固定为 4.5% 时：

$$a_c = 2.56043 \times A \tag{2.3-4}$$

$$b_c = 4.653 \times A + 1.149 \tag{2.3-5}$$

将下限含水量的变化考虑进内：

$$a_c = 8.843 \times A \times (-1.223 \times w_1 + 0.345) \tag{2.3-6}$$

$$b_c = 1.379 \times (4.653A + 1.149) \times (16.78w_1 - 0.030) \tag{2.3-7}$$

再将干密度的变化考虑进内：

$$a_c(\rho, A, w_1) = 20.634 \times A \times (-1.223 \times w_1 + 0.345)$$
$$\times (135951.5 \times \exp(-\rho/0.113) + 0.337) \tag{2.3-8}$$

$$b_c(\rho, A, w_1) = 1.321 \times (4.653A + 1.149) \times (16.78w_1 - 0.030)$$
$$\times (-1.21E19 \times \exp(-\rho/0.031) + 1.045) \tag{2.3-9}$$

$$DR_c(n, \rho, A, w_1) = a_c(\rho, A, w_1) - \frac{a_c(\rho, A, w_1)}{1 + \dfrac{n}{b_c(\rho, A, w_1)}} \tag{2.3-10}$$

式（2.3-8）~式（2.3-10）即为压实黄土的黏聚力劣化模型。

② 压实黄土内摩擦角劣化模型

如前所述，压实黄土内摩擦角随干湿循环的劣化度是干湿循环次数与干湿循环幅度的函数，即 $DR_\varphi = g(n, A)$。因而仅需考虑 a_φ、b_φ 与干湿循环幅度 A 之间的关系，即：

$$a_\varphi(A) = 0.73064 \times A \tag{2.3-11}$$

$$b_\varphi(A) = 1.435 \times A + 0.713 \tag{2.3-12}$$

从而压实黄土内摩擦角劣化模型可以表示为：

$$DR_{\varphi}(n, A) = a_{\varphi}(A) - \frac{a_{\varphi}(A)}{1 + \dfrac{n}{b_{\varphi}(A)}} \qquad (2.3\text{-}13)$$

式（2.3-11）、式（2.3-13）为压实黄土的内摩擦角劣化模型。

（3）干湿循环影响下边坡稳定性分析

1）建模方法概述

邓华锋等[34]在边坡原状土干湿循环试验研究的基础上，建模分析了实际坡体的安全系数随干湿循环次数的变化规律。曾胜等[35]通过试验结果拟合结合公式推导，实现了边坡受干湿循环影响下的安全系数理论计算。实际岩土体干湿循环过程是受多种因素影响的，因而边坡的安全系数受干湿循环作用的影响也是由多种因素控制的，仅将边坡视为均质并将不同干湿循环下的土体强度参数赋予边坡模型从而计算安全系数是不够准确的。

基于压实黄土干湿循环强度劣化模型，通过基于 Python 的有限元软件 ABAQUS 二次开发建模，将有限元模型中各个单元赋予独立的材料参数，通过降雨入渗分析与强度折减法（SSR）相结合，进行稳定性分析获得安全系数随干湿循环过程变化的规律。

2）有限元模型

选取该高填方工程填方边坡典型设计剖面进行建模。坡高 $H = 20\text{m}$，坡率为 $1:1.7$，计算模型边界设置如图 2.3-22 所示。边坡由均质 Q_3 压实黄土构成，土体基本物理力学参数见表 2.3-7，由压力板仪试验测得的水土特征曲线（SWCC）见图 2.3-23。出于简化目的，将边坡土体干密度视为常数 1.4g/cm^3。模型边坡表面为降雨施加面，左侧面为潜在渗流边界，其余设置为不透水边界（图 2.3-24）。

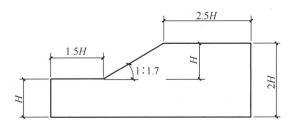

图 2.3-22　有限元模型尺寸

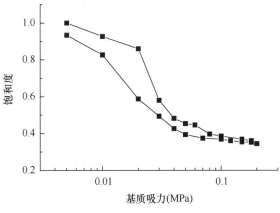

图 2.3-23　水土特征曲线（SWCC）

边坡土体物理力学参数　　　　　　　　　表 2.3-7

干密度(g/cm³)	渗透系数(m/d)	初始黏聚力(kPa)	初始内摩擦角(°)
1.4	0.0317	48.7	31.6

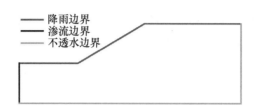

图 2.3-24　渗流分析边界条件设置

　　分析过程如下所述：通过边坡降雨入渗分析得出在入渗过程中边坡模型各单元所能达到的含水量的最大最小值，以此最大最小值作为该单元土体的干湿循环上下限，根据式（2.3-8）～式（2.3-13）得出各单元土体强度的劣化函数。通过 Python 编程对有限元软件 ABAQUS 进行二次开发，将模型各单元独立赋予通过强度劣化函数计算出的强度参数，并通过有限元强度折减法计算出各循环次数下的边坡安全系数。二次开发流程图见图 2.3-25。

　　表 2.3-8 为取土地区各月份最大日降雨量统计表，其中 8 月份最大日降雨量达到峰值139.9mm/d。本研究模型降雨入渗分析的降雨荷载设置为 139.9mm/d，降雨过程幅值曲线见图 2.3-26。

取土地区各月份最大日降雨量统计表　　　　　　表 2.3-8

月份	1	2	3	4	5	6	7	8	9	10	11	12
最大日降雨量（mm/d）	7.4	8.2	24.5	42.1	54.8	78.4	87.8	139.9	84.1	43.7	34.6	8.7

　　3）结果分析

　　图 2.3-27 为 0h、24h、48h、72h 时含水量场的模拟结果，图 2.3-28 为坡肩下不同深度 6 个位置的含水量变化曲线，可以看出，含水量的变化幅度随埋深的增加而不断减小，6m 以内土体的含水量有较明显变化，即可以认为降雨导致的干湿循环仅对边坡表层土体有一定的影响。以降雨增湿—蒸发减湿为一次干湿循环过程，通过不同干湿循环次数下的强度折减法边坡稳定性分析可以得出各干湿循环次数下的边坡安全系数，见图 2.3-29。可以看出安全系数随干湿循环次数的增加而逐渐减小，但变化逐渐趋于平缓，变化规律与强度参数随干湿循环次数的变化规律类似。同时由于降雨入渗的影响深度有限，因而对安全系数的影响较小，最终安全系数减小率约为 17%。

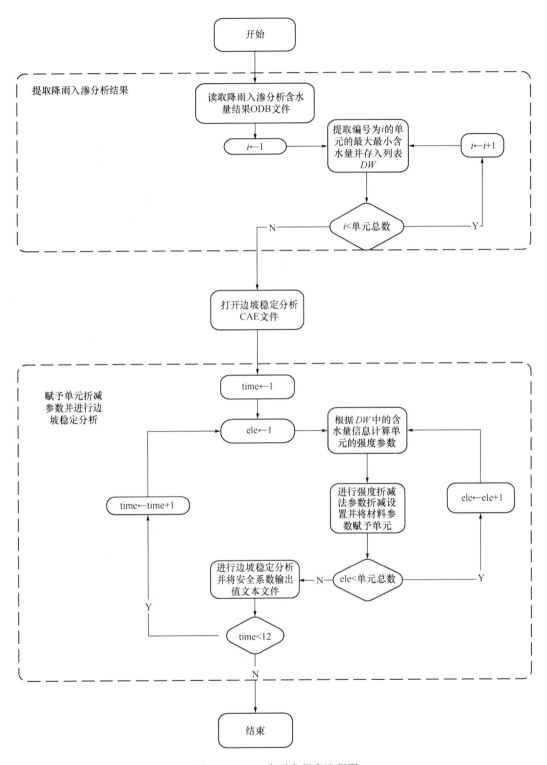

图 2.3-25　二次开发程序流程图

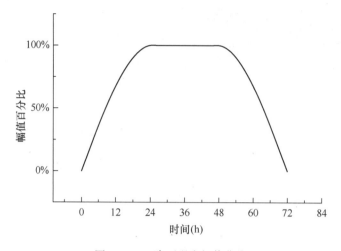

图 2.3-26　降雨强度幅值曲线

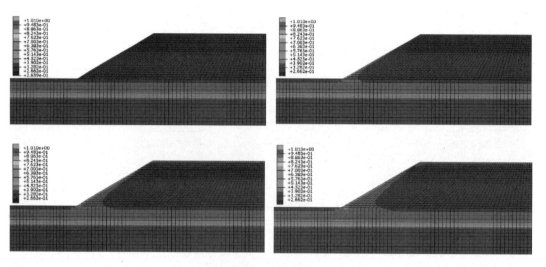

（依次为 0h、24h、48h、72h）
图 2.3-27　含水量场模拟结果

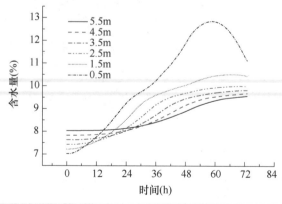

图 2.3-28　模型关键点含水量变化曲线

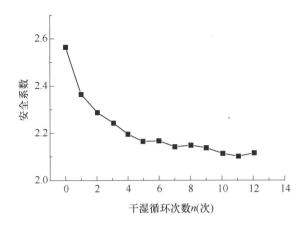

图 2.3-29　安全系数随干湿循环次数变化曲线

2.3.2　基于颗粒流 PFC 方法的压实黄土劣化参数标定

（1）颗粒流 PFC 方法简介

1）颗粒流 PFC 方法基本思想

由于颗粒材料的离散性、本构关系的不确定性，很难从试验的角度直接测得其应力应变。故而，学者们开始采用建立散体模型的方式，从边界条件、宏观力学以及变形性质等方面对其进行估算。基于这种思想，ITASCA 公司开发了以 Cundall（1979）提出的离散元方法为理论基础的离散元软件——颗粒流（Particle Flow Code）PFC$^{2D/3D}$。

颗粒流是一种非连续介质力学的数值理论，其基本原理是运用牛顿第二运动定律把研究区域划分成一个个多边块体单元，各单元之间通过接触，建立位移和力的相互作用，相当于有限元中的物理关系，通过迭代使得每一个块体都达到平衡状态[36]，图 2.3-30 为 PFC 计算过程循环图。

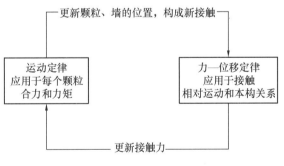

图 2.3-30　PFC 计算过程循环图

2）颗粒流方法的基本假设

颗粒流 PFC 方法的基本假设包括：

① 将颗粒单元视作刚性体（圆盘或圆球）。即就介质的整体变形而言，主要是由发生

在颗粒接触面上的运动引起的；如散体介质的变形主要由颗粒的滑动和转动以及柔性接触面的张开与闭锁引起，而不是单个颗粒自身的变形[36]；

② 颗粒间的接触方式可视为点接触；

③ 刚性颗粒允许在接触点处相互重叠，且其接触方式为柔性接触；

④ 根据力—位移法则，接触点处的重叠量与接触力有关，且相对于颗粒尺寸而言，颗粒间的重叠量是很小的；

⑤ 颗粒间接触的位置允许存在粘结；

⑥ 所有的颗粒单元都是球形的，但可利用簇逻辑来生成任意形状的超单元体颗粒，每一个超单元体颗粒（簇单元）可由一组重叠的颗粒单元构成，且它们可形成一个具有可变形边界的刚性体颗粒。

3）计算方法

物理方程：

物理方程即接触颗粒对之间的接触力—相对位移的关系。颗粒流模型中两种最基本的单元是颗粒单元和墙单元，其接触类型相应的也有两种，即颗粒—颗粒接触和颗粒—墙接触（图 2.3-31）。其中 A、B、b 代表颗粒，w 代表墙，颗粒 A 与颗粒 B 之间的平面是假想的接触平面，$R^{[A]}$、$R^{[B]}$、$R^{[b]}$ 为相应颗粒的半径，$x_i^{[A]}$、$x_i^{[B]}$、$x_i^{[b]}$ 为相应颗粒的圆心位置，U^n 为两实体接触的重叠量，$x_i^{[C]}$ 为接触点，n_i 为两接触实体的位置连线的单位法向量，其中颗粒—墙接触中 n_i 的方向是沿着颗粒中心到墙体最近距离的直线[37]。

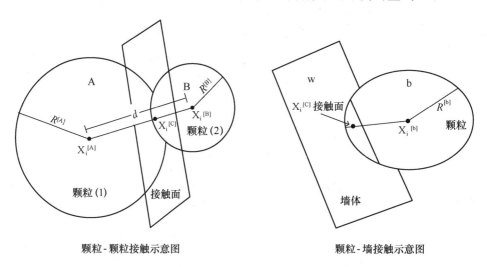

颗粒-颗粒接触示意图　　　　　　　颗粒-墙接触示意图

图 2.3-31　实体接触示意图

颗粒间的接触力可 F_i 分解为切向分力 F_i^x 和法向分力 F_i^n。

① 颗粒之间的法相接触力 F_i^n 与颗粒间的相对位移 U^n 的关系方程式：

$$F_i^n = K_n U^n \tag{2.3-14}$$

式中，K_n 为法向接触刚度。

$$U^{n} = \begin{cases} R^{[A]} + R^{[B]} - d \text{（颗粒 - 颗粒）} \\ R^{[b]} - d \text{（颗粒 - 墙）} \end{cases} \quad (2.3\text{-}15)$$

② 颗粒间的切向剪力 F_i^s 则使用增量的形式 ΔF_i^s 来描述，颗粒间切向力 F_i^s 与位移 U^n 的方程式：

$$\Delta F_i^s = - k^s \Delta U^s$$
$$F_i^s = [F_i^s] + \Delta F_i^s \quad (2.3\text{-}16)$$

式中，k^s 为切向接触刚度；ΔU^s 为法相相对位移量；$[F_i^s]$ 为前一时步的切向作用力。

根据物理方程可计算作用于每个颗粒上的合力和合力矩。

运动方程：

运动方程是以经典牛顿第二定律为基础，得到颗粒的加速度与角加速度，再加入时间作为变量进行求解得到模型内颗粒的速度、位移以及转动量。其主要由两组向量方程表示：一组表征不平衡力与平移运动的关系；一组表征不平衡力矩与旋转运动的关系。

假设在时间 t_0 时刻颗粒在 x 方向的合力为 F_x，弯矩为 M_x，颗粒质量为 m，转动惯量为 I_x，则颗粒在 x 方向的平动加速度和转动加速度分别为：

$$\ddot{u}_x(t_0) = \frac{F_x}{m} \quad (2.3\text{-}17)$$

式中，F_x 为 x 方向的不平衡力；m 为颗粒质量。

$$\ddot{w}_x(t_0) = \frac{M_x}{I_x} \quad (2.3\text{-}18)$$

式中，M_x 为不平衡力矩；I_x 为角动量[37]。

因此当时间 $t_1 = t_0 + \dfrac{\Delta t}{2}$，颗粒在 x 方向的速度和转动速度为：

$$\dot{u}_x(t_1) = \dot{u}_x\left(t_0 - \frac{\Delta t}{2}\right) + \ddot{u}_x(t_0)\Delta t \quad (2.3\text{-}19)$$

$$\dot{w}_x(t_1) = \dot{w}_x\left(t_0 - \frac{\Delta t}{2}\right) + \ddot{w}_x(t_0)\Delta t \quad (2.3\text{-}20)$$

在时间 $t_2 = t_0 + \Delta t$ 时，颗粒在 x 方向的位移为：

$$u_x(t_2) = u_x(t_0) + \dot{u}_x(t_1)\Delta t \quad (2.3\text{-}21)$$

其中，t_0 为起始时间，Δt 为计算时步。

方程求解—动态松弛法：

离散单元法所用的求解方法有静态松弛法和动态松弛法两种，其中动态松弛法是把非线性静力学问题转化为动力学问题一种数值计算方法，该方法的实质是对临界阻尼振动方程进行逐步积分。基于中心差分法进行动态松弛求解，是一种显式求解的数值方法。在离散单元法中，颗粒间的相互作用是一个动态的过程，而这种动态过程在数值上是通过一种时步算法实现的，即假定在每一个时间步内速度和加速度保持不变。在显式解法中，所有方程一侧的量都是已知的，另一侧的量只要执行简单的迭代即可求得[38]。

离散单元法的基本运动方程为：

$$m\ddot{x}(t) + c\dot{x}(t) + kx(t) = f(t) \tag{2.3-22}$$

式中，m 为单元的质量；x 为位移；t 为时间；C 为黏性阻尼系数；k 为刚度系数；f 为单元所受的外荷载。

基于上述运动方程，采用动态松弛法求解时假定变量 $f(t)$，$x(t)$，$x(t-\Delta t)$，$x(t+\Delta t)$ 等已知，利用中心差分法得：

$$\begin{aligned} m[x(t+\Delta t) - 2x(t) + x(t-\Delta t)]/(\Delta t)^2 + \\ c[x(t+\Delta t) - x(t-\Delta t)]/(2\Delta t) + kx(t) = f(t) \end{aligned} \tag{2.3-23}$$

$$x(t+\Delta t) = \left\{ \begin{aligned} (\Delta t)^2 f(t) + (c\Delta t/2 - m)x(t-\Delta t) \\ + [2m - k(\Delta t)^2]x(t) \end{aligned} \right\}/(m + c\Delta t/2) \tag{2.3-24}$$

即可得颗粒在 t 时刻的速度 $\dot{x}(t)$ 和加速度 $\ddot{x}(t)$：

$$\dot{x}(t) = [x(t+\Delta t) - x(t-\Delta t)]/(2\Delta t) \tag{2.3-25}$$

$$\ddot{x}(t) = [\dot{x}(t+\Delta t) - 2x(t) + x(t-\Delta t)]/(\Delta t)^2 \tag{2.3-26}$$

离散元采用中心差分法进行动态松弛求解，是一种显示解法，其优势是，计算时无需形成矩阵，因而计算简单、省时，并且可考虑大变形和非线性问题。但该方法的不足之处是，假定在每一迭代时步内，每个单元仅对与其直接接触的单元产生力的影响，为了确保计算的稳定性和收敛性，计算时步需取的足够小[38]。

4）计算过程参数

计算时步的确定：

在离散元模拟中，时步非常重要，因为它不仅关乎模拟的稳定性，而且也与计算精度有关。如果时步过大，会导致模拟不稳定，如果时步过小，则会耗费大量的计算时间。

关于离散元模拟时步确定的方法，并不唯一。目前主要包括以下三种方法：

① 基于简谐振动的典型时步法；

② 基于赫兹接触理论的颗粒接触时间法；

③ 瑞利波法。

其中，基于赫兹接触理论的颗粒接触时间法的时步是颗粒相对运动速度的函数，即：

$$t_{\text{Hertz}} = 2.94 \left(\frac{15m^*}{16E \times \sqrt{R^*}\, v_{r,0}} \right) \tag{2.3-27}$$

在复杂的颗粒群运动中，该方法并不利于确定一个具体的时步。如果以最大相对速度考虑，虽然可以得到使计算稳定的时间步长，然而其计算结果往往偏于保守[39]。

从理论上来讲，瑞利波法确定时间步长是比较合理的，因为它更符合物理事实。弹性固体颗粒表面的瑞利波波速为：

$$v_{\text{R}} = \vartheta \sqrt{\frac{G}{\rho}} \tag{2.3-28}$$

式中，G 和 ρ 是颗粒材料的剪切模量和密度；$\sqrt{\dfrac{G}{\rho}}$ 是弹性颗粒内横波波速；ϑ 是瑞利波方程的根。

$$(2-\vartheta^2)^4 = 16(1-\vartheta^2)\left[1-\frac{1-2v}{2(1-v)}\vartheta^2\right] \tag{2.3-29}$$

式中，v 为颗粒材料的泊松比，ϑ 的近似解为

$$\vartheta = 0.136v + 0.877 \tag{2.3-30}$$

如此，瑞利波的波速将是

$$v_R = (0.136v + 0.877)\sqrt{\frac{G}{\rho}} \tag{2.3-31}$$

对于碰撞的两个颗粒，时间步长应小于瑞利波传递半球面所需要的时间：

$$\Delta t = \frac{\pi R}{v_R} = \frac{\pi R}{(0.136v + 0.877)}\sqrt{\frac{\rho}{G}} \tag{2.3-32}$$

对于整个颗粒系统来讲：

$$\Delta t = \left[\frac{\pi R}{(0.136v + 0.877)}\sqrt{\frac{\rho}{G}}\right]_{\min} \tag{2.3-33}$$

时间步长对模拟精度与计算时间的影响在颗粒运动不剧烈时，利用上式确定时间步长可以得到系统计算的稳定性。在实际计算时，应该选择时间步长为 $1\%\sim10\%\,\Delta t$。时间步长越大，和解析解的差别也越大。但是，这并不意味着时间步长越小就越好，从表 2.3-9 可以看出，时间步长越小，计算机的运行时间越长[39]。

时间步长对模拟精度与计算时间的影响　　　　　　　　　　　　　　　　表 2.3-9

时间步长	峰值差的标准差	运行时间
20%	0.38%	56′
100%	3.70%	31′
200%	5.53%	18′

围压伺服的实现：

所谓伺服，即通过模型边界条件的调整，使得颗粒体系间的接触尽可能快地达到理想状态，然后再在其基础上开展加载分析。这一过程是颗粒流用于材料、物理、力学分析的循环关键所在[40]。

在颗粒离散元模型中，存在刚性伺服与柔性颗粒膜伺服两种方式。如图 2.3-32 是基于不同模拟边界的离散元双轴试验模型。

其中，图 2.3-32（a）为传统的基于刚性边界的示意图。试验模型是由上、下、左、右四个无摩擦的刚性墙体组成，其中上、下墙体是被用作刚性加载板，通过对其上下相向缓慢移动来对试样进行轴向加载，且加载中上、下墙体的轴向移动速度均被固定为某个值，同时在试验加载中，利用伺服机制调整侧向墙体的速度来对试样施加恒定的围压，而这种围压施加方式属于刚性加载，试验中限制了试样侧向的自由变形。

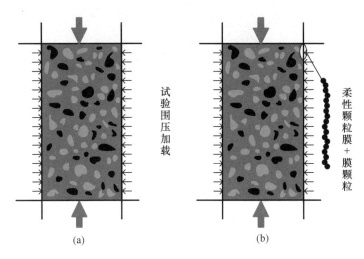

图 2.3-32　常见的伺服机制

(a) 侧向刚性模拟；(b) 侧向柔性模拟

图 2.3-32（b）为基于柔性边界模拟的双轴试验模型示意图。该试验模型是将传统双轴试验模型中两个侧向刚性墙体分别替换为两列由相同大小颗粒组成的柔性颗粒膜，试验中，将膜颗粒粘结起来模拟柔性膜，膜颗粒间的粘结则是采用接触粘结模型（contact-bond-mode）进行模拟，以保证颗粒间只传递力而不传递力矩，同时为了防止试验加过程中颗粒膜的破坏，模拟中将膜颗粒间的粘结强度设置为一个较大值。试验围压则是通过对膜颗粒施加等效集中力进行模拟，在每一步计算中，通过伺服调整膜颗粒上施加的等效集中力来维持恒定的试验围压[41]。

图 2.3-33 为膜颗粒上施加的等效集中力计算示意图。对于任意的一个膜颗粒，施加

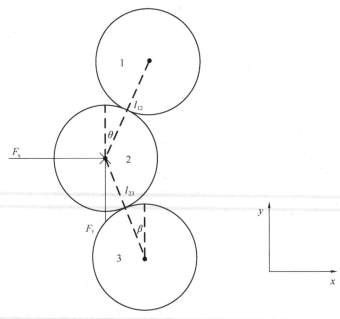

图 2.3-33　柔性颗粒膜等效力施加图

于其上的等效集中力 F 可以用下式进行计算：

$$\begin{cases} F_x = 0.5 \cdot (l_{12}\cos\theta + l_{23}\cos\beta)\sigma_{\text{confining}} \\ F_y = 0.5 \cdot (l_{12}\sin\theta + l_{23}\sin\beta)\sigma_{\text{confining}} \end{cases} \tag{2.3-34}$$

式中，F_x、F 分别为施加到颗粒 2 上 x、y 方向的等效集中力，l_{12}、l_{23} 为颗粒 2 球心与颗粒 1、3 球心的长度和，$\sigma_{\text{confining}}$ 为试验施加的伺服围压。

5）接触本构模型

根据颗粒间接触形式的差异，颗粒流软件中的接触本构模型存在多种类型，以下介绍常用的三种模型，线性接触模型、线性粘结接触模型和平行粘结模型，通过设置颗粒细观参数来选取适宜的接触本构模型。

① 线性接触

接触力分量与位移分量存在如下的关系：

$$F_i^n = K_n U^n n_i \tag{2.3-35}$$

$$\Delta F_i^s = - K_s \Delta U_i^s \tag{2.3-36}$$

$$K_n = \frac{k_n^{[A]} k_n^{[B]}}{k_n^{[A]} + k_n^{[B]}} \tag{2.3-37}$$

$$K_s = \frac{k_s^{[A]} k_s^{[B]}}{k_s^{[A]} + k_s^{[B]}} \tag{2.3-38}$$

式中，法向接触力用 F_i^n 表示，切向接触力增量用 ΔF_i^s 表示，法向割线刚度用 K_n 表示，切向割线刚度用 K_s 表示，法向位移量用 U^n 表示，切向位移增量用 ΔU_i^s 表示，法向向量用 n_i 表示，A、B 表示两个不同的颗粒，$k_n^{[A]}, k_n^{[B]}$ 为两颗粒的法向切线刚度，$k_s^{[A]}, k_s^{[B]}$ 为两颗粒的切向切线刚度。

对于线形接触模型而言，法向切线刚度等于法向割线刚度，即：

$$k^n = \frac{dF^n}{dU^n} = \frac{d(K^n F^n)}{dU^n} = K^n \tag{2.3-39}$$

② 线性粘结接触

线性接触粘结模型（Linear Contact Bond Model）由 Potyondy 于 2004 年提出。线性接触模型可以看成位于两个接触部件接触面上的一对法向与切向的线性弹簧，接触面具有一定的拉伸与剪切强度，当接触力超过拉伸或剪切强度时粘结绑定断开，模型退化为线性接触模型（Linear Contact Model），其力学简化模型见图 2.3-34。

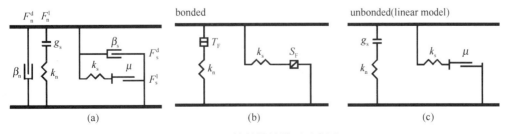

图 2.3-34　接触粘结模型示意图

（a）力学简化模型；（b）粘结破坏前；（c）粘结破坏后

③ 平行粘结

平行粘结模型是在颗粒接触点公切线方向上引入一定厚度的由粘结材料组成的粘结面，其粘结面在 PFC^{2D} 中是长方体（PFC^{2D} 中圆盘有一定厚度），在 PFC^{3D} 中是圆柱体。此类模型不但可以传递力还可以转递弯矩，通过在接触面上均匀放置一组恒定法向刚度和切向刚度的弹簧来实现。其力学简化模型见图 2.3-35。

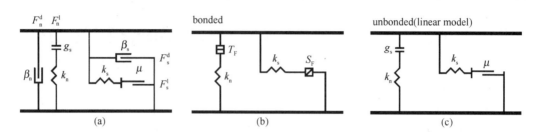

图 2.3-35　平行粘结模型示意图
（a）力学简化模型；（b）粘结破坏前；（c）粘结破坏后

6）Python 与 FISH 语言简介

1989 年 12 月，荷兰人 Guido Van Rossum 开始了 Python 的开发，1991 年第一个版本诞生。Python 是一种新兴的计算机程序语言，支持独立程序及脚本程序，且适用于各种领域。

该语言提供了大量的模块，不仅可以提高程序的开发速度和代码的清晰程度，还可以让程序员更关注于要解决的问题，不纠结于繁琐的技术细节。Python 语法简单，易于被使用者学习和掌握，适合进行快速原型开发。另外，它严谨的模块和对象体系使它同样适用于大型软件的开发。Python 优雅的语言及动态类型识别，加上解释性的本质，使它成为一种能在多种功能、多种平台上撰写脚本及快速开发的理想语言。其具有解释性强、面向对象、可扩展性强、可移植性强、可阅读性强及健壮性强等优势。

内嵌式编程语言 FISH 允许用户根据模型的实际需求，自定义新的函数和变量，如复杂的边界条件、特殊的材料属性、伺服控制系统及不同的数据处理方式等。该语言中有大量保留字符，通过编制相应程序可以实现对模型相关参数或变量的控制及文本的输出与导入，按照用户需要输入特定的模型变量变化函数即可完成相应参数的更新，且包含了循环、判断等结构语句。

FISH 的编写短小精干，同时兼顾用户操作习惯，不但可以嵌入命令流文件里工作，而且还可以引用原软件本身的任何命令，突破了一般标准程序代码的限制，实现了研究人员对软件的完美控制[42]。

Python 语言从 PFC5.0 开始加入，并与 FISH 语言同时作为 PFC 的可选编程语言嵌入在程序中。两种语言有各自的特点与有点，FISH 语言作为 PFC 的内嵌编程语言经历了多个版本迭代与 PFC 代码融合较好，且其中的变量与函数与 PFC 结果文件绑定。而 Python 中的变量与函数则独立于 PFC 文件之外，不会随着 PFC 结果文件的更换而改变，因而更适合用于编写 PFC 的外部控制单元。此外 Python 也拥有大量扩展程序库，方便数据转换与处理且具有运行速度更快的优点。因而本节在 PFC 模型的编写过程中，同时应用 Python 与 FISH 语言，将 Python 用于外部控制程序的编写，而 FISH 用于 PFC 本身命令流过程的编写。

（2）模型建立过程

1）土体模型建立

黄土中粉粒对其力学特性起主要影响作用，含有的少量颗粒较小的黏粒对其力学特性影响较小[43]，但在离散元颗粒流中这一部分较小的颗粒会导致生成的模型中会包含大量对计算结果影响不大的细小颗粒，同时较小的颗粒会极大增加颗粒流迭代计算过程的时间步，从而导致计算过程缓慢。因而在颗粒流模型建模过程中将忽略部分粒径较小，占比较少的黏粒，从而提高计算效率。

基于图 2.1-4，本节在进行数值土样生成时，考虑 0.066～0.048mm，0.048～0.024mm，0.024～0.012mm 共三组粒径，其占比分别为 17.9%、61.4%、20.7% 并根据式（2.3-40）计算模型颗粒数量[44]：

$$M = \frac{4A(1 - n_{2d})}{\pi D^2} \tag{2.3-40}$$

式中，M 为土颗粒数量，A 为土样区域面积，n_{2d} 为二维孔隙率，D 为平均粒径。

不同的干密度通过初试孔隙比来模拟，干密度与初始孔隙比存在以下关系：

$$e_0 = \frac{(1 + w_0)G_s\rho_w}{\rho_0} - 1 \tag{2.3-41}$$

或

$$e_0 = \frac{G_s\rho_w}{\rho_d} - 1 \tag{2.3-42}$$

孔隙度与孔隙比的换算关系：

$$n = \frac{e}{1 + e} \tag{2.3-43}$$

上式中，w_0 为试样的初始含水量；ρ_0 为试样的初始密度（g/cm³）；ρ_d 为试样的干密度（g/cm³）；G_s 为土样的土粒相对密度；ρ_w 为水的密度（g/cm³）。

对应于二维情况下的孔隙比与三维情况下的孔隙比是不同的，且在数值上要小于后者，而三维情况下的孔隙比则为实际测得的孔隙比。针对孔隙比（或孔隙率）在三维与二维条件下的转换问题，姚志雄等人提出等粒径颗粒三维孔隙率向二维孔隙率 2d 转换的公式为[45]：

$$n_{2d} = 1 - \left(\frac{1 - n_{3d}}{\varepsilon}\right)^{\frac{2}{3}} \tag{2.3-44}$$

$$\varepsilon = \frac{\sqrt{2}}{\sqrt{\pi\sqrt{3}}} + D_r\left[\frac{2}{\sqrt{\pi\sqrt{3}}} - \frac{\sqrt{2}}{\sqrt{\pi\sqrt{3}}}\right] \tag{2.3-45}$$

$$D_r = \frac{e_{max} - e}{e_{max} - e_{min}} \tag{2.3-46}$$

式中，D_r 为土体相对密度。n_{2d} 为二维孔隙率，n_{3d} 为三维孔隙率。统计结果显示，我国湿陷性黄土的孔隙比范围为 0.78～1.50，鉴于黄土压实后孔隙比会进一步降低，因而本节取孔隙比范围的下限为干密度为 $1.7g/cm^3$ 时的孔隙比 0.6。土样干密度与孔隙参数对照表见表 2.3-10。

土样干密度与孔隙参数对照表 表 2.3-10

干密度 (g/cm³)	三维孔隙比 e_{3d}	三维孔隙度 n_{3d}	二维孔隙度 n_{2d}	颗粒计算数量	颗粒实际数量
1.4	0.94	0.49	0.23	6482	6397
1.5	0.81	0.45	0.22	6581	6547
1.6	0.70	0.41	0.20	6707	6710
1.7	0.60	0.38	0.19	6782	6880

2）加载试验过程

数值模型的加载试验过程与实际三轴试验类似，包括围压加载、固结、偏压加载以及应力应变数据实时记录过程。由于 2.3.1 节完成的三轴试验为 UU 三轴不涉及固结过程，因而数值试验仅包含围压偏压加载以及数据记录两部分。

3）模型参数标定

颗粒流 PFC 方法基于离散介质理论，其模型建立过程中输入的计算参数为描述离散材料组分之间相互作用规律的细观参数，细观参数直接决定了分析的准确性。但是颗粒流方法中的细观参数往往无法直接获取，因而在离散元法建模分析过程中通常需要进行参数标定这一过程。参数标定实质上就是建立材料宏观物理力学表现与细观组分之间相互作用规律之间的关系，通常是建立宏观参数与细观参数之间的关系。参数标定是颗粒流方法分析过程中最重要也是最繁琐的问题之一。

颗粒流方法中的接触本构模型繁多，不同接触本构适用于不同的宏观材料，明确接触本构参数与材料宏观力学表现之间的关系是准确确定材料细观参数的基础。本节以压实黄土材料为研究对象，基于三轴试验数据，对线性接触粘结模型（LCBM）中各参数的意义进行了定量分析。

试错法[46,47]是颗粒流分析中最为常用的参数标定方法。试错法原理简单，即输入不同的细观参数进行数值模拟，并将分析结果与材料实际表现进行对比，并根据对比结果人为调整参数再次进行分析，直至输入的参数能够使模型分析结果达到预期，即确定该组参数为标定结果。试错法简单易用，但同时也存在人为干预导致的盲目性与标定结果不唯一。并且本章研究针对干湿循环作用下压实黄土的强度劣化规律分析需要进行大量的不同试验结果标定，采用试错法将耗费大量时间。因而本节在分析接触本构模型参数实际物理力学意义的基础上借助 Python 编程，引入单纯形搜索法，以数值分析所得的应力应变曲线与实际试验所得的三轴数据曲线的接近程度为目标函数，对模型参数进行优化选择。

接触模型中的细观参数包括摩擦系数 $fric$、抗拉与抗剪强度 cb_tens 及 cb_shears、接触刚度模量 $Emod$、法向—切向刚度比 $Kratio$。本节将首先分析各个参数对材料宏观力学表现的影响，并据此判断标定的顺序与思路。同时引入粘结率参数（即整个模型中颗粒间存在粘结的接触占整体接触数量的比率）。对以上共四组参数进行了定量分析，确定了不同参数与材料物理力学标间之间的关系。

4）数值模拟过程

本节在 PFC 模型的编写过程中，同时应用 Python 与 FISH 语言，将 Python 用于外部控制程序的编写，而 FISH 用于 PFC 本身命令流过程的编写。下面对本节模型中的关键代码进行阐述。

模型生成过程：

模型试样生成过程中的粘结率由以下代码实现：

```
def bond(br):
    g = {'gap': (-1, 1)}
    np.random.seed(0)
    p = np.array([1-br, br])
    index = np.random.choice([1, 0], p = p.ravel())
    for contact in it.contact.list():
        index = np.random.choice([1, 0], p = p.ravel())
        if contact.model() == 'linearcbond' and contact.end1().group() == 'balls' and
contact.end2().group() == 'balls':
            contact.method('bond', g)
            if index == 1:
                contact.method('unbond', g)
```

首先将所有接触施加粘结绑定，然后运行 bond（）函数，将一定比例的粘结绑定打断，从而实现特定的粘结率。函数中 br 为输入的粘结率值，函数遍历模型中所有粘结接触，并以 1-br 的概率将粘结接触绑定打断。

伺服过程：

伺服过程包括试样双轴试验双向围压施加过程中的刚性墙伺服，与偏压加载过程中的柔性膜伺服两个部分。

刚性墙伺服：

刚性墙伺服过程通过 PFC 自带的 servo_set_force（）函数实现：

```
def servo_walls_balls():
    wp_top.servo_set_force((0, tyy * wlx))
    wp_bot.servo_set_force((0, -tyy * wlx))
    wp_lef.servo_set_force((-txx * wly, 0))
    wp_rig.servo_set_force((txx * wly, 0.0))
it.set_callback('servo_walls_balls', 9.1)
```

通过上述代码定义了一个名为 servo_walls_balls（）的函数，并将其添加至 PFC 循环计算过程中。其中 wp_top、wp_bot、wp_lef、wp_rig 分别代表上下左右四个墙单元，而 tyy 与 txx 分别为两个方向围压的值，wlx 与 wly 分别为左右墙距与上下墙距，通过围压压力的值与作用宽度相乘，获得对应墙的伺服力的值，并将其施加于对应的墙上。

```
nsteps = 0
```

77

```
tol = 0.05
def halt():
    global nsteps
    nsteps = nsteps + 1
    s1 = abs((g('wsyy') - tyy)/tyy)
    s2 = abs((g('wsxx') - txx)/txx)
    it.command("[s3 = mech.solve( \ "ratio - average \ ")]")
    s3 = g('s3')
    print(nsteps, s1, s2, s3)
    if nsteps > 50000:
        s('stop_me', 1)
        return
    if s1 > tol or s2 > tol or s3 > 1e - 4:
        return
    s('stop_me', 1)
```

上述代码控制围压伺服过程的收敛条件，收敛容差设置为 5%。同时通过控制 ratio-average 参数来保证模型的正确性。ratio-average 代表所有球体的平均不平衡力与所有球体受到的平均力的比值（图 2.3-36）：

$$R_{avg} = \frac{\langle U_b \rangle_{b \in B}}{\langle F_b^* \rangle_{b \in B}} \tag{2.3-47}$$

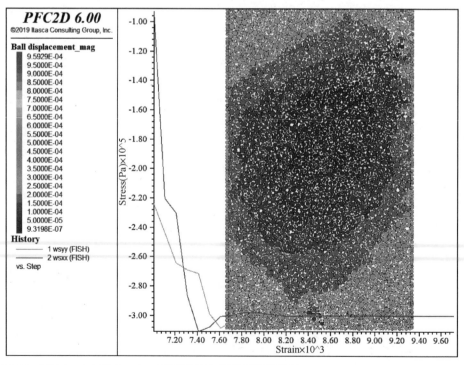

图 2.3-36　刚性墙伺服结果

柔性膜伺服：

柔性膜伺服则通过 Python 程序，在代表三轴试验中橡胶膜的球链上的球施加相应的外加力来实现（图 2.3-37）。

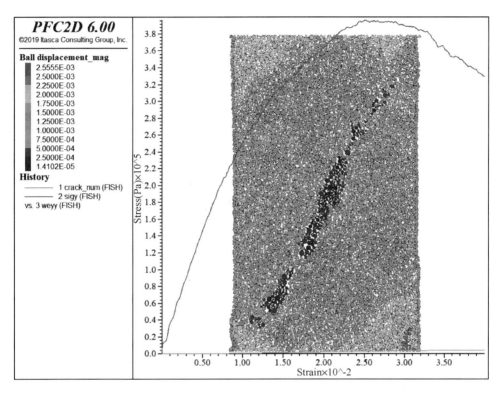

图 2.3-37　柔性模伺服与试验结果

```
def servo_walls_balls_new():
    for bp in it.ball.list():
        if bp.group() == 'ball_wall1' or bp.group() == 'ball_wall2':
            bp.set_vel((0.0, 0.0))
            for contact in bp.contacts():
                if contact.group() == 'in_ball_wall_boundary':
                    bp1 = contact.end1()
                    bp2 = contact.end2()
                    if bp1 == bp:
                        bp3 = bp2
                    if bp2 == bp:
                        bp3 = bp1
                    x1 = bp.pos_x()
                    y1 = bp.pos_y()
                    x2 = bp3.pos_x()
```

```
                      y2 = bp3. pos _ y()
                      vx = x2 − x1
                      vy = y2 − y1
                      dd = math. sqrt(vx * * 2 + vy * * 2)
                      vx = vx/dd
                      vy = vy/dd
                      aa = − 0. 5 * dd * vy * txx
                      bb = − 0. 5 * dd * vx * txx
                      sign = − np. sign(bp. pos _ x())
                      bp. set _ force _ app((sign * aa, sign * bb))
        it. set _ callback('servo _ walls _ balls _ new', 9. 0)
```

加载与记录过程:

加载过程模拟实际三轴的加载,通过给上下墙体施加一定的速度来实现,同时记录试样的竖向应变以及竖向应力,用于应力应变曲线的绘制。

应力的记录通过以下代码实现:

```
def stress():
        s('wsyy', 0. 5 * (wp _ bot. force _ contact _ y() − wp _ top. force _ contact _ y()  )/ wlx)
  s('wsxx', 0. 5 * (wp _ lef. force _ contact _ x() − wp _ rig. force _ contact _ x()  )/ wly)
```

应变的检测通过以下代码实现:

```
def mesure _ Wall():
      global wlx, wly
      wlx  = wp _ rig. pos _ x() − wp _ lef. pos _ x()
wly  = wp _ top. pos _ y() − wp _ bot. pos _ y()
```

模拟收敛通过以下代码控制:

```
nstep = 0
peak _ stress = 0. 0
peak _ fraction = 0. 7
def load _ halt():
      global nstep, peak _ stress, abs _ stress, sigy
      nstep = nstep + 1
      sigy = − 0. 5 * (wp _ bot. force _ contact _ y() − wp _ top. force _ contact _ y())/
lx0 + txx
      abs _ stress = abs(sigy)
      peak _ stress = max(abs _ stress, peak _ stress)
      s('weyy', 1 − (wp _ top. pos _ y() − wp _ bot. pos _ y())/ly0)
      s('sigy', sigy)
      if nstep > 1000:
          if abs _ stress < peak _ stress * peak _ fraction:
```

```
s('stop_me', 1)
print('abs_stress')
return
if 1-(wp_top.pos_y()-wp_bot.pos_y())/ly0 >0.15：
    s('stop_me', 1)
    print('strain')
    return
```

收敛控制包括两部分：① 当前应力值低于峰值的一定倍数时（设置为 0.7 倍）停止计算；② 当竖向应变超过 15％时停止计算。

（3）细观参数分析

PFC 中的细观参数决定着分析的结果，但细观参数所反映的材料宏观表现仍不明确。PFC 接触本构中的细观参数繁多，在参数意义不明确的前提下进行参数标定往往效率价低且具有一定的盲目性。因而本节在压实黄土干湿循环三轴试验结果参数标定与分析之前首先进行接触模型细观参数的宏观表现定量分析。本节的研究对象为压实黄土，选取的接触本构为线性接触粘结模型（Linear Contact Bond Model）。模型中的细观参数包括：

① 加载速率

宏观材料的强度变形特性与加载速率息息相关，在离散元颗粒流分析中亦是如此[48]。为尽量还原材料的实际物理力学性状，在颗粒流数值试验模拟过程中，选取恰当的加载速率是极为重要的，过大的加载速率会导致材料力学特性失真，而过慢的加载速率会导致计算代价无法接受。恰当的加载速率应能够保证试样在加载过程中处于准静态，并确保不会试样不会表现出异常力学行为。应注意的是，颗粒流模拟中的加载速率与实际试验过程中的加载速率不完全等同，因而直接将现实试验加载速率直接套用至颗粒流模拟中是不恰当的。Cho[49]在双轴试验过程中取 0.2m/s 作为加载速率，并验证了其合理性。王明芳[50]也将此加载速率作为参考。但由于材料性质的不同，合理的加载速率也不同，因而为准确进行颗粒流双轴试验模拟，本节进行了不同加载速率的效果分析，基于分析结果确定了恰当的加载速率。

② 刚度部分

控制颗粒间刚度的参数包括 kn、ks、$Emod$、$kratio$ 四个。其中 kn、ks 直接指定颗粒间的法向与切向刚度，而 $Emod$ 为等效模量，$kratio$ 为法向切向刚度比，kn、ks 与 $Emod$、$kratio$ 之间有确定的换算关系，$Emod$ 与 $kratio$ 由于能够考虑颗粒大小对刚度的影响，因而更为常用。

③ 强度部分

控制颗粒间强度的参数包括颗粒间摩擦系数 $fric$，颗粒间法向与切向强度（拉伸与剪切强度）cb_tens、cb_shears。

④ 粘结率

线性接触粘结模型可以在相邻的颗粒之间建立粘结绑定，绑定后的颗粒集团能够较好地模拟黄土中的团粒结构。但是土体中存在大量孔隙与裂隙，在程序中将颗粒完全绑定形成一个整体显然是不符合实际的。程序中只能通过指定临界间隙来进行颗粒绑定的控制，无法直接控制粘结比率。本节引入粘结率参数作为待标定的细观参数之一，用以描述土体内部的实际粘结状态并用于定量描述干湿循环过程。本节对粘结率的定义如下：

$$BR = \frac{N_b}{N_{ub}} \tag{2.3-48}$$

式中，N_b 为粘结接触总数；N_{ub} 为接触总数。

1) 加载速率

分析过程选取 0.1m/s，0.05 m/s，0.02 m/s，0.01 m/s，0.005 m/s 共 5 种不同加载速率。材料接触参数设定见表 2.3-11。

细观参数设置   表 2.3-11

细观参数	$Emod$（10^5kPa）	$Kratio$	Cb_tens（10^3kPa）	Cb_shears（10^3kPa）	$fric$
取值	5	3.0	2	2	0.6

图 2.3-38～图 2.3-42 为不同加载速度下，双轴试验的应力应变曲线结果。图 2.3-43 为不同加载速度相同围压下应力应变曲线的对比图。对比图 2.3-38～图 2.3-42 的应力应变曲线可以发现，当加载速率逐渐变小时，不同围压下应力应变曲线的形态更加接近实际试验结果。

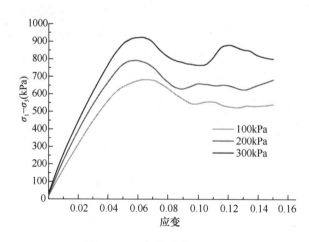

图 2.3-38　加载速率 0.1m/s

表 2.3-12 与图 2.3-44 为不同加载速率所得抗剪强度指标对比以及计算代价对比。从表 2.3-12 与图 2.3-44 的结果中可以看出，加载速率对双轴试验宏观强度指标结果的黏聚力部分有显著影响，而对内摩擦角部分影响较小。当加载速率小于 0.02m/s 时，继续降低加载速率对结果的影响较小，同时考虑到计算时间代价，本节将加下速率设定为 0.02m/s。在保证计算精度的前提下，尽量降低计算代价，提高计算效率。

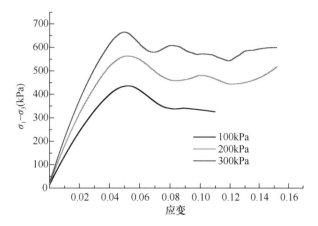

图 2.3-39　加载速率 0.05m/s

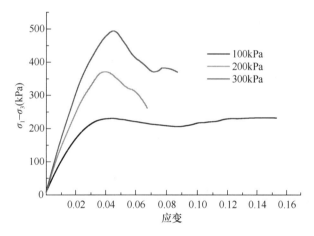

图 2.3-40　加载速率 0.02m/s

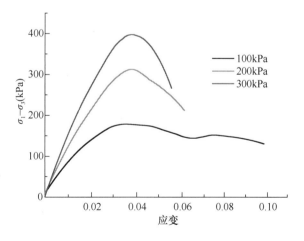

图 2.3-41　加载速率 0.01m/s

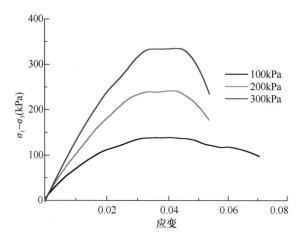

图 2.3-42　加载速率 0.005m/s

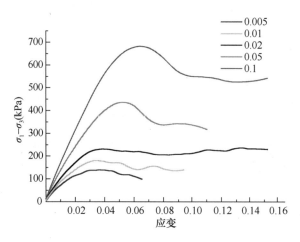

图 2.3-43　同一围压下不同加载速率的结果

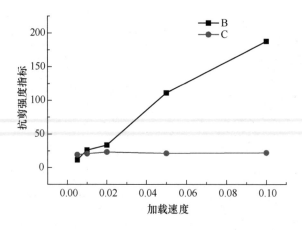

图 2.3-44　加载速率对抗剪强度指标的影响

加载速率（m/s）	0.1	0.05	0.02	0.01	0.005
黏聚力（kPa）	187.9	111.1	33.7	26.2	11.5
内摩擦角（°）	22.1	21.35	23.36	20.79	19.29
拟合相关系数 R_2	0.9996	0.9991	0.9997	0.9996	0.9992
PFC 计算时间（min）	11	19	29	59	128

不同加载速率下的抗剪强度指标与计算时间对比　表 2.3-12

2) 接触刚度

为研究颗粒流方法接触模型中接触刚度参数对材料宏观表现的影响，本节选取线性接触粘结模型中的等效模量 Emod 与模量比 kratio 刚度参数分别进行分析。在无侧限状态分别进行了不同干密度、粘结率条件下不同 Emod 与 kratio 取值条件下的双轴试验。

① 等效模量

将土样干密度固定为 1.7g/cm³，将拉伸与剪切强度均固定为 500kPa，摩擦系数固定位 0 粘结率设置为 100%。围压设置为 0kPa，即处于无侧限条件。将 kratio 固定为 3.0，并变化等效模量 Emod 的值为 200kPa，300kPa，400kPa，500kPa。完成双轴试验模拟后，记录结果数据（图 2.3-45），并对应力应变曲线的线性部分进行数据拟合，得出的斜率即为实际的材料宏观模量。同时将材料宏观模量与细观等效模量参数 Emod 进行比较（表 2.3-13、图 2.3-46），发现 Emod 会显著影响材料的宏观模量，且两者之间存在确定的线性关系，但 Emod 的值对材料的峰值强度没有影响。

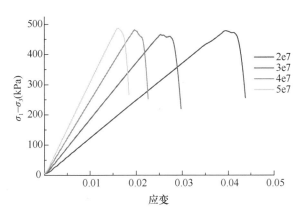

图 2.3-45　不同 Emod 参数的双轴试验应力应变曲线

细观参数 Emod（10^5 kPa）	2	3	4	5
宏观模量（10^5 kPa）	1.23	1.86	2.48	3.09

Emod 与对应的材料宏观模量　表 2.3-13

当粘结率为 100% 时，Emod 与材料宏观模量之间表现出了明确的线性关系，这是由于土体的数值试样被粘结为了一个整体，在发生连续破坏之前变形模式较为单一。下面将考虑不同粘结率条件下，Emod 与材料宏观模量之间的关系。

在上述粘结率设置为 100% 的基础上，增加了 80% 与 40% 两种粘结率条件下不同

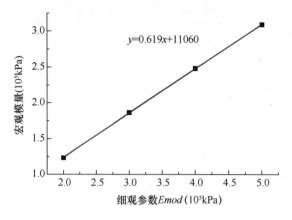

图 2.3-46　$Emod$ 与材料宏观模量之间的关系

$Emod$ 值的数值试验来进行对比分析。模拟结果应力应变曲线见图 2.3-47、图 2.3-48。宏观强度参数结果见表 2.3-14 与图 2.3-49。

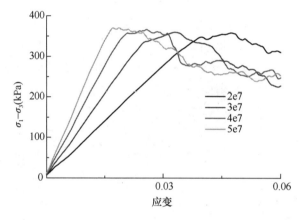

图 2.3-47　粘结率 80％时不同 $Emod$ 的双轴试验结果

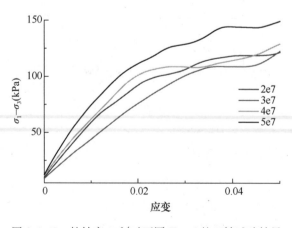

图 2.3-48　粘结率 40％时不同 $Emod$ 的双轴试验结果

Emod 与对应的材料宏观模量　　　　　　　　　　　　　　　　表 2.3-14

细观参数 Emod（10^5 kPa）	2	3	4	5
宏观模量（80%）（10^5 kPa）	0.9096	1.339	1.751	2.219
宏观模量（40%）（10^5 kPa）	0.310	0.383	0.453	0.543

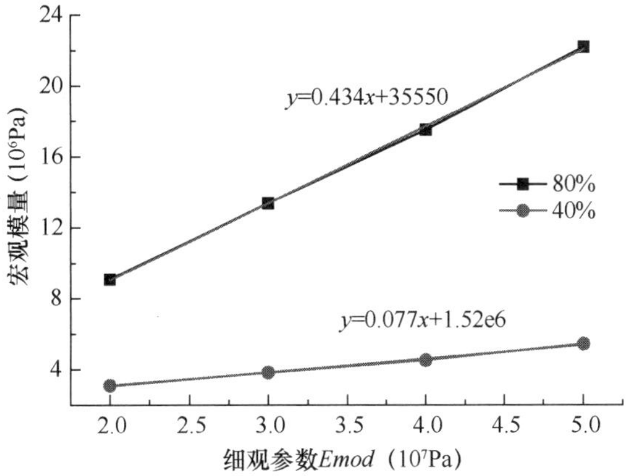

图 2.3-49　不同粘结率下 Emod 与材料宏观模量之间的关系

对比 100%、80%、40% 粘结率的试验结果可以发现，宏观模量均会随着细观参数 Emod 的增加而线性增加，但不同的是，当粘结率降低时，Emod 对宏观模量的影响逐渐减弱，且宏观模量的大小也会随粘结率而降低。这是由于随着粘结率的降低，土颗粒之间相对错动导致的变形占总变形量的相对密度逐渐提高。同时由于控制粘结率的随机性，应力应变曲线逐渐体现出一定的离散性。此外还能够发现，当粘结率降低时，应力应变曲线逐渐从应变软化型向应变硬化型，这与土体干密度降低时应力应变曲线的规律一致。当粘结率较高时，由于峰值强度的存在，Emod 值对材料的强度影响不大，但当材料转化为应变硬化型时，Emod 值则会对材料的强度产生显著的影响

② 法向切向刚度比 Kratio

法向、切向刚度比 Kratio 定义为 Kn 与 Ks 之间的比值即 Kratio＝Kn/Ks。

根据图 2.3-50 与表 2.3-15 可以看出，相对于 Emod 值，Kratio 值对材料宏观模量的影响较小，事实上 Kratio 的值主要影响材料的泊松比[51]，与本节研究内容无关，因此在后续研究中，Kratio 的值将固定至 3.0。

Emod 与对应的材料宏观模量　　　　　　　　　　　　　　　　表 2.3-15

细观参数 Emod（10^5 kPa）	1.0	2.0	3.0	4.0
宏观模量（80%）（10^5 kPa）	3.982	3.419	3.107	2.903

3）接触强度

接触强度参数包括法强抗拉强度参数 cb_tens 与切向抗剪强度参数 cb_shears。在其他条件不变的情况下，考虑了等比例改变 cb_tens 与 cb_shears 的值，以及保持 cb_tens 不变，改变 cb_shears 的值（即改变抗拉抗剪强度比）两种情况下的双轴试验，对双轴试

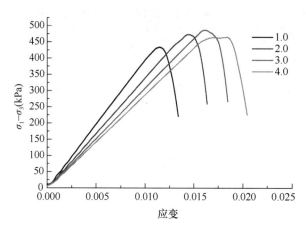

图 2.3-50　不同 *Kratio* 值的应力应变曲线

验结果进行分析，以探明粘结强度参数对材料宏观性质的影响。

等比例改变：

设置 *cb_tens* 与 *cb_shears* 均为 500kPa、400kPa、300kPa、200kPa。双轴试验结果应力应变曲线见图 2.3-51。对应的峰值强度以及拟合曲线见表 2.3-16 与图 2.3-52。可以看出，细观粘结强度参数与宏观峰值强度存在明确的线性关系，同时可以看出，细观粘结强度的取值对材料的切线模量没有影响，因而在刚度参数的拟合过程中可以不考虑粘结强度参数的影响。

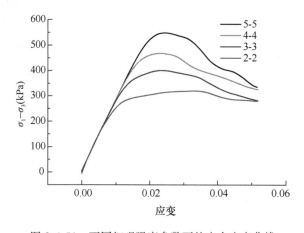

图 2.3-51　不同细观强度参数下的应力应变曲线

Emod 与对应的材料宏观模量 　　　　表 2.3-16

强度组合	5-5	4-4	3-3	2-2
宏观峰值强度（kPa）	548.4	468.0	400.6	319.7

需要注意的是，图 2.3-52 所示的细观强度参数与宏观峰值强度之间的线性关系是在其他参数固定的前提下得到的，因而拟合结果仅作为标定过程的参考，无法直接通过宏观峰值强度获得细观强度参数。

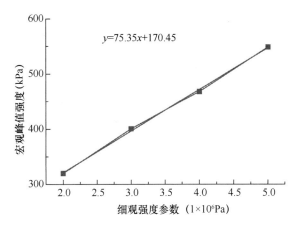

图 2.3-52　细观强度参数与宏观峰值强度关系

相对值：

分两种情况：① 将粘结抗拉强度参数 cb_tens 固定在 500kPa，将 cb_shears 在 500、400、300、200kPa 间变化；② 将粘结抗拉强度参数 cb_shears 固定在 500kPa，将 cb_tens 在 500、400、300、200kPa 间变化。数值双轴试验结果见图 2.3-53、图 2.3-54。

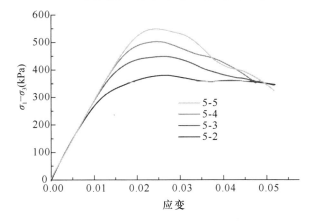

图 2.3-53　粘结抗剪强度改变

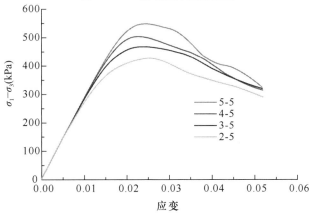

图 2.3-54　粘结抗拉强度改变

可以看出细观粘结抗剪强度 cb_shears 对宏观峰值强度的影响远大于细观粘结抗拉强度 cb_tens，这是由于在数值试样的破坏过程中，多数粘结的破坏都是剪切破坏。当保持粘结抗拉强度不变而改变粘结抗剪强度时，宏观残余强度变化不大，而改变粘结抗拉强度的情况则无此现象。

经分析可知，粘结强度参数等比例改变以及相对变化对材料宏观切线模量影响均很小。并且在 cb_shears 与 cb_tens 的组合中，cb_shears 起主要作用，因而为简化分析过程，后续标定过程将假定 cb_shears 与 cb_tens 相等。

4）摩擦系数

微观系数中的摩擦系数与宏观材料的摩擦系数不完全等同，因为本节在数值模型的建模过程中选用了球（ball）模型，因而数值模型的机械咬合作用将低于实际情况，因而后续标定出的摩擦系数为将包括材料摩擦强度以及机械咬合作用，从而可能导致摩擦系数较大甚至大于1。同时本节在粘结率的实现过程中，将粘结距离（gap）参数设置较大，导致模型中球体的间距偏大，这也会导致摩擦系数的提高。

图 2.3-55～图 2.3-58 为不同摩擦系数 $fric$ 下的应力应变曲线，可以看出，$fric$ 的值对应力应变曲线的起始部分影响不大，而对后续部分的形态有一定程度的影响，这是由于，在接触粘结模型中，当颗粒间的粘结断裂时摩擦系数才会开始起作用，因而起始部分变化不大，但在破裂的接触逐渐增多后，$fric$ 的作用才慢慢体现。

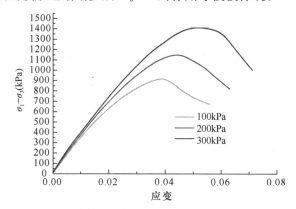

图 2.3-55　摩擦系数 $fric=0.8$

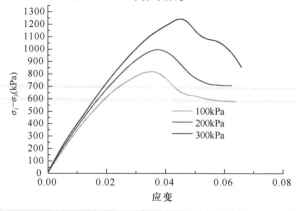

图 2.3-56　摩擦系数 $fric=0.6$

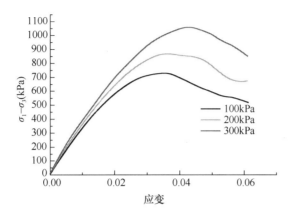

图 2.3-57　摩擦系数 $fric=0.4$

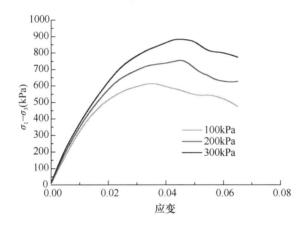

图 2.3-58　摩擦系数 $fric=0.2$

表 2.3-17 与图 2.3-59、图 2.3-60 为 $fric$ 值对宏观黏聚力与内摩擦角的影响。可以明显看出，$fric$ 值直接决定了内摩擦角的大小，而对黏聚力的影响可以忽略。

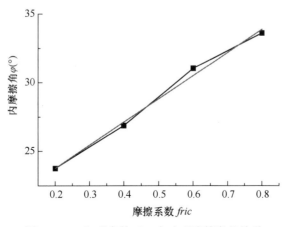

图 2.3-59　细观参数 $fric$ 与宏观摩擦角的关系

不同摩擦系数下的宏观强度参数对比			表 2.3-17	
粘结率	0.2	0.4	0.6	0.8
黏聚力（kPa）	166.8	170.6	167.9	177.4
内摩擦角（°）	23.76	26.88	31.04	33.62

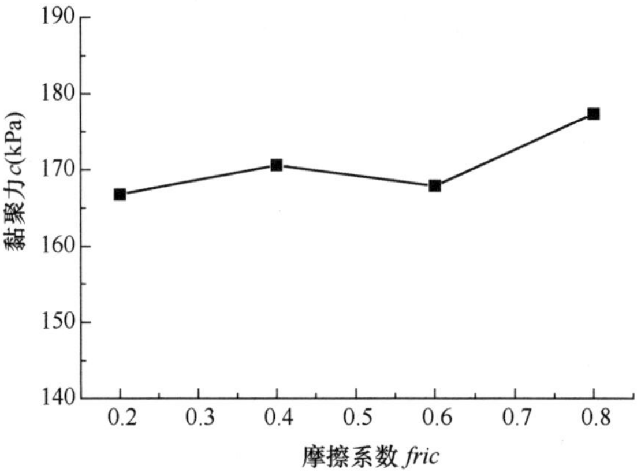

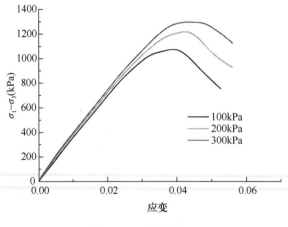

图 2.3-60　细观参数 $fric$ 与宏观黏聚力的关系

5）粘结率

本节引入粘结率的概念来描述干湿循环过程中，孔隙结构发育与水对胶结物质的稀释作用导致的粘结强度减弱。在标定之前，先进行粘结率对材料宏观力学行为表现的影响：

此部分设置粘结率为 1.0、0.8、0.6、0.4、0.2 共 5 种情况进行数值双轴试验。结果应力应变曲线见图 2.3-61～图 2.3-65，图 2.3-66 为同一围压下不同粘结率的应力应变曲线对比图。表 2.3-18 与图 2.3-67、图 2.3-68 为不同粘结率下的宏观强度参数值。

图 2.3-61　粘结率 1.0

从图 2.3-61～图 2.3-66 可以看出，粘结率对高围压下的应力应变曲线影响较小，对低围压下的应力应变曲线影响明显，当粘结率降低时低围压下的应力应变曲线有明显得转

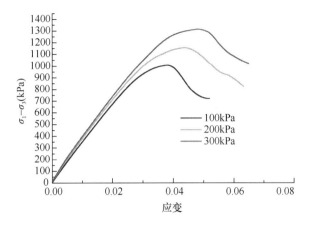

图 2.3-62 粘结率 0.8

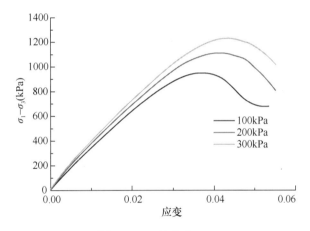

图 2.3-63 粘结率 0.6

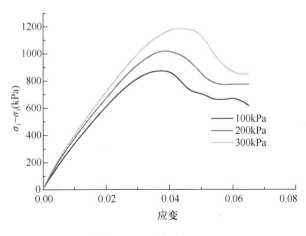

图 2.3-64 粘结率 0.4

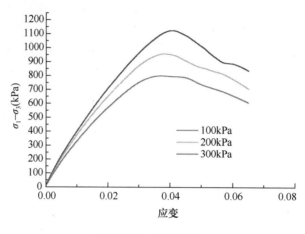

图 2.3-65   粘结率 0.2

变为应变硬化型的趋势，这是由于当粘结强度不变时粘结率控制着材料的峰值强度，当粘结率降低时峰值强度降低，摩擦强度占比增大，因而应力应变曲线形态发生了转变。同时当围压增加时，摩擦强度在总强度之中的占比增加，因而粘结率的影响相应减弱。表 2.3-18 与图 2.3-67、图 2.3-68 可以看出粘结率对材料的宏观黏聚力有显著影响，而对内摩擦角的影响可以忽略。

不同粘结率下的宏观强度参数对比   表 2.3-18

粘结率	0.2	0.4	0.6	0.8	1.0
黏聚力（kPa）	196.4	223.0	262.4	267.7	312.4
内摩擦角（°）	26.61	26	24.44	25.72	24.16

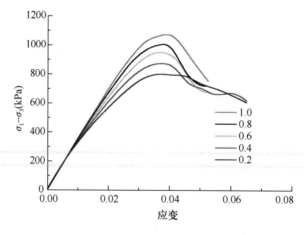

图 2.3-66   不同粘结率下应力应变曲线对比

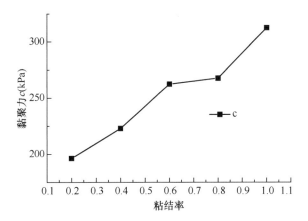

图 2.3-67　粘结率对宏观黏聚力的影响

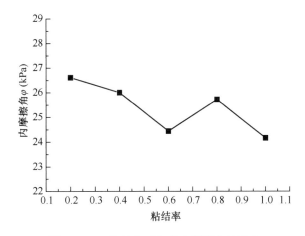

图 2.3-68　粘结率对宏观内摩擦角的影响

6）细观参数的宏观意义

根据上述细观参数的分析，可以将细观接触参数与宏观强度参数之间的关系总结如下：

① 加载速度的选择影响模拟结果的准确性与计算的经济性，过大的加载速度会导致错误的应力应变曲线形态并夸大峰值强度的大小，过小的加载速度则导致计算时间难以接受，综合考虑后本节选择加载速度为 $0.02\mathrm{m/s}$。

② 法向与切向刚度比 $Kratio$ 影响材料的泊松比，对本节研究影响不大，因而在分析过程中将其固定为 3.0。

③ 粘结强度参数等比例改变以及相对变化对材料宏观切线模量影响均很小。并且在 cb_shears 与 cb_tens 的组合中，cb_shears 起主要作用，因而为简化分析过程，后续标定过程将假定 cb_shears 与 cb_tens 相等。

④ 对于应变软化型应力应变曲线（在应变 15% 前达到了峰值强度）而言，粘结强度与粘结率共同决定了强度取值。而对于应变硬化型（应变 15% 前无峰值，强度取为 15%

应变时的应力）时，粘结强度、粘结率、摩擦系数以及接触刚度模量共同决定了应力应变曲线的形式，从而决定了材料的强度。

⑤ 本章 2.3.1 节完成的干湿循环作用下压实黄土三轴试验中的绝大部分应力应变曲线为应变硬化型，因而粘结强度、粘结率、摩擦系数与接触刚度模量将均作为待标定参数参与分析过程。

（4）干湿循环试验结果参数标定

根据前节分析结果需要标定的接触模型参数包括：等效模量 $Emod$，粘结剪切强度 cb_shears、摩擦系数 $fric$ 以及本节提出的粘结率参数 BR。参数标定过程如下：

① 首先对未受干湿循环过程的三轴数据进行标定，此阶段假定粘结率为 $BR=100\%$。通过数值无侧限试验标定材料的细观接触强度 cb_shears。此时得到了 4 种干密度条件下压实黄土样的 4 个 cb_shears 值，即为四种干密度土体的初始粘结强度值。

② 保持初始粘结强度值不变，基于不同干湿循环条件下的宏观黏聚力参数，通过数值无侧限试验，标定粘结率参数。在本步骤，每一种干湿循环情况将得到一个粘结率参数。

③ 基于 2.3.1 节所得三轴试验应力应变曲线的线性部分，进行 $Emod$ 参数的标定（对于低干密度试样没有线性部分的情况，取初始段的切线进行标定），该步骤每条应力应变曲线将得出一个 $Emod$ 值。

以上三部标定步骤均只涉及一个参数，因而基于试错法完成。然后进行不同三轴应力应变曲线的 cb_shears 与 $fric$ 两个的标定，两个值对应力应变曲线会产生相互影响，无法进行标定，因而最后一步标定步骤本节将引入单纯形搜索法进行最优化求解，过程中以 cb_shears 与 $fric$ 为变量，以数值双轴试验所得应力应变曲线与对应的三轴应力应变曲线之间的偏离程度为目标函数进行求解。

1）单纯形搜索法

单纯形搜索法是一种求解无约束问题最优化的直接方法，这种方法不需要建立数学模型，仅靠输入与输出就能直接进行优化求解，因此对于彼此交互影响，却无法准确得知其对内部作用关系的黑箱系统非常适用。

所谓单纯形是指 n 维空间 R^n 中，具有 $n+1$ 个顶点的凸多面体，亦即 n 维空间中最简单的图形。单纯形搜索法就是在此图形顶点上通过对函数值的比较，寻找目标函数最优下降方向，沿着此方向通过反射、扩展、压缩来移动变化顶点，构造新的单纯形进行寻优搜索，使考察指标逐步收敛至目标函数值附近，此状态对应的最佳点坐标即为优化问题的最优解。

在平面上取不共线的三点 $X^{(1)}$、$X^{(2)}$、$X^{(3)}$，构成初始单纯形。计算三个顶点的目标函数值并比较大小。确定出三者中函数值最大者 $f(X^{(h)})$，其对应的顶点为 $X^{(h)}$；函数值次大者 $f(X^{(g)})$，对应着顶点 $X^{(g)}$；函数值最小者 $f(X^{(l)})$，对应的顶点为 $X^{(l)}$。

计算出除最大点 $X^{(h)}$ 外其余点的重心 $\bar{x}=\dfrac{1}{n}\left(\sum_{i=1}^{n+1}x^{(i)}-x^{(h)}\right)$，明显可看出从点 $X^{(h)}$ 到点 $\bar{x}$，目标函数值是下降的，因此，$X^{(h)}$ 和 $\bar{x}$ 连线方向即为目标函数下降搜索方向。沿

着 $X^{(h)}$ 和 $\overline{x}$ 延长线方向取点 $X^{(4)}$，使得 $X^{(4)}=\overline{x}+\alpha(\overline{x}-x^{(h)})$，其中 $\alpha>0$ 被称为反射系数，一般反射系数取值为 1，然后计算反射点的函数值 $f(X^{(4)})$。

根据反射点的函数值 $f(X^{(4)})$ 的大小分为三种优化搜索情况：

① 若 $f(X^{(4)})<f(X^{(1)})$，则方向 $\vec{d}=X^{(4)}-\overline{x}$ 对于函数值的减小有利，则在此方向上进行扩展。取扩展点 $X^{(5)}=\overline{x}+\gamma(x^{(4)}-\overline{x})$，其中 $\gamma>1$ 称为扩展系数。如果 $f(X^{(5)})<f(X^{(1)})$，则表明扩大方向正确，那么用 $X^{(5)}$ 替换 $X^{(h)}$ 构造成新的单纯形；如果 $f(X^{(5)})\geqslant f(X^{(1)})$，则表明扩大失败，用 $X^{(4)}$ 替换 $X^{(h)}$ 构造成新的单纯形，并进行函数值的收敛判定。

② 若 $f(X^{(1)})\leqslant f(X^{(4)})\leqslant f(X^{(g)})$，则用 $X^{(4)}$ 替换 $X^{(h)}$ 构造成新的单纯形判定收敛。

③ 若 $f(X^{(4)})>f(X^{(g)})$，即反射点的函数值大于次高点处函数值，则进行压缩。为此在 $X^{(4)}$ 和 $X^{(h)}$ 中选择函数值最小的点，令 $f(X^{(h')})=\min\{f(x^{(h)}),f(x^{(4)})\}$，其中 $X^{(h')}\in\{X^{(h)},X^{(4)}\}$。取压缩点 $X^{(6)}=\overline{x}+\beta(x^{(h')}-\overline{x})$，其中 $0<\beta<1$ 称为压缩系数。如果 $f(X^{(6)})\leqslant f(X^{(h')})$，则表明压缩方向正确，用 $X^{(6)}$ 替换 $X^{(h)}$ 形成新的单纯形；如果 $f(X^{(6)})>f(X^{(h')})$，则继续压缩，保持最低点 $X^{(1)}$ 不动，其余点均向 $X^{(1)}$ 移动一般距离，即 $X^{(i)}=X^{(i)}+\dfrac{1}{2}(X^{(1)}-X^{(i)})$，$i=1,2\cdots n+1$。

如果 $\left(\dfrac{1}{n+1}\displaystyle\sum_{i=1}^{n+1}(f(X^{(i)})-f(X^{(1)}))^2\right)^{1/2}<\varepsilon$，则目标函数收敛，否则重新取点进行反射、扩展、压缩计算。其中 $\varepsilon>0$ 为给定的允许误差。取收敛时的坐标为最优值 $X^*=X^{(1)}$，至此计算结束。图 2.3-69 给出了单纯形搜索法优化求解的过程，可以看出得到的新单纯形中必有一个顶点其函数值小于或等于原单纯形各顶点对应的函数值。

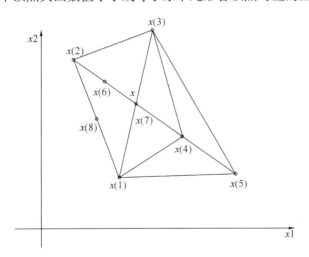

图 2.3-69　单纯形搜索法优化过程

对于本节的参数标定研究而言，目标函数为 PFC 数值模拟所得应力—应变曲线与实际试验应力—应变曲线之间的差值，该差值可通过两曲线所夹面积确定或通过有限个 x 值对应两曲线的 y 值差值之和定义，本节取后者作为目标函数的定义，即：

$$f(cb\_shears, fric) = \sum(y_{\text{sim}}(x_i) - y_{\text{test}}(x_i)) \qquad (2.3\text{-}49)$$

式中，f（cb_shears，$fric$）即为目标函数；y_{sim}（x_i）为模拟所得应力应变曲线横坐标取 x_i（应变为 x_i）时的 y 坐标值（对应的应力值），y_{sim}（x_i）为与之对应的模拟结果情况。对于任意一个（cb_shears，$fric$）的取值组合即可通过一次离散元数值模拟得到一个目标函数值。通过单纯形搜索法迭代，使目标函数值小于一定临界值，即认为标定完成。

2）参数标定结果

图 2.3-70 为参数标定结果的应力应变曲线与实际试验结果的对比，试验结果数据取自 2.3.1 节干湿循环三轴试验中的干密度组。可以看出，标定结果基本能够准确反映实际试验结果应力应变曲线的趋势与强度取值。但同时也应注意到较高干密度的标定结果明显较低干密度组差，干密度越高这种现象越明显。

① 粘结率（BR）标定结果

表 2.3-19 与图 2.3-71 为粘结率 BR 的标定结果，由于 BR 的定义，干湿循环为 0 次（即未经历干湿循环时）土样的 BR 均为 100%，而经历干湿循环影响后 BR 均有不同程度的折减。随着干湿循环次数的增加，BR 不断折减且逐渐趋于稳定。干密度越小 BR 的折减效果越明显，且可以明显看出其中干密度为 1.4g/cm^3 的土样的折减程度最高，而其余三种干密度土样的结果则相近，这说明干密度越高，干湿循环对土样粘结特性的破坏越小，且存在一个临界干密度，大于此干密度时，提升干密度不会继续提高这种抵抗作用。

	BR 标定结果			表 2.3-19
干湿循环次数	干密度（g/cm³）			
	1.4	1.5	1.6	1.7
0	100%	100%	100%	100%
1	74.42%	79.29%	99.41%	95.57%
3	57.90%	78.54%	76.66%	89.36%
6	43.68%	77.05%	77.93%	85.73%
9	46.16%	73.77%	85.73%	79.38%
12	47.90%	66.36%	71.10%	70.50%

② 等效模量（$Emod$）标定结果

表 2.3-20～表 2.3-23 与图 2.3-72 为等效模量 $Emod$ 的标定结果。可以看出由于土体的压密特性，不同干密度土体之间，干密度大小与 $Emod$ 成正相关，干密度越大 $Emod$ 越大，而相同干密度下围压越大，$Emod$ 亦越大。随着干湿循环次数的增大，不同干密度条件下土体的 $Emod$ 逐渐折减，除干密度 1.4g/cm^3 土样在围压 300kPa 时的标定结果异常外，其他情况下的标定结果变化均有较强的规律性。

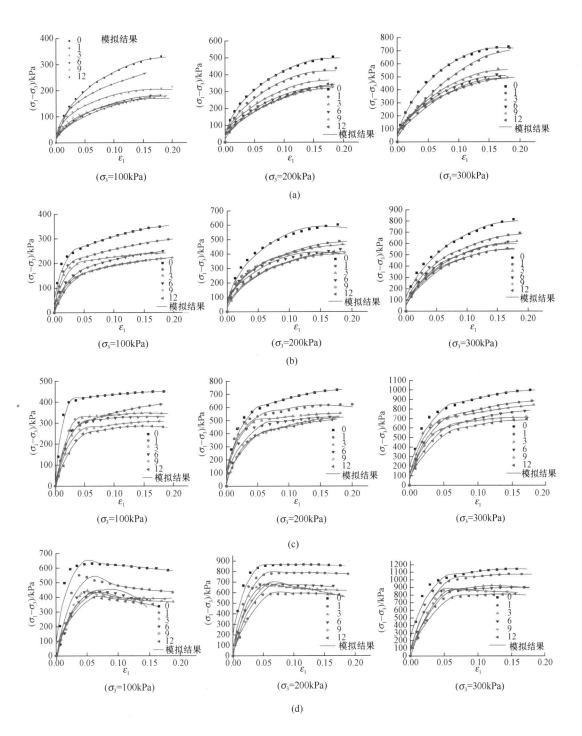

图 2.3-70　不同干密度条件下干湿循环土样应力-应变曲线

（a）$\rho=1.4\mathrm{g/cm^3}$；（b）$\rho=1.5\mathrm{g/cm^3}$；（c）$\rho=1.6\mathrm{g/cm^3}$；（d）$\rho=1.7\mathrm{g/cm^3}$

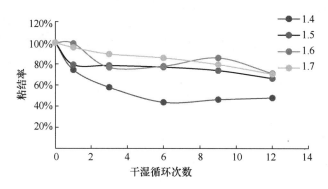

图 2.3-71　粘结率标定结果

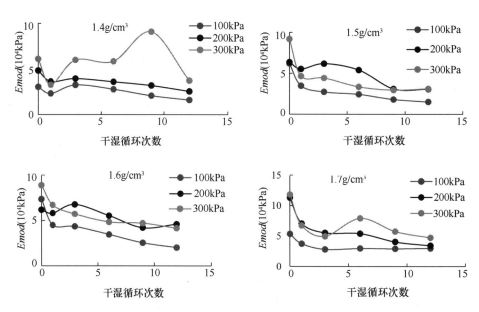

图 2.3-72　等效模量 *Emod* 标定结果

1. 4g/cm³ 压实黄土等效模量 *Emod* 标定结果（单位：10⁴ kPa）　　　　表 2. 3-20

干湿循环次数	围压		
	100kPa	200kPa	300kPa
0	2.42	3.86	4.87
1	1.85	2.89	2.61
3	2.59	3.14	4.78
6	2.22	2.86	4.67
9	1.66	2.54	7.26
12	1.28	2.04	2.97

1.5g/cm³ 压实黄土等效模量 *Emod* 标定结果（单位：10^4kPa） 表 2.3-21

干湿循环次数	围压		
	100kPa	200kPa	300kPa
0	4.96	5.09	7.36
1	2.77	4.42	3.72
3	2.18	4.94	3.53
6	1.95	4.32	2.68
9	1.45	2.48	2.37
12	1.21	2.46	2.50

1.6g/cm³ 压实黄土等效模量 *Emod* 标定结果（单位：10^4kPa） 表 2.3-22

干湿循环次数	围压		
	100kPa	200kPa	300kPa
0	5.89	4.95	7.12
1	3.60	4.65	5.38
3	3.47	5.43	4.58
6	2.77	4.43	3.87
9	2.04	3.36	3.76
12	1.62	3.67	3.32

1.7g/cm³ 压实黄土等效模量 *Emod* 标定结果（单位：10^4kPa） 表 2.3-23

干湿循环次数	围压		
	100kPa	200kPa	300kPa
0	5.33	11.3	11.8
1	3.73	7.02	6.72
3	2.80	5.51	4.95
6	2.95	5.39	7.89
9	2.90	4.02	5.72
12	2.98	3.41	4.70

③ 粘结强度 *cb_shears* 标定结果

表 2.3-24～表 2.3-27 与图 2.3-73 为粘结强度 *cb_shears* 标定结果可以明显看出随着干湿循环次数的增加，*cb_shears* 不断降低，体现出了与宏观黏聚力类似的规律。但同时注意到粘结强度 *cb_shears* 与围压也成正相关，这是由于数值模拟过程中的加载速率有

关，较快的加载速度会削弱摩擦系数 $fric$ 对试样强度的贡献，因而摩擦强度的一部分就由 cb_shears 提供，但为使计算时间在可接受范围内，本节选取了较快的加载速率，因而造成了这种现象。

1.4g/cm³ 压实黄土 cb_shears 值标定结果（单位：10^2 kPa）　　表 2.3-24

干湿循环次数	围压		
	100kPa	200kPa	300kPa
0	2.18	4.03	7.70
1	1.80	3.74	6.32
3	0.853	2.40	4.34
6	0.477	2.30	3.63
9	0.483	2.26	4.44
12	0.467	2.15	4.39

1.5g/cm³ 压实黄土 cb_shears 值标定结果（单位：10^2 kPa）　　表 2.3-25

干湿循环次数	围压		
	100kPa	200kPa	300kPa
0	2.65	5.74	7.76
1	1.81	3.48	6.40
3	1.03	3.44	5.05
6	1.06	2.88	5.52
9	0.858	2.72	5.03
12	0.721	3.05	4.35

1.6g/cm³ 压实黄土 cb_shears 值标定结果（单位：10^2 kPa）　　表 2.3-26

干湿循环次数	围压		
	100kPa	200kPa	300kPa
0	3.11	7.74	11.0
1	3.05	6.08	8.99
3	2.05	5.13	7.55
6	1.90	4.23	6.44
9	2.27	3.58	5.95
12	1.52	3.69	5.73

1.7g/cm³ 压实黄土 *cb_shears* 值标定结果（单位：10^2 kPa）　表 2.3-27

干湿循环次数	围压		
	100kPa	200kPa	300kPa
0	5.98	8.95	10.8
1	4.41	7.76	9.78
3	3.89	6.45	8.96
6	3.69	6.61	8.07
9	3.68	6.20	8.98
12	2.82	5.97	8.21

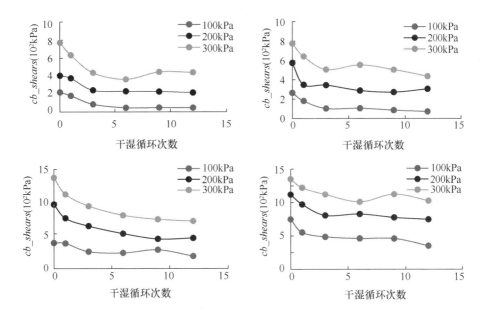

图 2.3-73　粘结强度 *cb_shears* 标定结果

④ 摩擦系数 *fric* 标定结果

表 2.3-28～表 2.3-31 与图 2.3-74 为摩擦系数 *fric* 标定结果，与前面三个参数的标定结果相比，摩擦系数的结果相对而言规律性不大。一方面这是由于宏观内摩擦角的变化相对黏聚力而言受干湿循环的影响较小，其次较快的加载速率导致 *fric* 参数对强度的贡献减弱也是原因之一。

1.4g/cm³ 压实黄土 *fric* 值标定结果　表 2.3-28

干湿循环次数	围压		
	100kPa	200kPa	300kPa
0	0.570	0.520	0.509
1	0.566	0.577	0.577

干湿循环次数	围压		
	100kPa	200kPa	300kPa
3	0.517	0.479	0.489
6	0.505	0.565	0.551
9	0.485	0.428	0.449
12	0.491	0.555	0.438

1.5g/cm³ 压实黄土 $fric$ 值标定结果　　　　　表 2.3-29

干湿循环次数	围压		
	100kPa	200kPa	300kPa
0	0.659	0.715	0.637
1	0.602	0.680	0.659
3	0.585	0.591	0.554
6	0.585	0.551	0.590
9	0.564	0.513	0.489
12	0.564	0.618	0.632

1.6g/cm³ 压实黄土 $fric$ 值标定结果　　　　　表 2.3-30

干湿循环次数	围压		
	100kPa	200kPa	300kPa
0	0.836	0.790	0.905
1	0.788	0.690	0.861
3	0.783	0.817	0.841
6	0.756	0.653	0.657
9	0.725	0.819	0.705
12	0.717	0.611	0.717

1.7g/cm³ 压实黄土 $fric$ 值标定结果　　　　　表 2.3-31

干湿循环次数	围压		
	100kPa	200kPa	300kPa
0	0.896	0.837	0.782
1	0.875	0.856	0.944
3	0.823	0.763	0.842
6	0.823	0.704	0.795
9	0.813	0.867	0.816
12	0.776	0.806	0.751

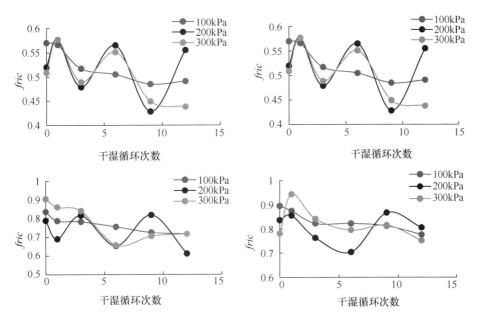

图 2.3-74　摩擦系数 $fric$ 标定结果

（5）边坡稳定性分析—基于离散元法

基于前节所得出的参数标定结果，通过 PFC 边坡建模进行不同干湿循环次数下的边坡稳定性分析，借助离散元强度折减法获得边坡的安全系数。

1）失稳判别准则

在边坡稳定性分析数值方法中，最为关键也是争议最大的问题之一就是失稳的判别准则，如何判断数值模拟确定边坡失稳，一直是困扰数值模拟的问题，不同的判别准则会导致计算出不同的安全系数结果，数值分析的这种不确定性是限值其实际应用推广的最主要原因。以有限元法为例，现有的边坡失稳判别准则主要包括以下三种[52,53]：

① 静力平衡迭代计算不收敛作为失稳判别准则；

② 以边坡的塑性区贯穿作为失稳判别依据；

③ 以边坡坡肩位置位移曲线的拐点位置作为失稳临界点。

张鲁渝、郑颖人等[54]认为塑性区贯通不是边坡失稳的充分条件，而在某些情况下，边坡坡肩位移曲线不一定存在明显拐点，因而建议以静力平衡迭代不收敛作为失稳的判别依据。但由于离散元基于差分法求解的特性，并不存在严格意义上的迭代不收敛，因而该判别依据并不适用于离散元边坡稳定性分析。本节以离散元颗粒流的特点，采用综合判断分析方法，以位移作以及最大不平衡力为判断失稳的依据。具体为以下两者满足其一即认为边坡失稳[55]：

① 当颗粒发生明显位移时，以累计位移作为边坡失稳的破坏标准；

② 当颗粒无明显位移时，以颗粒的最大不平衡力/平均不平衡力小于 10，并且平均不平衡力小于 10^{-1}N 作为边坡稳定计算的结束标准。

2）模型建立

　　模型的建立主要分为墙体导入、颗粒生成、删除多余墙体、地应力平衡四个步骤完成。如图 2.3-75～图 2.3-78 所示为四个步骤的完成图。此处边坡模型与 2.3.1 节 "（3）干湿循环影响下边坡稳定性分析"中模型尺寸相同，具体尺寸见图 2.3-22。边坡共生成颗粒 34856 个。

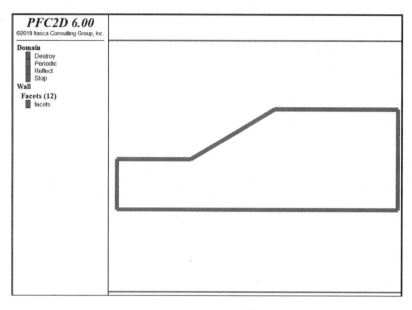

图 2.3-75　导入墙体

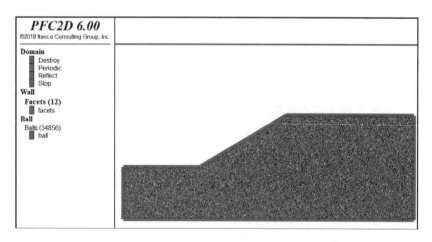

图 2.3-76　填充颗粒

　　模型的接触本构以 2.3.2 节 "（4）干湿循环试验结果参数标定"中的标定结果为依据，出于简化目的，选取其中干密度为 1.6g/cm³ 的数据输入，各项指标取三种围压下取值的平均。其中等效模量对边坡稳定的影响较小，因而不考虑其变化，在分析中取为 5e7MPa，其他参数的取值以不同围压标定结果的均值为准。将不同干湿循环次数下的标定结果代入模型进行边坡稳定性分析，即可获得干湿循环过程对边坡稳定影响的离散元分

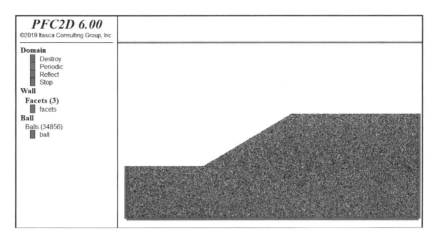

图 2.3-77　删除部分墙体

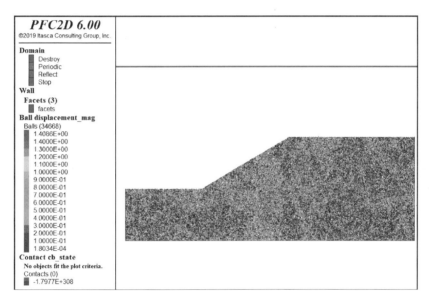

图 2.3-78　地应力平衡

析结果。

3）结果与分析

采用强度折减法完成了 0、1、3、6、9、12 次干湿循环后的离散元边坡稳定性分析。不同干湿循环次数后边坡的失稳模式类似，仅在安全系数上有所不同，以干湿循环 1 次后的边坡失稳结果为例，如图 2.3-79、图 2.3-80 为边坡失稳时的颗粒位移云图与整体的变形趋势图。

图 2.3-81 为不同干湿循环次数下边坡安全系数变化的离散元分析结果，以及 2.3.1 节 "（3）干湿循环影响下边坡稳定性分析" 中有限元分析结果的对比图，可以看出，两种方法的分析结果具有一定的差别，在曲线后半段尤为如此。这是由于在离散元边坡稳定性

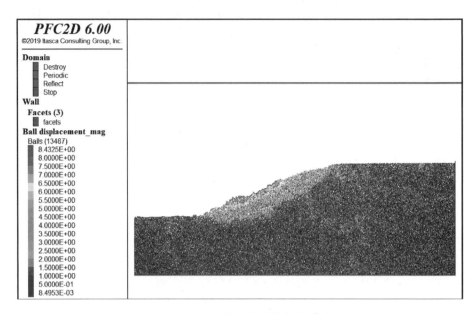

图 2.3-79　边坡失稳球体位移云图

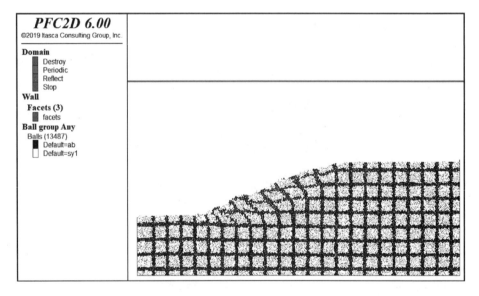

图 2.3-80　边坡失稳变形趋势图

分析中出于简化将材料参数赋予了模型整体，而有限元分析中则基于边坡渗透分析对不同单元分别进行材料参数赋予。离散元边坡稳定性分析的简化夸大了干湿循环的影响效果，因而在后半段曲线上离散元分析结果偏低。离散元分析结果基本反映出了干湿循环对边坡安全系数的负面影响，以及随干湿循环次数逐渐稳定的趋势。

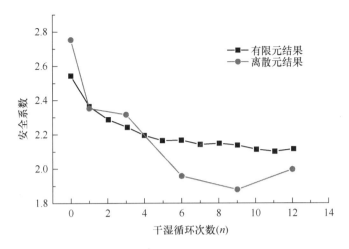

图 2.3-81　安全系数随干湿循环次数的变化规律

2.4　干湿循环作用下压实黄土的微观结构变化规律

2.4.1　微观试验概述

（1）试样制备

在干湿循环三轴制样过程中在三轴所需试样的基础上每组试验额外制作了 3 个三轴试样用于后续 SEM 观察试验，额外的试样与其他试样一起经历干湿循环，并在达到设计干湿循环次数后放入容器中自然风干，保存备用。在 SEM 观察试验之前仍需对试样进行以下处理：

步骤一：将保存好的三轴试样切成截面 1cm×1cm 的长条，徒手掰成若干段，选择其中较为平整截面，并加工成高度不高于 0.5cm 的正方体小试样。在加工过程中尽量保持土样不要发生扰动，同时尽量保持土体新鲜面的平整性，以保证扫描电镜观察土体的微观结构不会产生角度和图像阴影的差异而对图像的分析带来较大的误差。将试样做好标记后，留置备用。

步骤二：为避免试样在保存过程中，以及在后续步骤进行时遭到破坏。试样切割完毕后用 502 胶在试样底部和侧面涂抹 502 胶水形成硬质外壳起到保护试样的作用。但是过程中应注意试样表面应尽可能避免触碰 502 胶，避免对试验结果造成影响。

步骤三：试样清洁。用软刷子对试样表面的浮土进行清洁。完成后的试样密封保存备用。

步骤四：试样干燥。尽管试样已经过自然风干，但无法保证完全脱水，出于保证试验结果的准确性以及保护试验仪器的目的，在试验之前仍需对试样进行真空脱水。

步骤五：试样镀膜。为增强试样导电性，将在土样表面贴上导电条，并喷镀一层薄金膜，作为观测面，所用设备与制作完成的试样如图 2.4-1 所示。

图 2.4-1　试样镀膜设备与试样

（2）试验方案

本节将土样分成三部分进行试验，以便后续分析：

① 干密度组：该组包括干密度 1.4g/cm³、1.5g/cm³、1.6g/cm³、1.7g/cm³土样受干湿循环 0 次与 12 次两种情况，共 8 组试验。

② 循环次数组：为明确干湿循环过程中压实黄土细观孔隙结构的演变规律，选择 1.6g/cm³试样受 0、1、3、6、9、12 次干湿循环后的土样进行试验，共 6 组试验。

③ 干湿循环路径组：包括干湿循环三轴试验中干湿循环路径组的 a、b、c、d 四组受 0、12 次干湿循环后的土样，共 8 组。

上述三部分试验共包括 15 组试验，每组 3 个试样共 45 个试样，在孔隙细观结构分析中取 3 次观察试样的平均值作为结果进行分析。

（3）微观结构研究方法

本节将借助 MATLAB 与 IPP 程序对 SEM 成像试验所得图像进行处理，提取其中的孔隙特性，通过对比分析阐明压干湿循环作用下压实黄土强度劣化的微观机理。

1）MATLAB 与 IPP 简介

Matlab（Matrix Laboratory）的数据基本单位为矩阵，恰恰与数学、工程中的计算表达相似，所以相比于编程语言来说，用法简单、计算效率高、编程效率高，且简单易懂。同时自带的函数处理工具箱为用户提供了大量的函数支持，供用户自由调用、更改。因此，备受科研和工程技术人员青睐。Matlab 内部包含了大量的函数，涉及 30 多个工具箱，其中包括用于图像处理的图像处理工具箱（Matlab Image Processing Toolbox)[56]。

图像分析一般都是借助图像分析软件来完成的，Image Pro Plus 是其中一款由 MEDIA 公司开发功能强大、操作方便的图像分析软件。它能够以简便、迅速及准确的方法收集并分析图像中的细节[57]。该软件功能多样，可完成采集图像到提取数据的整个过程。可从多种设备提取图像，比如 CCD 摄像头、数字化 CCD、制冷式 CCD 等，支持多种图像格式包括动态图像格式，如 TIFF、JPEG、BMP 等。自动或手动跟踪和计算，对图像可进行多种参数提取分析，如：面积、角度、直径、圆度等。提取的数据可以用数值、统计或图表形式查看，同时可保存数据到磁盘。

2）SEM 图像预处理

图像裁剪与对比度调整：

扫描电子显微镜输出的图像一般都带有图像信息栏，可以显示图像拍摄时间、放大倍数、标尺等信息。在进行图像处理前，往往需要先将图像进行裁剪，去除图像信息栏，以免在图像处理过程中，信息栏字体灰度对土体目标区域和背景区域的处理造成影响。Matlab 提供的图像 imcrop 函数可根据用户指定的区域大小、位置进行精确裁剪[58]。

由于图像在成像过程中，往往由于光照、摄像以及光学系统等不均匀性而引起图像某些部分较暗或较亮。对于这类图像可使用灰度级修正，即对比度调整、灰度直方图修正。灰度调整就是把图像灰度级整个范围（A，B）或其中其一段扩展或压缩到另一范围（Z_1，Z_2）之内，基本方法是利用一个映射去变换。对于图像曝光不充分，使（A，B）为（Z_1，Z_2）的子区域，即 $A > Z_1$，$B > Z_2$，此时可用简单的函数 $t(z)$，即：

$$z' = t(z) = [(Z_2 - Z_1)/(B - A)] \times (Z - A) + Z_1 \tag{2.4-1}$$

根据式（2.4-1），从 $Z = A$ 计算到 $Z = B$，即可获得从 $Z = Z_1$ 到 Z_2 之间的所有对应的灰度值，也就是把（A，B）区间扩展到区间（Z_1，Z_2）。这个过程实际上使曝光不充分图像中黑更黑，白的更白。从而提高了图像灰度的对比度，从视觉上也提高了分辨能力。

在黄土微观结构图像中，提高对比度的目的主要是为了突出目标孔隙或颗粒。对于非目标黄土微观结构图像的灰度级有某些损失是允许的。因此当图像绝大多数灰度级集中在（A，B）区间，则可选用形式为式（2.4-2）的 $t(z)$ 函数，即[59]：

$$z' = t(z) = \begin{cases} \dfrac{Z_2 - Z_1}{B - A}(Z - A) + Z_1, & A \leqslant Z \leqslant B \\ Z_1, & Z < A \\ Z_2, & Z > B \end{cases} \tag{2.4-2}$$

式（2.4-2）扩展了（A，B）区间的灰度级，但将小于 A 和大于 B 范围内的灰度级分别压缩为 Z_1 和 Z_2。尽管它使图像中灰度级在这一范围的像素的灰度信息损失了，但在黄土微观结构图像中那些过黑的像素往往是背景部分。式（2.4-2）原本是针对灰度图像的应用，对于彩色图像只要将红、绿、蓝三个分量分别运用式（2.4-2）运算即可。

图像不均匀背景去除：

在图像预处理中，可以先通过提取图像亮度不均匀背景，再用图像原片减去亮度不均匀背景来消除不均匀背景。在 Matlab 中，调用形态学开运算 imopen 函数，对图像进行形态学开运算，提取不均匀背景。

即：background＝imopen（I, strel（'disk', 1））;

其中：background 代表背景，基于 imopen 调用圆盘形结构 disk 实现不均匀背景估计；参量 disk 为圆盘形均值滤波器，其参数为 radius（半径），radius 为标量，表示半径，默认值为 0.5[56]。

图像降噪处理：

图像的噪声是在摄取、传输及转换过程中所受到各种随机信号的干扰，也是对人接受图像信息的干扰。噪声的产生是一个多维随机过程，因而对于噪声的控制也就难以实现，较为现实的方法是对于噪声明显的图像进行降噪处理。

对于土体图像而言，噪声表现为图像表面棱刺较多，整幅图像麻点较多，继而影响后续对于图像的定量统计，且不利于图像特征提取。结合土体图像特点及扫描电镜的工作特点，可将致噪声因素分为外部因素和内部因素：外部因素来自于扫描系统外部的电磁干扰；内部因素来自于扫描系统内部电磁不稳定，真空扫描仓积有尘埃和系统机械抖动等因素。

根据噪声的特点和产生原因，降低噪声的方法多种多样，然而在降噪过程中往往会引起图像信息的损失，因此降噪和保留图像信息是一对矛盾体，因此需要谨慎合理地选取降噪方法及降噪参数。适合土体图像降噪的方法主要有：medfilt2、ordfilt2、wiener2、imfilter 等。

medfilt2 二维中值滤波利用图中某一点的某个规定大小邻域内各点值的中值代替原像素点强度值进行滤波降噪，默认邻域大小为 3×3。如果图像噪声麻点较多，则可扩大邻域为 5×5、7×7、9×9。

Ordfilt2 二维排序统计滤波，使用原图某个像素点邻域内第 n 个像素点（强度值由小到大排序后）的值代替原像素点强度。因此在邻域越大、指定序位越靠前，则替换后该点的强度值越小，图像整体越暗，图像越模糊。邻域同样有 3×3、5×5、7×7、9×9 四种可选，序位在区域大小内任选。

wiener2 二维维纳滤波，认为图像由有效信息和噪声共同构成，且二者过程平稳具有二阶指定特性。通过指定邻域大小，在邻域内计算图像均值和方差，依据最小均方差准则，求得滤波参数，实现降噪。邻域可选范围有 3×3、5×5、7×7、9×9 四种可选，默认 3×3。邻域选取越大，图像失真越严重。

imfilter 使用滤波器对图像进行滤波，调用 *fspecial* 来创建二维滤波器，二维滤波器的类型共 9 种。其中适用于土体图像的滤波器为：*average* 均值滤波器、*disk* 圆盘均值滤波器、*gussian* 高斯低通滤波器三种[56]。

微观结构信息提取：

土的微观结构实质上就是土颗粒（又可称为结构单元体）与孔隙的形态、排列特征。这些形态、排列特性包含直径和面积、圆形度和分形维数、定向性。土颗粒与孔隙的这些特性信息均可利用 IPP 软件进行提取。IPP 软件提供了 56 种测量选项，可进行单独一项或多项选择。微观结构信息提取的主要参数包括：

① *Angle* 角度：未设置偏移量的情况下软件默认为长轴与竖轴间夹角，范围 $0° \leqslant Angle \leqslant 180°$，用于土颗粒与孔隙定向性统计。

② *Area* 面积：计算各个区域面积，用于统计颗粒与孔隙面积。

③ *Diameter*（max）最大直径、*Diameter*（min）最小直径：连接轮廓上两点经过形心的最长直线长度、最短直线。

④ *Fractal dimension* 分形维数：显示颗粒或孔隙轮廓分维数。

⑤ *Roundness* 圆度：显示颗粒或孔隙与圆相似度。采用式（2.4-3）进行计算：

$$Roundnees = \frac{perimeter^2}{4\pi \times area}$$

(2.4-3)

式中 $perimeter$ 为每个测量对象轮廓线的长度。当 $Roundness = 1$，即为圆形；$Roundness > 1$，即为非圆形；$Roundness$ 越接近于 1，则说明越接近于圆形[57]。

3）SEM 图像分割

二值化图像：

图像分割就是灰度图像二值化，利用 0 和 1 两个强度值将原本灰度图像上的所有像素点进行替换，进行表达，构图呈现黑白两色。而二值图像的二维矩阵也仅由和构成。对于土体图像，0 表示黑色背景孔隙区域，1 表示白色目标颗粒区域。图像分割后，原土体图像所有灰度值均分为 0 和 1 两种，没有中间灰度值，相应地，原图所携带的信息也大幅度损失。二值分割后图像只能保留颗粒和孔隙的轮廓信息，已经不能描述颗粒及孔隙的表面细节信息。

因此，图像分割前所携带信息主要用于土体微观结构的定性分析，而图像分割后所携带信息主要用于土体微结构的定量分析，通过对颗粒和孔隙的轮廓进行测定，统计几何参数，达到定量分析的目的。

二值化时采用二值化阈值分割法，其阈值分割是指它的分类，根据像素灰度值的像素灰度小于最佳阈值设置为纯黑色，灰度值大于或等于阈值 T 的像素处理为纯白色，即灰度值小于 T 的像素被确定为孔、灰度大于或等于 T 颗粒像素识别。图像分析的关键在于选取合适的阈值，阈值选取过大或者过小都会引起最终图像二值后颗粒轮廓描述的失真。准确的选取阈值，以实现颗粒区域的准确覆盖，可提高后续基于二值图像的几何参数统计的精确度[56]。

阈值选取：

阈值 T 可以利用函数算法自动计算阈值和人工调整选取阈值两种方式。自动计算阈值包括双峰法、迭代法、最大类间方差法等方法。

① 双峰法

双峰法原理简单，适用于图像灰度直方图呈现双峰状的图像，双峰法认为图像由图像前景和背景（两个灰度级）组成，图像强度曲线近似为两个正态分布函数叠加而成，双峰之间的谷底就是图像分割的合适阈值。对于土体图像而言，灰度直方图呈现双峰的图像往往特点较为明显：整幅图像的孔隙区域灰度近似一致，以整体呈现黑色为最好，目标颗粒区域颗粒表面灰度值也基本近似，双峰法适用于成像较好的土体图像，图像中土体颗粒性明显，轮廓较好。

② 迭代法

迭代法是在双峰法基础之上进行的改进算法，选出图像中的最大灰度值和最小灰度值选择初始阈值为，利用这个灰度级将图像分割为前景和背景两个区域，在前景和背景两区域内计算平均灰度值和，利用此平均灰度值重复计算阈值，重复迭代，直至两区域平均灰度值和不再发生变化，以最终选择的为阈值进行分割。迭代法适用于图像前景和背景灰度差异较大的图像，在本书 2.4.2 节中对对比度较差且存在明显噪声的图像进行了处理，经过对比度调整，拉大了前景和背景的灰度差异。

③ OTSU（大津法）

OTSU（大津法）于 1979 年由日本学者大津提出（又称为最大类间方差法），该方法同样认为图像由前景和背景两部分构成，采用方差作为计算衡量标准。方差可以作为图像灰度分布均匀性的一种度量，前景和背景的方差越大，说明前景和背景的差别越大。通过计算合适的阈值，实现方差最大，继而达到前景和背景的准确分割目的，使前景和背景相互错分最小。

具体计算原理为选取 T 为阈值初步分割，统计前景比例为 W_0，平均灰度为 V_0，背景比例 W_1，平均灰度为 V_1，计算图像的总平均灰度 $V_T = W_0 \times V_0 + W_1 \times V_1$。从最小灰度值到最大灰度值遍历 T，寻找使得方差 $\sigma^2 = W_0 \times (V_0 - V_T)^2 + W_1 \times (V_1 - V_T)^2$ 最大时的灰度值 T 作为分割阈值，这种方法可以降低错分概率。对于土体图像而言，具有较强的适应性。

自动计算阈值法通常是基于图像前景和背景的预估来进行运算，从而得到阈值。当土体颗粒性不明显，存在絮状结构，成像较差，颗粒部分和背景部分差异较弱的问题，同时在土体样品制备过程中，固化不充分，固化填充物和余留孔隙存在灰度差异，应用函数自动计算阈值分割，往往效果较差。因此需要人工调整阈值进行干预，通过人眼观察判断白色区域对颗粒的覆盖情况选定阈值；根据函数阈值计算结果，进行人为干预，调整阈值。主要包括实时观测调参法、参数法等方法[56]。

综合考虑各方法的优缺点后，本节选取 OTSU（大津法）作为阈值计算方法。

4）分形维数

采用分维数描述分形特征，需要利用有效的分维数估计方法。分形几何描述分形特征的基本参数便是分维数。估算图像分维数的方法主要有以下三种：① 基于计盒维数的估计方法；② 基于分数布朗函数的估算方法；③ 基于形状覆盖的估算方法。其中基于计盒维数的估计方法计算既简单又方便因而应用最为广泛。

常用的基于计盒维数的估计方法中，有差分盒计数法和概率法两种，其中前者应用更为广泛。即：

$$D_i = \lim_{r \to 0} \frac{I(r)}{\log\left(\dfrac{1}{r}\right)} \tag{2.4-4}$$

其方法如下：假设图像具有 $M \times M$ 的像素，把它的尺度缩小为 $S \times S$（$M/2 \geqslant S > 1$，S 为整数）。这样比例因子为 $r = S/M$。如果一个三维图像它的 (x, y) 表示二维图像的像素位置，第三维表示灰度值。(x, y) 空间分割为 $S \times S$ 的小块，灰度值也作相应比例的缩小分割。这样一来每个盒子的体积为 $S \times S \times S'$。其中 S' 满足下式：

$$[G/S'] = [M/S] \tag{2.4-5}$$

G 为总的灰度级数。$[x]$ 为大于 x 的最小整数。最大灰度级落在第 1 个盒子，设第 (i, j) 区域中最小灰度级落在第 k 个盒子，这样覆盖第 (i, j) 区域所需盒子数为：

$$n_r(i, j) = 1 - k + 1 \tag{2.4-6}$$

覆盖整个目标物体所需要的盒子数为：

$$N_r = \sum_{i,j} n_r(i,j) \tag{2.4-7}$$

计算细观图像的分维值需采用盒子计数法[60]，即使用尺寸为 r（box size）的方格覆盖图像，再适当改变 r 的尺寸，得到不同 r 值覆盖断口缺陷的网格数 N（count），对尺寸 r，网格数 N 作双对数处理，可以得到 $\log(box\,size)$ 与 $\log(count)$ 的线性关系，其斜率即为分维值 D。

2.4.2　干湿循环作用下压实黄土孔隙微观结构分析

通过对 SEM 图像进行处理，提取并分析不同干密度与干湿循环路径下试样的孔隙特性，本节将对压实黄土干湿循环作用下的微观孔隙结构的变化规律进行分析，从而对干湿循环导致的强度劣化过程的微观机理进行解释。阈值的选择将基于 OTSU（大津法）结合人工调整确定。所提取的孔隙特征量包括：孔隙总面积、孔隙最大直径、最小直径与平均直径、孔隙丰度（短轴与长轴之比）、孔隙分形维数。其中孔隙总面积用于计算孔隙度，孔隙最大、最小与平均直径以及孔隙丰度用于描述孔隙的形态特性。孔隙分形维数用于描述孔隙总体的复杂程度与发育程度。

图 2.4-2 为放大 200 倍、1000 倍、5000 倍后的压实黄土 SEM 图像，较小倍数的图像能够囊括更多的颗粒与孔隙，提取的数据更具代表性，较高倍数的图像则能更清楚的观测压实黄土颗粒与孔隙的形态与分布。本节在进行压实黄土孔隙微观结构的分析时选择 200 倍的图像作为研究对象。

(a)　　　　　(b)　　　　　(c)

图 2.4-2　不同放大倍数下的压实黄土样

（a）200 倍；（b）1000 倍；（c）5000 倍

下面以干密度为 $1.6 \mathrm{g/cm^3}$ 未受干湿循环影响试样的试验结果为例，演示 SEM 图像处理的过程。图 2.4-3（a）为原始 SEM 图像，包含了需要裁减掉的拍摄信息与比例尺。图 2.4-3（b）为裁剪并调整对比后的图像，可以明显看出图像更加清晰相较原始图像能够识别出更多的细节有利于孔隙的识别。图 2.4-3（c）为使用 IPP 软件识别孔隙的结果，其中红线包围的为识别出的孔隙，右侧为所有识别出的孔隙，按照面积大小排序。图 2.4-3（d）与图 2.4-3（e）为二值化图像与降噪处理后的二值化图像。图 2.4-3（e）将用于分形

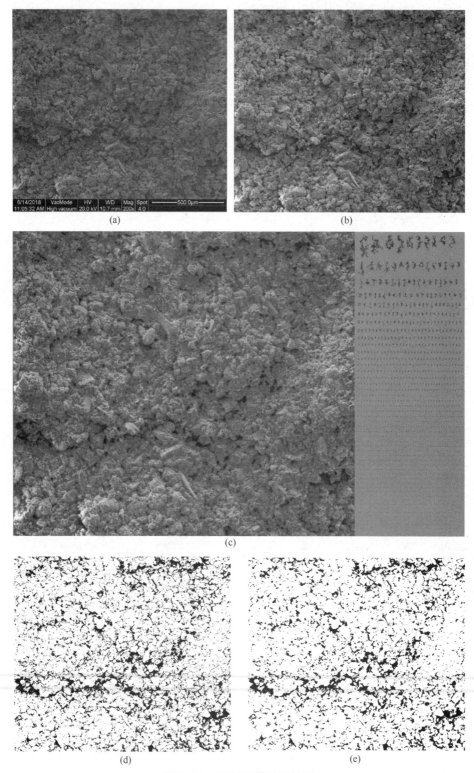

图 2.4-3　SEM 图像处理过程
（a）原始图像；（b）裁剪、对比度调整后的图像；（c）孔隙特性识别；
（d）二值化图像（黑色为孔隙）；（e）降噪处理后的孔隙图

维数的计算。

图 2.4-4 为基于二值化图像通过计盒法所得的分形维数拟合直线，其斜率为 −1.6443，即未经干湿循环的干密度为 1.6g/cm³ 的压实黄土试样的孔隙分形维数为 1.6443。

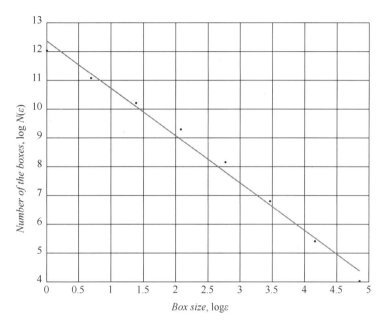

图 2.4-4　分形维数拟合过程

（1）孔隙定向性

图 2.4-5、图 2.4-6 分别为 4 种干密度压实黄土在干湿循环前与干湿循环后的定向频率分布情况。可以看出，干湿循环前较高干密度的压实黄土的定向角度分布曲线趋向于平缓，而干密度较小时则更加陡峭，说明干密度较高的土体孔隙分布偏向均匀，而干密度较小的情况下孔隙定向性更强。而干湿循环后这种规律明显减弱，不同干密度压实黄土定向

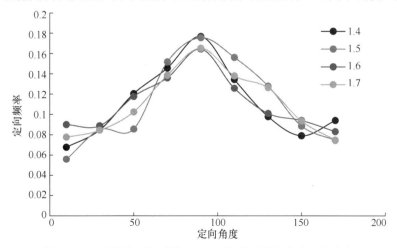

图 2.4-5　干湿循环前不同干密度压实黄土孔隙定向角度分布

角度分布之间没有表现出明显的规律，同时可以看出相比干湿循环之前，压实黄土经历干湿循环后孔隙定向角度分布曲线明显趋于平缓，说明干湿循环作用使孔隙的定向性减弱，孔隙的分布趋于混乱。图 2.4-7 中不同干密度压实黄土干湿循环前后各自的对比更加验证了这种现象。

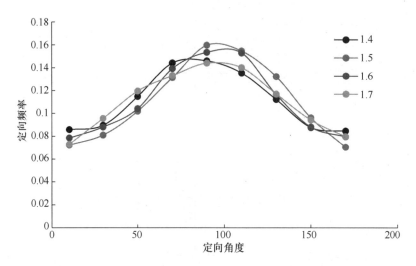

图 2.4-6　干湿循环后不同干密度压实黄土孔隙定向角度分布

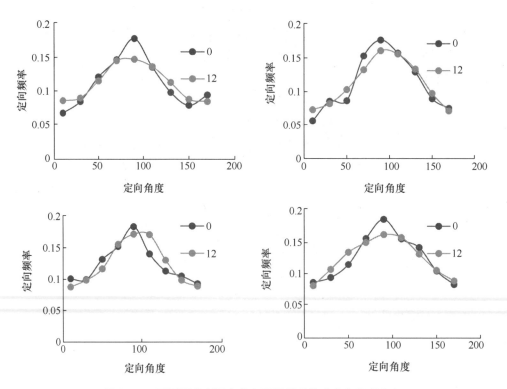

图 2.4-7　不同干密度压实黄土干湿循环前后定向角度分布

(2) 孔隙形状特性

1) 孔隙形状特性

圆形度用于描述孔隙接近圆形的程度，圆形度越接近 1 说明孔隙越接近圆形。从图 2.4-8 可以看出，原始状态下干密度较高的压实黄土圆形度偏低，孔隙更扁，干密度较低的压实黄土孔隙则更偏向圆形。图 2.4-9 所示干湿循环后的情况则相反，干密度越小孔隙分布越偏向于扁长，说明干湿循环对孔隙圆形度的影响与压实黄土干密度有关，且干密度越大这种影响越小。图 2.4-10 为不同干密度压实黄土干湿循环前后的圆形度分布对比，可以明显看出，对于不同的干密度而言干湿循环均会导致压实黄土孔隙更偏扁长。

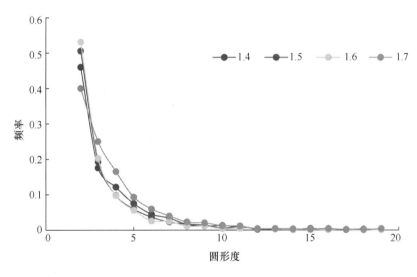

图 2.4-8 干湿循环前不同干密度压实黄土孔隙圆形度分布

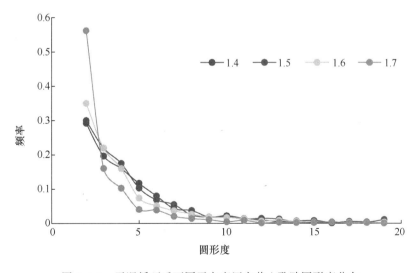

图 2.4-9 干湿循环后不同干密度压实黄土孔隙圆形度分布

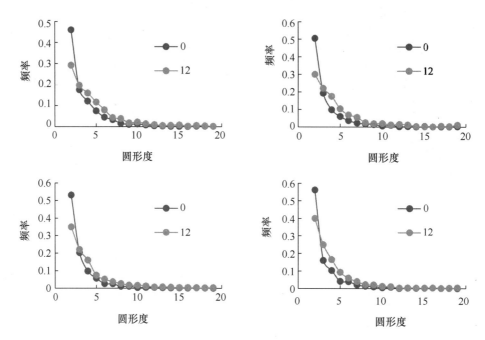

图 2.4-10　不同干密度压实黄土干湿循环前后的孔隙圆形度分布

2）孔隙直径特性

图 2.4-11 为干密度为 1.6g/cm³ 时不同干湿循环次数下试样的孔隙直径分布曲线，图 2.4-11（a）为最大直径的分布曲线，图 2.4-11（b）为最小直径的分布曲线。可以看出，随着干湿循环次数的增加，孔隙直径分布曲线变化较小，但有明显上升的趋势，说明较大直径占比在逐渐增加。同时可以看出，最大直径的分布曲线与最小直径的分布曲线相比较而言受干湿循环的影响明显更大，这说明干湿循环对压实黄土孔隙在较大尺寸方向的影响大于较小尺寸方向，较大尺寸的发展速度更快。孔隙有变"狭长"的趋势。

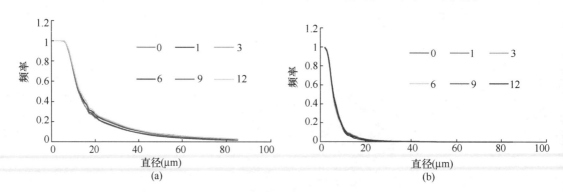

图 2.4-11　不同干湿循环次数孔隙最大直径与最小直径分布
（a）最大直径；（b）最小直径

3）孔隙丰度分布

图 2.4-12 为干湿循环前不同干密度下压实黄土孔隙丰度的分布规律，图 2.4-13 为 12

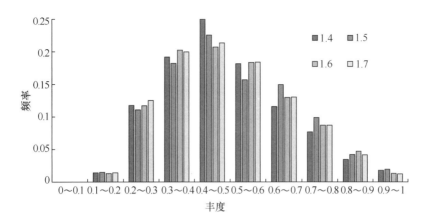

图 2.4-12 干湿循环前不同干密度压实黄土丰度分布

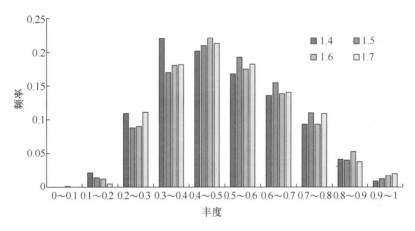

图 2.4-13 干湿循环后不同干密度压实黄土丰度分布

次干湿循环后不同干密度下压实黄土孔隙丰度的分布规律。可以看出干湿循环前后不同干密度压实黄土孔隙的丰度在 0.0~1.0 区间均有分布，但均以 0.4~0.5 区间为峰值，向两侧逐渐减少，丰度接近 0.0 与接近 1.0 的孔隙占比很少，说明压实黄土孔隙的形态中狭长与近圆的孔隙占比较少，绝大多数孔隙为扁圆形。但不同干密度压实黄土的分布在干湿循环前后均未有明显规律体现，说明干密度对孔隙的大小与数量可能有较大影响，但对孔隙的形态影响不大。从图 2.4-14 不同干密度压实黄土干湿循环前后各自的孔隙丰度分布对比可以看出，干湿循环后低丰度的孔隙占比明显增加，与之对应的较高丰度孔隙占比有所降低。这说明干湿循环有使压实黄土孔隙变"狭长"的趋势，图 2.4-15 中不同干湿循环次数下丰度的分布规律更印证了这一点。

4）孔隙分形维数

分形几何学是研究具有自相似性的不规则曲线、具有自反演性的不规则图形、具有自平方性的分形变换以及具有自仿射的分形集等内容的一种理论。分形作为描述自然界非线性特征和行为的新理论，成为岩土力学理论研究的有力工具[61]。

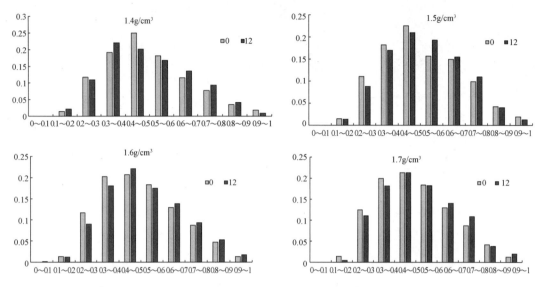

图 2.4-14　不同干密度压实黄土干湿循环前后丰度分布对比

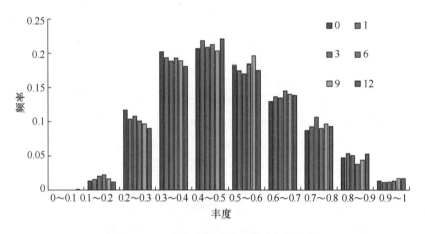

图 2.4-15　不同干湿循环次数下丰度分布

　　孔隙的分形维数定量描述了孔隙的整体发育程度，分形维数越大，孔隙越发育，二维情况下孔隙的分形维数为（1，2）区间内的分数。本节通过计盒法计算压实黄土的分形维数，计算结果见表 2.4-1 与图 2.4-16、图 2.4-17。从图 2.4-16 可以看出随着干密度的增加，干湿循环前后压实黄土的分形维数均逐渐降低，说明干密度越低压实黄土孔隙越发育；干湿循环后不同干密度压实黄土孔隙分形维数在保持原有规律的同时均由不同程度的增加，说明干湿循环使压实黄土孔隙更加发育。图 2.4-17 为干密度 1.6g/cm³ 压实黄土孔隙分形维数随干湿循环次数的发展曲线，可以看出前 3 次干湿循环对分形维数的影响最大，3 次干湿循环后分形维数基本不再变化，说明干湿循环 3 次后孔隙已经发育完全，后续干湿循环过程将不会对孔隙的复杂程度造成显著影响。

干密度（g/cm³）	1.4	1.5	1.6	1.7
干湿循环前	1.7563	1.7073	1.6443	1.5448
干湿循环后（12 次）	1.8813	1.7542	1.7357	1.655

分形维数结果　　　　　　　　　　　　　　　　表 2.4-1

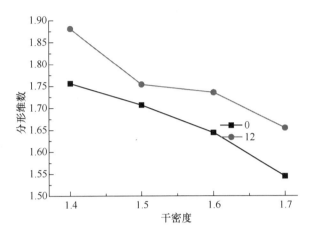

图 2.4-16　不同干密度压实黄土干湿循环前后分形维数变化

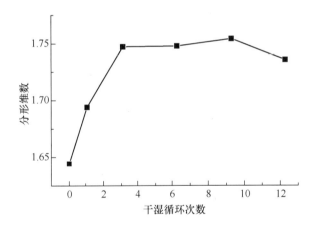

图 2.4-17　不同干湿循环次数下分形维数变化

　　干湿循环会导致压实黄土孔隙的定向性趋于平均。干湿循环过程中压实黄土中的孔隙逐渐发育，气壮孔隙较大尺寸方向发展速度较集较小尺寸方向快，导致孔隙逐渐变得狭长。整体而言，孔隙的发育程度随着干湿循环过程而逐渐变大。

　　首先黄土在压实过程中仅收到竖直方向的压实作用，因而孔隙定向性较为集中，而干湿循环过程对土体孔隙结构的影响主要由干湿循环过程中基质吸力的滞回特性以及黄土颗粒间胶结物质的溶解与再胶结有关，而这两者均与方向性无关因而干湿循环效应会导致压实黄土的空隙的定向性趋于平均分布。在干燥过程中，较大的基质吸力会将颗粒聚集形成团粒，同时将已有的孔隙拉开使小孔隙逐渐合并，并将孔隙拉大，这种在微观角度体现出一定的应力集中现象,因而在长度方向的效果远大于较小尺寸。在增湿过程中,被拉开的孔隙逐渐趋于闭合,但已形成的大孔隙不会再分开为几个小孔隙,最终导致孔隙尺寸变大,而形状则趋于狭长。

2.5 本章小结

本章 2.1 节对压实黄土的基本物理性质进行了试验研究,包括击实试验、颗粒级配试验、液塑限试验、直剪快剪试验等,确定了土样的最大干密度、最优含水量及颗粒级配曲线。并对土样在不同干密度与不同含水量条件下的抗剪强度指标变化规律进行研究,结果表明:干密度的变化对黏聚力有较大影响,而对内摩擦角的影响相对有限,仅在 $1.6 \mathrm{g/cm^3}$ 之后影响显著,且数值上变化有限,之间关系均可用指数函数表示。

本章 2.2 节通过系列试验探讨了吕梁地区压实马兰黄土变形与抗剪强度特性,在此基础上得到了以下初步认识:

① 随着初始压实度的增大及初始含水率的降低,压实马兰黄土黏聚力及内摩擦角均会增加,但初始含水率及初始压实度对黏聚力的影响程度远大于对内摩擦角的影响,黏聚力及内摩擦角与初始含水率及初始压实度具有线性关系。

② 压实马兰黄土初始压实度越大,侧限压缩应变越小,初始压实度对压缩变形的影响程度随初始含水率水平的提高而增大;初始含水率越高,侧限压缩应变越大,初始含水率对压缩变形的影响程度随初始压实度水平的提高而减小。不考虑初始压实度及初始含水率的影响时,压实马兰黄土的 $\varepsilon \sim p$ 关系符合幂函数的形式,即:$\varepsilon = kp^n$。

③ 压实马兰黄土初始压实度及初始含水率发生变化时,可采用式(2.2-7)对压实马兰黄土填筑地基变形计算结果进行修正。

本章 2.3 节针对压实黄土干湿循环作用下的强度劣化,综合考虑干密度、干湿循环幅度与下限含水量的影响,通过三轴试验、公式拟合分析、有限元二次开发及颗粒流软件 PFC 等手段对压实黄土受干湿循环影响下细观参数的劣化规律进行研究。主要内容和结论如下:

① 干湿循环过程会对压实黄土的强度造成明显的劣化作用,但对应力—应变曲线的形式无明显影响。随着干湿循环次数的增加,强度逐渐劣化并趋于稳定。压实黄土干密度提升引起的孔隙特性改变及更紧密的颗粒接触,导致了其对干湿循环劣化作用的抵抗能力提高。对于黏聚力而言,当干密度从 $1.4 \mathrm{g/cm^3}$ 提升至 $1.7 \mathrm{g/cm^3}$ 时,其的最终劣化度从 88.34% 减小到了 36.01%,且劣化速率亦有明显减小。对于内摩擦角而言,干密度的提升对其最终劣化度以及劣化速率均无明显影响。

② 当保持干湿循环下限含水量不变时,随着干湿循环幅度的增加,黏聚力与内摩擦角的最终劣化度均线性增大,而劣化度的发展速率线性减小。当保持干湿循环幅度不变而增加下限含水量时,黏聚力的最终劣化度与劣化度发展速率均随之线性减小,而内摩擦角的最终劣化度 a_φ 与劣化度发展速率均保持不变。

③ 建立了综合考虑干密度、干湿循环幅度、下限含水量的"压实黄土干湿循环强度

劣化模型（CLDM）"。黏聚力的劣化度是干湿循环次数、干密度、干湿循环幅度、下限含水量的函数，而内摩擦角的劣化度仅是干湿循环幅度以及干湿循环次数的函数。

④ 通过基于 Python 语言的 ABAQUS 二次开发，将 CLDM 模型应用至压实黄土边坡的稳定性分析。实现了基于 CLDM 模型的边坡稳定性分析，验证了 CLDM 模型的适用性。

⑤ 通过大量数值双轴试验，分别分析了加载速率、接触刚度绝对值、接触刚度比、接触强度绝对值、接触强度比、摩擦系数以及本章引入的结构性参数粘结率对数值模拟结果的影响，定量分析了各个参数与应力—应变曲线形态以及宏观强度参数之间的关系。基于分析结果确定了加载速率的取值，并确定了待标定的 4 个参数。

⑥ 通过提出的 4 步骤标定过程，对干湿循环三轴试验结果进行了标定，其中引入单纯形搜索法进行参数标定以解决两个参数同时对结果产生影响的问题。标定结果基本能够准确反映实际试验结果应力应变曲线的趋势与强度取值。但较高干密度的标定结果明显较低干密度组差，干密度越高这种现象越明显。

⑦ 基于参数标定结果，进行了干湿循环影响下的离散元边坡稳定性分析，得到了不同干湿循环次数后的边坡安全系数。将分析结果与第三章基于有限元的干湿循环边坡稳定性分析进行对比发现，离散元分析结果得出的安全系数偏低，但能基本反映出整体规律。

本章 2.4 节通过扫描电子显微镜成像试验对不同干密度压实黄土在干湿循环前后的孔隙微观结构变化进行了研究，提取了孔隙的定向性、形状特性以及分形维数进行了分析，得到以下结论：

① 干湿循坏前较高干密度的压实黄土的定向角度分布曲线趋向于平缓，而干密度较小时则更加陡峭，说明干密度较高的土体孔隙分布偏向均匀，而干密度较小的情况下孔隙定向性更强。干湿循环作用使孔隙的定向性减弱，孔隙的分布趋于混乱。

② 原始状态下干密度较高的压实黄土圆形度偏低，孔隙更扁，干密度较低的压实黄土孔隙则更偏向圆形。干湿循环后的情况则相反，干密度越小孔隙分布越偏向于扁长，说明干湿循环对孔隙圆形度的影响与压实黄土干密度有关，且干密度越大这种影响越小。对于不同的干密度而言，干湿循环均会导致压实黄土孔隙更偏扁长。随着干湿循环次数的增加，较大直径占比在逐渐增加。同时干湿循环对压实黄土孔隙在较大尺寸方向的影响大于较小尺寸方向，较大尺寸的发展速度更快。干湿循环前后不同干密度压实黄土孔隙中狭长与近圆的孔隙占比较小，绝大多数孔隙为扁圆形。干密度对孔隙的形态影响不大，对孔隙圆度、直径分布以及丰度分布情况的分析均显示干湿循环有使压实黄土孔隙变"狭长"的趋势。

③ 干密度越低压实黄土孔隙越发育；干湿循环后不同干密度压实黄土孔隙分形维数在保持原有规律的同时均有不同程度的增加，说明干湿循环使得压实黄土孔隙更加发育。前 3 次干湿循环对分形维数的影响最大，3 次干湿循环后分形维数基本不再变化，说明干湿循环 3 次后孔隙已经发育完全，后续干湿循环过程将不会对孔隙的复杂程度造成显著影响。

参考文献

[1] 强屹力. 高填方填筑体压实效果检测与分析[J]. 施工技术，2018，47(01)：92-96.

[2] 高建中，黄玮，梁永辉，李海平. 强夯置换法在高填方工程淤积土处理中的应用[J]. 地下空间与工程学报，2018，14(S1)：329-334.

[3] 刘智，张继文，于永堂，程新星，何丹，杜伟飞，李攀. 高密度电法在黄土高填方工程中的应用研究[J]. 工程地球物理学报，2016，13(01)：88-93.

[4] 李斌. 陕西省降雨和径流变化特征及旱涝事件应对研究[D]. 西安：西安理工大学，2018.

[5] 张鑫. 黄蒿洼边坡变形破坏机理与稳定性研究[D]. 西安：长安大学，2015.

[6] 冯德銮，房营光，侯明勋. 土体力学特性颗粒尺度效应的理论与试验研究[C]. 中国土木工程学会第十二届全国土力学及岩土工程学术大会论文摘要集. 中国上海.

[7] 叶正武. 基于土水势理论的压实黄土水分迁移规律研究[D]. 西安：西安建筑科技大学，2017.

[8] LAMBE TW. The engineering behavior of compacted clay [J]. Journal of the Soil Mechanics and Foundations Division，ASCE，1958，184(2)：46-55.

[9] MITCHELL Jk. Fundamentals of soil behavior [M]. New York：John Wiley&Sons，Inc，1976.

[10] 陈开圣，沙爱民. 压实黄土变形特性[J]. 岩土力学，2010，31(4)：1023-1030.

[11] 王林浩，白晓红，冯俊琴. 压实黄土状填土抗剪强度指标的影响因素探[J]. 岩土工程学报，2010，32(S2)：132-136.

[12] 骆以道. 考虑饱和度的压实填土抗剪强度研究[J]. 岩土力学，2011，32(10)：3143-3148.

[13] 申春妮，方祥位，王和文等. 吸力、含水率和干密度对重塑非饱和土抗剪强度影响研究[J]. 岩土力学，2009，30(5)：1347-1352.

[14] 程海涛，刘保健，谢永利. 压实黄土应力-应变-时间特性[J]. 长安大学学报(自然科学版)，2008，28(1)：6-9.

[15] 陈开圣，沙爱民. 禹(门口)阎(良)黄土路基填料强度规律[J]. 水文地质工程地质，2009(5)：44-48.

[16] 李保雄，苗天德. 黄土抗剪强度的水敏感性特征研究[J]. 岩石力学与工程学报，2009，25(5)：1003-1008.

[17] 张茂花，谢永利，刘保健. 增湿时黄土的抗剪强度特性分析[J]. 岩土力学，2006，27(7)：1195-1200.

[18] 苗天德，刘忠玉，任九生. 湿陷性黄土的变形机理与本构关系[J]. 岩土工程学报，1999，21(4)：383-387.

[19] 陈正汉，许镇鸿，刘祖典. 关于黄土湿陷的若干问题[J]. 土木工程学报，1986，

19(3)：86-94.

[20]　刘祖典，郭增玉，陈正汉．黄土的变形特性[J]．土木工程学报，1985，18(1)：69-76.

[21]　张炜，张苏民．非饱和黄土地基的变形特性[J]．岩土工程学报，1998，20(4)：98-101.

[22]　中华人民共和国国家行业标准．SL237-1999 土工试验规程[S]．北京：中国水利水电出版社，1999.

[23]　凌华，殷宗泽．非饱和土强度随含水量的变化[J]．岩石力学与工程学报，2007，26(7)：1499-1503.

[24]　曹玲，王志俭，张振华．降雨-蒸发条件下膨胀土裂隙演化特征试验研究[J]．岩石力学与工程学报，2016(02)：413-421.

[25]　胡长明，袁一力，王雪艳，梅源，刘政．干湿循环作用下压实黄土强度劣化模型试验研究[J]．岩石力学与工程学报，2018，37(12)：2804-2818.

[26]　胡长明，袁一力，王雪艳，梅源．不同干湿循环路径下压实黄土强度劣化规律研究[J]．陕西建筑，2019(07)：74-82.

[27]　Mei Y, Hu C M, Yuan Y L, Wang X Y, Zhao N. Experimental study on deformation and strength property of compacted loess[J]. Geomechanics & Engineering, 2016, 11(1): 161-175.

[28]　申春妮，方祥位，王和文，孙树国，郭剑峰．吸力、含水率和干密度对重塑非饱和土抗剪强度影响研究[J]．岩土力学，2009，30(05)：1347-1351.

[29]　杨和平，唐咸远，王兴正，肖杰，倪啸．有荷干湿循环条件下不同膨胀土抗剪强度基本特性[J]．岩土力学，2018，39(07)：1-7.

[30]　陈宾，周乐意，赵延林，王智超，晁代杰，贾古宁．干湿循环条件下红砂岩软弱夹层微结构与剪切强度的关联性[J]．岩土力学，2018，39(05)：1-11.

[31]　徐丹，唐朝生，冷挺，李运生，张岩，王侃，施斌．干湿循环对非饱和膨胀土抗剪强度影响的试验研究[J]．地学前缘，2018，25(1)：286-296.

[32]　高国瑞．黄土显微结构分类与湿陷性[J]．中国科学，1980(12)：1203-1208.

[33]　郑少河，金剑亮，姚海林，葛修润．地表蒸发条件下的膨胀土初始开裂分析[J]．岩土力学，2006，27(12)：2229-2233.

[34]　邓华锋，肖瑶，方景成，张恒宾，王晨玺杰，曹毅．干湿循环作用下岸坡消落带土体抗剪强度劣化规律及其对岸坡稳定性影响研究[J]．岩土力学，2017，38(9)：2629-2638.

[35]　曾胜，李振存，韦慧，郭昕，王健．降雨渗流及干湿循环作用下红砂岩顺层边坡稳定性分析[J]．岩土力学，2013，34(06)：1536-1540.

[36]　宁孝梁．黏性土的细观三轴模拟与微观结构研究[D]．杭州：浙江大学，2017.

[37]　陈锣增．易贡高速远程滑坡运动颗粒流数值分析[D]．成都：西南交通大学，2016.

[38]　杨艳．高心墙堆石坝心墙水力劈裂的细观机理研究[D]：武汉大学，2013.

[39] 郭鸿. 拖曳体激发颗粒流的离散元模拟[D]. 咸阳：西北农林科技大学，2016.

[40] 焦春茂，汪华安，陈晓. 基坑开挖变形稳定颗粒流数值模拟研究[J]. 河北工程大学学报(自然科学版)，2019，36(02)：28-32.

[41] 孙爽. 透水沥青路面及路基力学响应研究[D]. 鞍山：辽宁科技大学，2018.

[42] 董爱民. 风电桩基础水平承载力研究[D]. 武汉：中国地质大学，2017.

[43] 曾长女. 细粒含量对粉土液化及液化后影响的试验研究[D]. 南京：河海大学，2006.

[44] 蔡玮彬. 黄土骨架颗粒间相互作用研究[D]. 西安：长安大学，2014.

[45] 张刚，周健，姚志雄. 堤坝管涌的室内试验与颗粒流细观模拟研究[J]. 水文地质工程地质，2007(06)：83-86.

[46] Su O, Ali Akcin N. Numerical simulation of rock cutting using the discrete element method[J]. International Journal of Rock Mechanics and Mining Sciences，2011，48(3)：434-442.

[47] 徐士良，朱合华. 公路隧道通风竖井岩爆机制颗粒流模拟研究[J]. 岩土力学，2011，32(3)：885-890，898.

[48] 刘海涛. 无黏性颗粒材料剪切试验和贯入试验的离散元分析[D]. 北京：清华大学，2010.

[49] Cho N, Martin C D, Sego D C. A clumped particle model for rock[J]. International Journal of Rock Mechanics and Mining Sciences，2007，44(7)：997-1010.

[50] 王明芳. 干湿循环作用下石膏质岩劣化特征与机制研究[D]. 武汉：中国地质大学，2018.

[51] 石崇，张强，王盛年. 颗粒流(pfc5.0)数值模拟技术及应用[J]. 岩土力学，2018，39(S2)：43.

[52] Hu C, Yuan Y, Mei Y, Wang X, Liu Z. Modification of the gravity increase method in slope stability analysis[J]. Bulletin of Engineering Geology and the Environment，2019，78(6)：4241-4252.

[53] 胡长明，袁一力，梅源，钱伟丰，叶正武. 基于abaqus的地层-结构法模型的地应力平衡方法研究[J]. 现代隧道技术，2018，55(04)：76-86.

[54] 张鲁渝，郑颖人，赵尚毅，时卫民. 有限元强度折减系数法计算土坡稳定安全系数的精度研究[J]. 水利学报，2003，34(1)：21-27.

[55] 周健，王家全，曾远，张姣. 土坡稳定分析的颗粒流模拟[J]. 岩土力学，2009，30(01)：86-90.

[56] 苗得雨. 基于matlab的土体sem图像处理方法研究[D]. 太原：太原理工大学，2014.

[57] 张群. 石灰土冻融试验研究[D]. 长春：吉林建筑大学，2016.

[58] 蓝青叁. 显微图像识别及其在粒度分析中的应用[D]. 长沙：中南大学，2002.

[59] 徐清浩. 数字图像分析程序在土的微观结构研究中的应用以及数据分析[D]. 太原：

太原理工大学，2008.

［60］ 张晓雷．深部岩石蠕变演化特征的分形几何学分析［D］．泰安：山东农业大学，2016.

［61］ 马富丽，白晓红，王梅，杨晶，韩鹏举．考虑非饱和特性的黄土湿陷性与微观结构分析［J］．防灾减灾工程学报，2012，32(05)：636-642.

第 3 章　湿陷性黄土高填方地基稳定性分析

3.1　黄土高填方工程沉降规律及影响因素研究

3.1.1　黄土高填方工程沉降规律研究

（1）沉降机理分析

作为较早进行大型高填方工程研究的刘宏认为：高填方地基是特指由下部包括软弱土层在内的原地基土体和上部人工填筑体两部分共同组成的特殊地质体，高填方地基变形则是指由包括软弱土层在内的原地基土体所发生的变形和由人工填筑体压缩引起的变形两部分组成[1]。目前，这个看法基本成为共识，对于高填方地基沉降机理，可从原地基变形和人工填筑体压缩变形两部分分析。

1）原地基变形

土在压力作用下体积减小的特性叫作压缩性[2]，是土的重要特性，在岩土工程领域，土体的压缩变形是重要的研究对象。由于土颗粒和水一般难以压缩，在分析土体压缩时多将其忽略，把压缩视为土中孔隙体积的减小，伴随着土粒的重新排列和相互挤紧。

对于高填方地基中的原地基而言，在上部巨大的填筑体压力之下，其必然发生较大的压缩变形。黄土高填方工程的工作区域多为黄土梁峁沟壑区域，其填方区域多为冲沟沟谷，原地基多为沟谷排水通道，其地下水位线也较高，所以可视为饱和土。饱和黏性土地基的沉降被分为三部分，即瞬时沉降、主固结沉降和次固结沉降。其中，瞬时沉降在加载后瞬时产生，是由于加载瞬间孔隙水不能马上排出，土体无法产生体积收缩，侧向变形在加载瞬间发生后引起的沉降。主固结沉降指地基在荷载作用下，超静孔隙水压力消散，有效应力增加，土骨架产生变形所造成的沉降。次固结沉降是指主固结完成即超静孔隙水压力消散后，有效应力不再改变，随着时间的增加土骨架继续变形导致的沉降，其主要取决于土骨架本身的蠕变性质。这三种沉降并非相互独立的，如次固结会发生在主固结之中。

2）填筑体变形

填筑体变形主要指其在自重作用下的变形，可宏观解释为后填土体对先填土体的压缩作用。压实填土为非饱和土，孔隙部分包括气体和液体，其变形情况比较复杂，很多研究多处于理论阶段，难以用于实际工程中，目前多通过一维固结试验构建压实土体变形模型进行研究。

（2）实测案例工程概况

针对高填方工程的研究，原位监测是强有力的技术手段，其对于沉降预测、安全预警、沉降机理分析等有着很大的优势。本书收集、整理了目前国内具有代表性的山区黄土高填方工程的监测数据，通过对数据的分析、对比，进行沉降发展规律的研究，以下为工程概况：

① 吕梁机场试验段（A）[3]

地形地貌："U""V"形沟谷，近南北向，沟谷纵坡降约 7.1%，两侧坡度总体为 40°～60°，局部可达 80°以上；

监测内容：地表沉降、边坡坡面位移、道面区和边坡稳定影响区深部沉降、边坡内部水平位移；

测点布置：地表沉降监测点结合地形按方格网间距 40～50m 布置，深部分层测点分别布设于马道与填方体顶部，边坡布设测斜仪监测水平位移；

监测期：施工期、工后期。

② 陕北地区某监测段（B）[4]

地形地貌："U"形沟谷；

监测内容：地表沉降、填土深部沉降；

测点布设：布设 3 个监测断面，其中两个沿沟谷两侧边坡，一个沿沟谷走向，各个断面都包括地表沉降监测点和深部沉降监测点；

监测时期：工后期。

③ 某新区监测段（C）[5]

地形地貌：北、东、西三面高，中间部位的沟谷低洼，总体形成向东南开口的谷状地形。由北向南地势逐渐降低，大致呈"V"形，沟谷坡降 2%～5%，两侧坡度 15°～60°；

监测内容：地表沉降、填土深部沉降；

测点布设：地表沉降监测点按沟谷的横切向布置，沿纵向相互平行，深部沉降监测点布设于横截面，包括谷底和两侧坡脚、坡面；

监测时期：施工期、工后期。

④ 某高填方试验区（D）[6]

地形地貌："U""V"形沟谷；

监测内容：地表沉降、填土深部沉降；

测点布设：地表沉降布设两个监测断面，分别为顺沟方向和横沟方向，深部沉降监测点分布于谷底与两侧边坡附近；

监测时期：施工期、工后期。

⑤ 某高填方试验区（E）

地形地貌："U""V"形沟谷；

监测内容：地表沉降、填土深部沉降；

测点布设：地表沉降监测点大致按 100m×100m 均匀布设，深部沉降监测点按沟谷横向、纵向形成监测网；

监测时期：施工期、工后期。

⑥ 某高填方试验区（F）

地形地貌："U""V"形沟谷；

监测内容：地表沉降、填土深部沉降；

测点布设：地表沉降监测点大致按 200m×200m 均匀布设，深层沉降监测点均匀布设于监测区内；

监测时期：施工期、工后期。

（3）沉降监测数据分析

根据原位沉降监测数据，分别分析工后期地表沉降、工程累计沉降、原地基和填筑体沉降及其占比的相关规律。

1）工后期地表沉降规律研究

① 工后地表沉降随时间变化的总体趋势及规律拟合

各项目工后地表沉降随时间的变化规律如图 3.1-1 所示。

从图 3.1-1 中可以看出，各个项目的工后沉降发展趋势大致相同，表现为，竣工后的某段时间内沉降发展较快，沉降量较大，经过一段时间之后，沉降速率减缓，沉降量趋于稳定。各个项目中，每条沉降曲线虽然总体发展趋势相同，但在沉降量、沉降速率和稳定时间方面存在差异，这是由于各个测点的位置不同，其填土厚度与原地基地质条件不同。

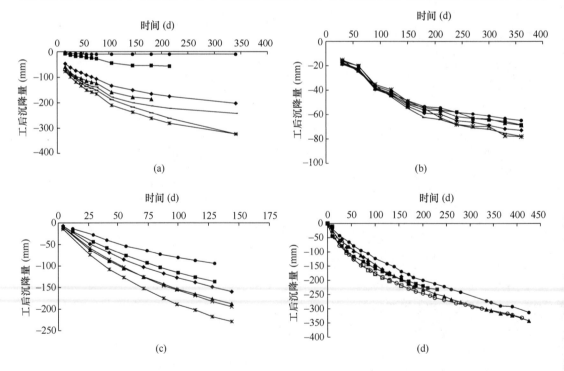

图 3.1-1　各监测项目地表测点沉降发展情况（一）

（a）A 项目地表工后沉降（部分测点）；（b）B 项目地表工后沉降（部分测点）；

（c）C 项目地表工后沉降（部分测点）（d）D 项目地表工后沉降（部分测点）

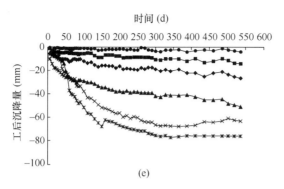

图 3.1-1 各监测项目地表测点沉降发展情况（二）

（e）F 项目地表工后沉降（部分测点）

在原地基的情况较为均匀时，填土越厚，沉降量越大，稳定时间越长，填土厚度相近处的沉降曲线基本相同。

将各个项目的地表工后沉降曲线用数学公式进行拟合，尝试寻找其发展规律，以期达到沉降预测的目的。拟合结果见表 3.1-1。

各项目测点工后沉降曲线拟合结果　　　　　　　　　　　表 3.1-1

项目	拟合公式	R^2
A 项目	$y = 82.446\ln(x) - 171.73$	0.9741
	$y = 79.549\ln(x) - 172.57$	0.9507
	$y = 61.093\ln(x) - 111.78$	0.9820
	$y = 52.276\ln(x) - 110.27$	0.9756
	$y = 20.998\ln(x) - 57.077$	0.9221
	$y = 51.83\ln(x) - 88.975$	0.9690
	$y = 1.8754\ln(x) + 0.5295$	0.6088
B 项目	$y = 20.33\ln(x) - 43.701$	0.9894
	$y = 20.314\ln(x) - 47.094$	0.9905
	$y = 19.702\ln(x) - 46.819$	0.9889
	$y = 19.163\ln(x) - 47.001$	0.9860
	$y = 18.406\ln(x) - 46.118$	0.9647

项目	拟合公式	R^2
B 项目	$y=20.265\ln(x)-58.006$	0.9699
	$y=27.937\ln(x)-88.16$	0.9624
	$y=27.186\ln(x)-82.086$	0.9835
	$y=23.975\ln(x)-67.927$	0.9771
	$y=21.989\ln(x)-60.405$	0.9766
	$y=22.771\ln(x)-65.783$	0.9714
	$y=20.504\ln(x)-55.205$	0.9801
	$y=25.78\ln(x)-77.737$	0.9857
	$y=25.395\ln(x)-78.046$	0.9860
	$y=25.383\ln(x)-80.146$	0.9845
	$y=25.025\ln(x)-78.011$	0.9723
	$y=24.356\ln(x)-76.68$	0.9739
	$y=24.43\ln(x)-74.576$	0.9799
C 项目	$y=50.229\ln(x)-118.34$	0.9516
	$y=49.166\ln(x)-115.17$	0.9521
	$y=42.112\ln(x)-98.315$	0.9481
	$y=35.044\ln(x)-81.499$	0.9463
	$y=35.496\ln(x)-84.865$	0.9525
	$y=52.353\ln(x)-88.177$	0.9010
	$y=49.22\ln(x)-81.091$	0.9012
	$y=47.922\ln(x)-79.775$	0.9027
	$y=42.879\ln(x)-72.56$	0.9053
	$y=42.513\ln(x)-71.354$	0.8996
	$y=61.186\ln(x)-97.896$	0.9139

项目	拟合公式	R^2
C 项目	$y=57.978\ln(x)-94.064$	0.9190
	$y=58.954\ln(x)-94.873$	0.9164
	$y=50.136\ln(x)-80.513$	0.9226
	$y=50.336\ln(x)-81.605$	0.9077
D 项目	$y=85.892\ln(x)-246.73$	0.9143
	$y=64.526\ln(x)-130.83$	0.9591
	$y=93.046\ln(x)-255.47$	0.9331
	$y=78.731\ln(x)-168.46$	0.9598
	$y=72.754\ln(x)-179.67$	0.9558
	$y=64.526\ln(x)-130.83$	0.9591
F 项目	$y=19.692\ln(x)-40.442$	0.9392
	$y=18.773\ln(x)-46.333$	0.9285
	$y=11.553\ln(x)-24.846$	0.9498
	$y=4.8277\ln(x)-8.0059$	0.8956
	$y=2.5396\ln(x)-4.8113$	0.8440
	$y=0.6959\ln(x)-1.5638$	0.5550

从表中可以看出，用对数函数拟合工后沉降曲线时，各测点的相关系数都比较大，其中个别点相关系数较小的原因是其本身的工后沉降量较小，在工后期变化不明显。因此，根据实测数据拟合可以得出，山区黄土高填方工程在工后期的地表沉降规律符合下式：

$$s = a\ln(t) + b \tag{3.1-1}$$

其中，s 为工后沉降累计量，t 为工后时间，a，b 为参数。

② 工后地表沉降发展对比分析

为了得到各个项目沉降规律的共性，以达到同类别工程项目的指导作用，现将几个项目的工后沉降情况进行对比分析。由于各个项目都存在很多测点，这些测点本身由于位置的不同，都有其各自的沉降曲线。为了达到不同项目之间进行对比的目的，现选取各个项目填方厚度最大处附近的测点进行研究。图 3.1-2 为不同监测项目中选定测点的工后沉降发展情况，图 3.1-3 为所选测点的沉降速率随时间变化情况。其中，A，B，C，D 项目所选测点的填土厚度分别为 70m，38m，100m，107m。

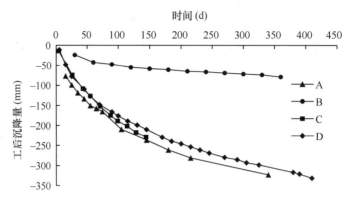

图 3.1-2　各项目填方最厚处测点的工后沉降发展情况

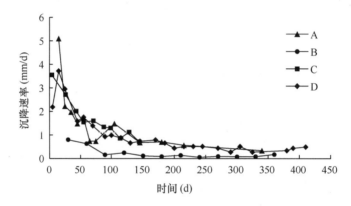

图 3.1-3　各项目所选测点的工后沉降速率变化情况

由图 3.1-2 和图 3.1-3 可知，工后沉降发展与填土厚度关系密切，填土越厚，沉降发展速率及沉降量越大。但是，从 A 项目与 D 项目的沉降情况来看，沉降并未随填土厚度的增加而加剧。通过对两个工程填筑过程的沉降监测结果分析可知，A 项目的原地基沉降量占总沉降量的 77％（平均值），D 项目的原地基沉降量占总沉降量的 36％（平均值）。由此可推测，因为 A 项目的原地基较为软弱，使得其填土虽然没有 D 项目高，但沉降量与沉降速率相近。因此，在高填方工程中，填土高度和原地基处理情况是影响工后沉降发展的关键因素。

同时，对图 3.1-3 的观察可知，沉降速率的变化曲线存在一个"拐点"，即沉降速率的变化速率会有一个明显的减小的时刻，在此时刻之后，沉降速率会保持在一个较小值以较小的速率减小。且填土厚度越大，"拐点"越明显，沉降速率会较长时间地维持在较小值。

2）工程累计沉降、原地基沉降及填筑体沉降发展规律研究

工程累计沉降、原地基沉降及填筑体沉降数据主要通过填土内部测点获得，内部监测是监测工作中的重点项目，可以获得各监测土层填土的变形规律以及累计沉降在施工期的

变化情况。根据目前得到的工程监测资料，监测方案一共有三种，一是在填土施工开始时进行，伴随着填土的进行，分层进行监测仪器的埋设，并进行数据读测，获得整个施工期以及工后期的填土沉降情况。二是在填土施工到一定高度之后进行仪器埋设，可获得后期填土施工期及工后期的填土沉降情况。三是在工后期进行原地基和地表的沉降监测。

① 累计沉降量随填土高度变化规律分析

由于每个测点都有一幅沉降图，且同一工程的规律性很强，出于篇幅考虑，每一项目仅取一代表性测点的沉降图进行分析，见图 3.1-4。

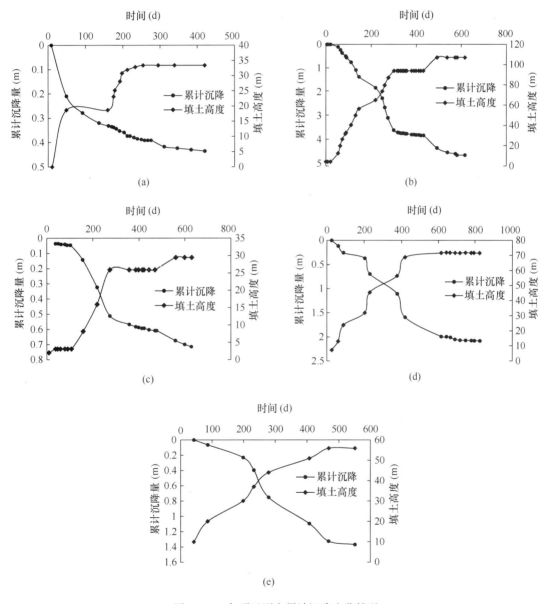

图 3.1-4　各项目测点累计沉降变化情况

（a）A 项目某测点累计沉降；（b）C 项目某测点累计沉降变化情况；（c）D 项目某测点累计沉降变化情况；

（d）E 项目某测点累计沉降变化情况；（e）F 项目某测点累计沉降变化情况

图 3.1-4 中，A 项目是在填土施工到一定高度之后在马道进行仪器埋设，获得填土施工后期的累计沉降情况。其余各项目的监测工作均在施工开始时进行，伴随着填土而埋设仪器，读取数据。从图中可知，从施工起始开始监测的各个项目的累计沉降量随填土高度的变化规律十分相似，图中累计沉降随时间的发展曲线与填土高度随时间的发展曲线之间的关系可描述为镜像对称。具体来讲，累计沉降基本随着填土高度的增加而增加，沉降发展集中于填土施工期，施工期内沉降速率较高，停工期内，沉降发展则较为缓慢。其原因可解释为，填土施工对于先填土体而言相当于加载过程，故在施工期内，先填土体处于加载阶段，其沉降发展较快，同时由于不断增加填土使得受压体增多压缩量增大；在停工期，土体处于加载稳定期，且无新的受压体加入，其沉降发展较为缓慢。

A 项目中测点位于马道，受压体不再增加，反映了已填土体在不断加载时的变形情况。由图可知，经过停工期后，再次加载时，其沉降速率未出现明显提升。说明已填土体压缩性在荷载作用下减弱，越来越难产生新的压缩。

为了分析累计沉降与填土高度的关系，现将从施工起始开始监测的各个项目的累计沉降量与填土高度值作图分析，见图 3.1-5。

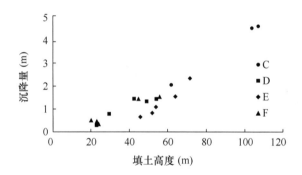

图 3.1-5　累计沉降与填土高度的关系

从图 3.1-5 中可以看出，无论是单个项目，还是各个项目之间，累计沉降量与填土高度呈现正相关关系，随着填土高度的增加，沉降量增大。其原因为，填土高度越高，填土量越大，首先对原地基形成的荷载越大，其次，填土越多相当于受压土体越多，其累计沉降量自然越大。

② 原地基及填筑体沉降占比分析

高填方体沉降主要分为原地基沉降与填筑体沉降，现将所收集到的工程的原地基与填筑体的沉降情况进行分析，寻找相关规律。图 3.1-6 为 D 项目的一个测点从施工开始的沉降变化情况。

从图中可以看出，该测点的原地基沉降在总沉降之中所占比例大于填土沉降，且各自占比较为稳定，沉降速率大致相同。现将各项目中各个测点的原地基沉降占比进行计算后列于图 3.1-7。

图 3.1-7 中，C 和 D 项目从施工开始便进行监测，其变化规律相同，起初填筑首层土时，由于填土沉降还未监测，所以总沉降便全部为原地基沉降，随着填土施工的进行，填

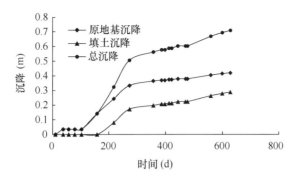

图 3.1-6 D 项目某测点沉降发展情况

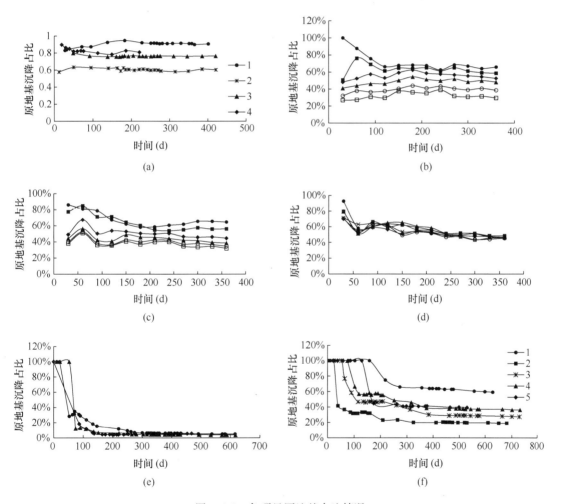

图 3.1-7 各项目原地基占比情况

(a) A 项目原地基沉降占比情况；(b) B 项目 1 截面测点原地基沉降占比情况；(c) B 项目 2 截面测点原地基
沉降占比情况；(d) B 项目 3 截面测点原地基沉降占比情况；(e) C 项目原地基沉降占比情况；
(f) D 项目原地基沉降占比情况

土沉降增加，原地基沉降所占比例减小，最后趋于稳定值。在 D 项目中，测点均匀分布于沟谷某横截面，1、2、3、4、5 测点的填土高度分别为 29.5m、45m、50m、36.4m、17.7m，可以看出，填土越高，原地基沉降所占比例越低，但其相关关系并非严格的正相关，这是由于原地基性质的影响。C 项目中，各个测点的原地基沉降占比都稳定于一个接近于 0 的较小值，且填土高度的差异也并未对两种沉降的分配产生明显影响，说明该项目原地基处理情况良好，其沉降始终保持为一个较小值。从上述分析来看，原地基与填土的沉降占比很大程度上受填土高度和原地基性质的影响。

A 项目为填筑到一定高度之后，在马道进行测点的布设，所监测的沉降数据为已填土体与原地基沉降，未包括后填土体沉降。图中各个测点的原地基沉降占比都比较稳定，并且监测时间范围包括填筑期和停工期。1、2、3 测点的已填高度分别为 15m、41m、50m，4 测点为工后期的沉降情况，填土高度 78m，由图可知，填土高度的增加减小了原地基沉降占比，但对比 2、3 测点，原地基性质的影响大于填土高度。

B 项目为施工结束之后，在工后期进行监测。首先，各个测点的原地基占比在工后期基本稳定在某一数值。其次，1、2 截面中各个测点的填土高度不同，其原地基占比也随填土高度的增加而降低，3 截面中的各个测点填土高度大致相同，所以测点的占比曲线并未出现明显规律性变化，且基本集中于某一范围。

由上述原地基沉降在施工期、工后期的占比情况可得以下规律：在填土开始时，沉降均为原地基沉降，随着填土进行，填土体占比提高，原地基占比降低，在施工后期以及工后期，两者占比会趋于稳定值。同时，沉降占比主要受原地基性质和填土高度的影响，原地基处理情况会对沉降的分配产生很大影响，同时也会影响工后沉降以及最终沉降量。所以在工程之中，原地基处理必须引起重视。

3.1.2 黄土高填方工后沉降影响因素分析

高填方工程工后沉降是多种因素共同作用的结果，为能理想地控制沉降，需了解各种因素对工后沉降的影响规律。目前已知的对工后沉降有较大影响的因素主要有：原地基土质情况、原地形形状、填土的工程性质、填土施工工艺、自然环境变化等。本节将通过有限元分析软件 ABAQUS，依托陕北地区某高填方项目进行建模，分析各个因素对工后沉降的影响规律。

（1）有限元计算模型的建立

1）几何模型

所建模型为三维模型，其总体尺寸为 326m、71m、100m，其中，沟底原地基分为基岩和两层地基土，地基土厚度分别为 4m 和 7m，填土每层厚 4m，共 10 层，填土两侧为原状黄土，模型两侧计算范围取大约 1 倍填土高度，底部计算范围取大约 2 倍的原地基土厚度，底部采用固定约束，前后侧采用法向约束，左右侧仅允许竖向位移。模型见图 3.1-8。

2）材料参数

本模型共有 5 种材料参数，赋予不同部位，各个部位的材料均选择 M-C 模型，参数

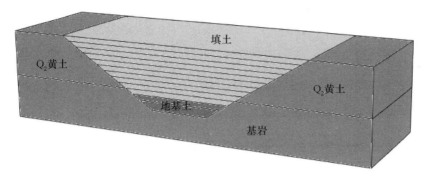

图 3.1-8　计算模型

取值见表 3.1-2。

模型各部位的材料参数　　　　　　　　表 3.1-2

部位	$E(\mathrm{kPa})$	λ	$c(\mathrm{kPa})$	$\varphi(°)$	$k(\mathrm{m/d})$	$\gamma_\omega(\mathrm{kN/m^3})$	e
地基土 1	10900	0.3	23	24.1	0.03	9.8	0.8
地基土 2	14800	0.3	29	24.4	0.03	9.8	0.7
Q_2黄土	20000	0.3	35	25.1			
基岩	275000	0.4	80	18			
填土	10000	0.3	20	20			

对于填土而言，从下至上的各层土体的应力状态不同，其变形模量等参数也不相同。但是，由于本节的主要内容为影响因素分析，会对各个影响因素进行单一变量分析，得到其影响规律，所以各层填土均使用相同的参数。

3）工况设置

为了模拟原地基土的排水固结，分析步均采用 soil 分析步，为了模拟填土施工，使用单元生死功能，具体的施工工况见表 3.1-3。

高填方施工模拟模型工况　　　　　　　　表 3.1-3

序号	名称	填土高度	时间	分析步类型	分析工况
0	Geostatic	0	1	geostatic	地应力平衡
1	fill-1	4	12	soil	原地基固结＋填土施工
2	fill-2	8	12	soil	原地基固结＋填土施工
3	fill-3	12	12	soil	原地基固结＋填土施工

序号	名称	填土高度	时间	分析步类型	分析工况
4	fill-4	16	12	soil	原地基固结＋填土施工
5	fill-5	20	12	soil	原地基固结＋填土施工
6	con-1	20	60	soil	停工期
7	fill-6	24	12	soil	原地基固结＋填土施工
8	fill-7	28	12	soil	原地基固结＋填土施工
9	fill-8	32	12	soil	原地基固结＋填土施工
10	fill-9	36	12	soil	原地基固结＋填土施工
11	fill-10	40	12	soil	原地基固结＋填土施工
12	con-2	40	100	soil	工后期

（2）模型试算结果分析

图 3.1-9 为计算结束后的沉降云图，为验证模型的适用性，将模型的试算结果与 3.1.1 节所得沉降规律进行对比。

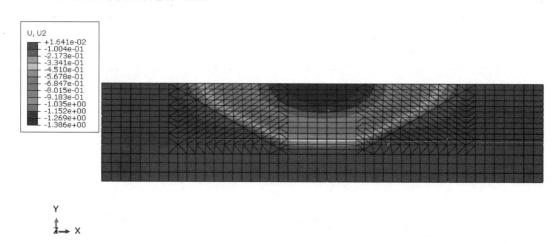

图 3.1-9　试算模型沉降云图

1）工后沉降分析

在填方体表面取了 5 个点的工后沉降数据，见图 3.1-10。从图中可以看出，各个点的沉降速率均由快至慢，趋于稳定，符合现场实测规律。该计算结果中的工后沉降较小，稳定时间较短，其原因是填土自身在工后期的沉降未能体现在工后沉降计算结果中，包含在了填土结束累计沉降值中。由于缺乏对填土进行相关的蠕变试验研究，所以本模型未能计算填筑体沉降在工后期随时间的变化情况。

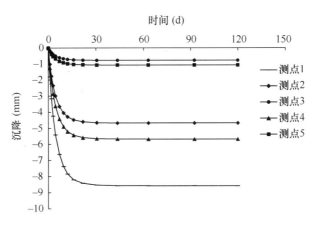

图 3.1-10　试算模型各个测点的工后沉降曲线

2）全过程填土累计沉降分析

在填筑体中取一观测点，将其施工过程及工后期的沉降值表示于图 3.1-11 中。可以看出，该测点的沉降发展规律与 3.1.1 节中所得规律基本一致，表现为累计沉降随填土高度的增加而增加，沉降发展集中于施工期，在停工期及工后期，沉降发展较为缓慢，全过程的沉降发展曲线与填土高度发展曲线之间的关系可描述为镜像对称。图 3.1-12 展示了该测点原地基沉降占总沉降量的比例的变化情况，与 3.1.1 节所得规律相同，表现为随着填土施工的进行，原地基沉降占比下降，最后趋于稳定。

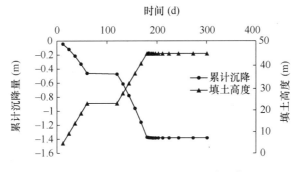

图 3.1-11　某测点施工全过程累计沉降图

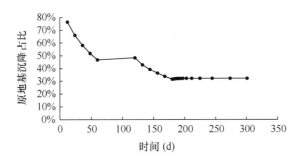

图 3.1-12　某测点施工全过程原地基沉降占比变化图

由以上分析可知，该模型的模拟结果符合实际工程监测数据分析所得规律，可用于高填方工程工后沉降影响因素分析。

需要注意的是，本模型未反映填筑体自身沉降在工后期随时间发展的情况，其沉降值包含在了累计沉降中，因此，需一同分析计算结果中的工后沉降值与累计沉降值。由于本节为影响因素分析，并非准确计算工后沉降随时间的发展情况，上述分析方法可达到研究目的。

(3) 原地基处理对工后沉降的影响

由 3.1.1 节可知，原地基处理情况对工后沉降影响较大，本节进行详细分析。对于原地基而言，其处于沟谷部位，在常年水流及地下水位的影响下，饱和度一般较高，可视为饱和土进行分析。选取对沉降影响较大的变形模量与渗透系数两个参数进行分析，同时对多层原地基土之间的性状差异对沉降的影响进行分析。

1）原地基变形模量对工后沉降影响分析

① 建模概况

变形模量的取值情况列于表 3.1-4 中，其取值参考了实际的勘察报告数据，并通过参数的变化以反映其影响规律。出于单一变量分析的考虑，原地基两层土体均取同一变形模量值。

原地基土体变形模量取值 表 3.1-4

变形模量	工况 1	工况 2	工况 3	工况 4	工况 5
E(kPa)	5000	8000	10000	15000	20000

② 计算结果分析

图 3.1-13 与图 3.1-14 为填土顶面中心部位某一测点的沉降计算结果的整理，其中，图 3.1-13 为工后沉降发展曲线，图 3.1-14（a）、图 3.1-14（b）分别为工后沉降量与累计沉降量随变形模量的变化而变化的曲线。

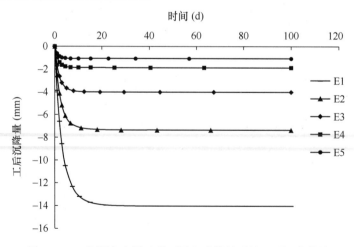

图 3.1-13　某测点在原地基不同变形模量时的工后沉降曲线

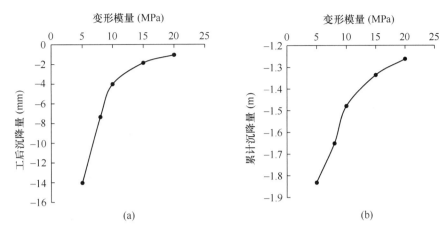

图 3.1-14　某测点在原地基不同变形模量时的沉降分析
（a）工后沉降量；（b）累计沉降量

可以看出，工后沉降量和累计沉降量均随着原地基土体变形模量的增大而减少，且稳定时间也随着变形模量的增大而缩短。由此可知，原地基土体变形模量的增加对于工后沉降的控制是起正面作用的。在实际施工中，变形模量是重要控制指标，在不符合设计要求时必须进行地基处理。

2）原地基渗透系数对工后沉降影响分析

① 建模概况

同样，为反映土体渗透系数单一变量对工后沉降的影响，基于实际的勘察报告与一定的变化梯度，确定渗透系数的取值，见表 3.1-5。原地基两层土体均取同一渗透系数值。

原地基土体渗透系数取值　　　　　　　　　表 3.1-5

渗透系数	工况 1	工况 2	工况 3	工况 4	工况 5	工况 6
k (m/d)	0.001	0.003	0.005	0.01	0.03	0.06

② 计算结果分析

图 3.1-15 和图 3.1-16 表示渗透系数的变化对高填方体工后沉降的影响。

可以看出，渗透系数的变化对累计沉降量影响不大，但工后沉降量随着渗透系数的增大而减小，且稳定时间随着渗透系数的增大而缩短。由此可知，原地基土体渗透系数的改善虽然对于累计沉降影响不大，但能减小工后沉降量，使沉降更多发生在施工期，加速工后期沉降的稳定，这对高填方工程的沉降控制是十分有利的。因此，在实际施工中，必须注意改善原地基土体的渗透性，加速其固结，减小原地基沉降在工后沉降中的占比，从而更好地控制工后沉降。同时，从图 3.1-16 中也能明显看出，存在一个"拐点"，当渗透系数大于该值后工后沉降已很小，再增加渗透系数影响也不大，在原地基处理中也需考虑该值，以避免浪费。

3）多层原地基性状差异对工后沉降影响分析

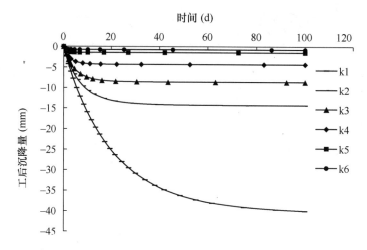

图 3.1-15   某测点在原地基不同渗透系数时的工后沉降曲线

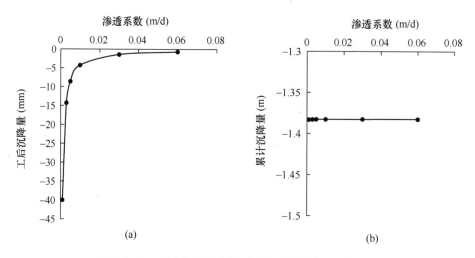

图 3.1-16   某测点在原地基不同渗透系数时的沉降分析
（a）工后沉降量；（b）累计沉降量

由于原地基多为多层分布，不同土层的性状差异同样会对填方体沉降产生较大影响，现以变形模量和渗透系数为基本变形性状参数，分析两层原地基土体的性状差异对工后沉降的影响规律。设变形模量差异系数 $a = E_1/E_2$，其中，E_1 和 E_2 分别为上下两层原地基土体的变形模量；渗透系数差异系数 $b = k_1/k_2$，其中，k_1 和 k_2 分别为上下两层原地基土体的渗透系数。

① 建模概况

原地基各层土体的厚度会对其性状差异分析的结果产生较大影响，为保证分析结果的可信度，重新建立模型，使原地基的两层土体厚度均为 5m。表 3.1-6 和表 3.1-7 分别为原地基双层土体的变形模量与渗透系数的取值情况，其同样参考了实际工程的勘察报告。

146

原地基双层土体变形模量取值　　　表 3.1-6

	工况 1	工况 2	工况 3	工况 4	工况 5	工况 6	工况 7
E_1(kPa)	10000	20000	24706	30000	35294	40000	50000
E_2(kPa)	50000	40000	35294	30000	24706	20000	10000
a	0.2	0.5	0.7	1	1.4	2	5

原地基双层土体渗透系数取值　　　表 3.1-7

	工况 1	工况 2	工况 3	工况 4	工况 5	工况 6	工况 7
k_1(m/d)	0.02	0.04	0.05	0.06	0.07	0.08	0.1
k_2(m/d)	0.1	0.08	0.07	0.06	0.05	0.04	0.02
b	0.2	0.5	0.7	1	1.4	2	5

② 计算结果分析

取填方顶面中部某一测点进行分析。图 3.1-17 和图 3.1-18 为原地基变形模量差异影响结果，图 3.1-19 和图 3.1-20 为原地基渗透系数差异影响结果。

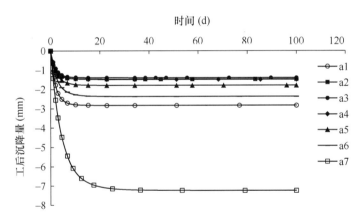

图 3.1-17　某测点在原地基不同变形模量差异系数下的
工后沉降曲线

从图 3.1-17 和图 3.1-18 中可以看出，在两层土体变形模量之和一定的情况下，差异系数为 1 左右时，即上下两层土体模量相近时，工后沉降量最小，随着差异系数的增大或者减小，工后沉降量均加大。总沉降量的变化情况与工后沉降量基本一致，在差异系数为 1 左右时较小。从上述规律可知，原地基两层土体的变形模量越接近，其工程沉降越小，说明在进行原地基处理时，同步改善各层土体的变形模量比单一地加强某一土层更能减小沉降。

从图 3.1-19 和图 3.1-20 中可以看出，随着渗透系数差异系数的变化，总沉降量基本

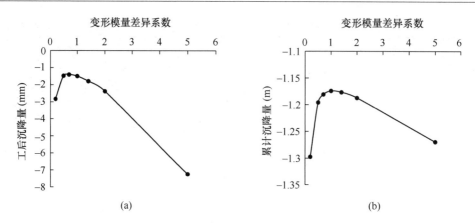

图 3.1-18　某测点在原地基不同变形模量差异系数下的沉降分析

（a）工后沉降量；（b）累计沉降量

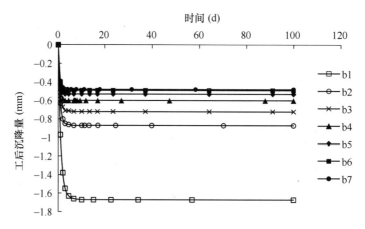

图 3.1-19　某测点在原地基不同渗透系数差异系数下的

工后沉降曲线

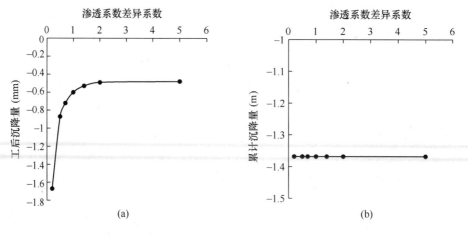

图 3.1-20　某测点在原地基不同渗透系数差异系数下的沉降分析

（a）工后沉降量；（b）累计沉降量

没有变化，工后沉降量变化幅度较小，但呈现出了一定规律，即差异系数在 1 左右时，工后沉降处于较小值，大于 1 时，沉降值基本不变。说明当多层地基土渗透系数相近时，工后沉降较小。由于排水面设置在上部地基土层顶部，所以上部地基土层渗透系数的增加更利于减小工后沉降，故差异系数大于等于 1 时的沉降要比小于 1 时小。因此，原地基处理中，要同步改善多层土体渗透性，同时注意排水路径的合理布置。

（4）填土施工对工后沉降的影响

填土自身沉降很大程度上影响工后沉降的发展，所以研究填土施工对工后沉降的影响十分有必要。对于填土施工而言，其主要控制因素为每层填土施工结束时的初始压实度和初始含水量以及施工速度，因此，将以上各点作为影响因素，分析其对沉降的影响。

1）初始压实度和初始含水量对工后沉降影响分析

压实度和含水量本身并非沉降计算的参数，分析其影响规律主要是从其对填土变形模量、黏聚力、内摩擦角等指标的影响入手。

① 黏聚力与内摩擦角受初始压实度和初始含水量影响的规律分析

针对压实 Q_3 黄土，本课题组做了一系列直剪试验，得到其在不同干密度和含水量下的 c，φ 值，又结合室内击实试验得知试验用土的最大干密度和最优含水量，可以分析压实度和含水量对 c，φ 的影响规律。

图 3.1-21 为试验数据整理后的结果，可以看出，黏聚力与内摩擦角均随含水量增大而减小，黏聚力随干密度增大而增大，当干密度较大时，内摩擦角随干密度增大而增大。

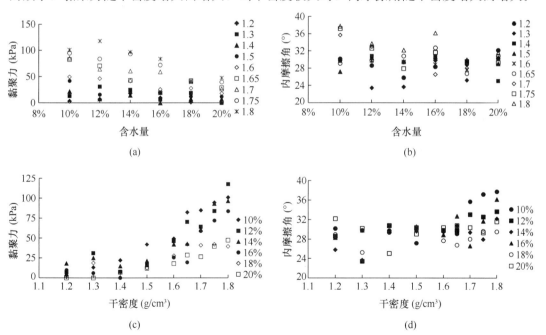

图 3.1-21　黏聚力与内摩擦角受含水量和干密度的影响规律

（a）黏聚力受含水量影响规律；（b）内摩擦角受含水量影响规律；（c）黏聚力受干密度影响规律；

（d）内摩擦角受干密度影响规律

根据试验数据，建立了压实黄土抗剪强度指标变化模型：

$$c = A \cdot \omega + B \cdot \rho^2 + C \cdot \rho + D \cdot \omega \cdot \rho + E \qquad (3.1\text{-}2)$$

（A，B，C，D，E 为拟合参数）

拟合结果为：

$A = 1448(790.2, 2106)$；$B = 234.1(149.1, 319)$；$C = -401.3(-664.6, -138)$；

$D = -1168(-1582, -753.1)$；$E = 143.1(-70.79, 357)$；

$R^2 = 0.9299$

拟合结果中括号内为置信度为 95% 的置信区间，R^2 为相关指数。

当干密度大于等于 1.7g/cm³ 时，

$$\varphi = F \cdot \omega^2 + G \cdot \rho^2 + H \cdot \omega + I \cdot \rho + J \cdot \omega \cdot \rho + K \qquad (3.1\text{-}3)$$

（F，G，H，I，J，K 为拟合参数）

拟合结果为：

$F = 1776(1200, 2352)$；$G = 316.8(-151.1, 784.6)$；$H = -521.7(-1182, 138.9)$；

$I = -1086(-2724, 552.5)$；$J = -43.53(-407.6, 320.6)$；$K = 1009(-426.7, 2444)$

$R^2 = 0.9423$

拟合结果中括号内为置信度为 95% 的置信区间，R^2 为相关指数。

② 变形模量受初始压实度和初始含水量影响的规律分析

压实度和含水量对土体变形模量的影响规律主要通过查询文献[7]得知。土的变形模量并非常数，它随应力的增大而增大，在土体压缩性的比较中一般取 $p = 100 \sim 200\text{kPa}$ 区间的参数值。本节的目的是分析各个影响因素的变化对沉降的影响，属于对比分析，并非精确计算沉降，故同样取 $p = 100 \sim 200\text{kPa}$ 区间的压缩模量。具体取值如表 3.1-8 所示。

不同含水量和压实度下的压实黄土压缩模量取值　　　　　　表 3.1-8

E_s(MPa) ⟍ k ／ ω	0.7	0.8	0.85	0.9	0.95
14%	7.14	10.00	12.50	20.00	50.00
16%	6.67	9.09	12.50	20.00	33.33
18%	6.25	9.09	12.50	16.67	33.33
20%	6.25	8.33	11.11	16.67	33.33
22%	4.76	7.69	9.09	12.50	20.00

由表中数据可知，随着压实度的增大，压缩模量明显增大，随着含水量的增大，压缩模量在总体上呈减小趋势，个别点处没有变化。该土样的最优含水量为 18.28%，同时，在实际工程之中的压实度要求多为 0.93 以上，故取 $\omega=18\%$ 和 $k=0.95$ 的数据进行分析。为了表现出含水量变化对压缩模量的影响，且减弱试验误差的影响，将压缩模量随含水量变化而变化的数据进行曲线拟合，然后根据曲线取值。压缩模量随压实度变化而变化的取值依据表 3.1-8 的试验结果。

当 $k=0.95$ 时，压缩模量随含水量变化曲线可拟合为：

$$E_{\mathrm{s}} = 1190.5\omega^2 - 728.57\omega + 125.62 \tag{3.1-4}$$

$R^2=0.8011$

则压缩模量取值如表 3.1-9：

压实度为 0.95 时，填土压缩模量随含水量变化的取值　　表 3.1-9

ω	14%	16%	18%	20%	22%
E_{s}(MPa)	47	40	33	28	23

在进行计算时，按下式将压缩模量换算为变形模量。

$$E = \left(1 - \frac{2\nu^2}{1-\nu}\right)E_{\mathrm{s}} \tag{3.1-5}$$

式中，ν 为泊松比。

③ 建模概况

由压实黄土抗剪强度指标变化模型计算 $\omega=18\%$ 与 $k=0.95$ 时抗剪强度指标的取值，如表 3.1-10 和表 3.1-11 所示，其中最大干密度为 $1.8\mathrm{g/cm^3}$。

压实度为 0.95 时，填土抗剪强度指标随含水量变化的取值　　表 3.1-10

含水量	14%	16%	18%	20%	22%
c(kPa)	65	54	43	32	21
φ(°)	30	28	29	30	33

含水量为 18% 时，填土抗剪强度指标随压实度变化的取值　　表 3.1-11

压实度	0.95	0.9	0.85	0.8	0.7
c(kPa)	43	27	16	9	5
φ(°)	29	29	29	29	29

总结以上内容，可得压实度和含水量对于填土各个参数的影响规律如表 3.1-12 所示。

				表 3.1-12

受压实度和含水量影响的填土参数取值

k	ω	E(kPa)	c(kPa)	$\varphi(°)$
0.95	14%	35000	65	30
	16%	30000	54	28
	18%	25000	43	29
	20%	21000	32	30
	22%	17000	21	33
0.95	18%	25000	43	29
0.9		13000	27	29
0.85		10000	16	29
0.8		7000	9	29
0.7		4000	5	29

④ 计算结果分析

由于本计算模型未能反映工后期的填土自身沉降随时间的变化，工后沉降包含于累计沉降中，故该部分的影响因素分析以累计沉降为对象，不再对计算结果中的工后沉降进行分析。图 3.1-22 为压实度和含水量变化对某节点累计沉降的影响。

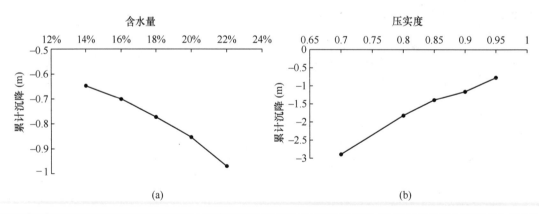

图 3.1-22　压实度和含水量变化对累计沉降的影响
（a）累计沉降量随含水量变化（$k=0.95$）；（b）累计沉降量随压实度变化（$\omega=18\%$）

从图 3.1-22 中可以看出，累计沉降量随填土含水量增大而增大，随着压实度增大而减小。在填土施工中，含水量和压实度是重要的控制指标，尤其是压实度，其对沉降影响很大，且对于填土的其他特性如抗剪强度也有很大影响，所以施工控制中必须达到设计要求, 同时, 含水量也是重要的控制指标, 从分析结果来看, 在能保证压实度要求的情况下, 含水量偏小更有利于减小沉降。

2) 施工速度对工后沉降影响分析

① 建模概况

填土的施工速度会对工后沉降产生较大的影响, 在此, 通过调整每一分析步的时间总长来模拟填土施工速度的变化, 从而分析其对工后沉降发展的影响。分析步步长取值见表 3.1-13。

		模拟施工速度变化的分析步步长取值		表 3.1-13	
	工况 1	工况 2	工况 3	工况 4	工况 5
分析步的时间总长 (天)	2	3	4	6	10

② 计算结果分析

图 3.1-23 和图 3.1-24 为计算结果, 可以看出, 分析步步长越长即施工速度越慢, 工后沉降越小, 稳定时间越短, 但累计沉降量几乎不变。这是因为施工时间越长, 原地基的固结沉降、填土自身沉降都会较多地发生于施工期, 则工后期沉降量减小。这说明, 实际工程之中, 在保证规定工期的情况下, 适当减缓施工速度是有利于工后期的沉降控制的。

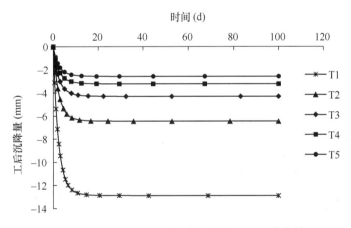

图 3.1-23 不同施工速度下某测点的工后沉降曲线

(5) 原地形对工后沉降的影响

1) 建模概况

在沟壑区进行土方填筑时, 原山体的坡度会对填方工程的沉降产生一定影响, 现对其进行分析。建立不同原山体坡度的模型, 其余各种设置保持不变, 坡度取值见表 3.1-14。

		原地形坡度取值		表 3.1-14	
	工况 1	工况 2	工况 3	工况 4	工况 5
坡度 (°)	30	40	50	60	70

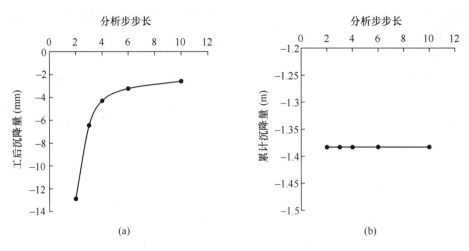

图 3.1-24　不同施工速度下某测点的沉降分析

（a）工后沉降；（b）累计沉降

2）计算结果分析

各坡度模型的计算结果云图见图 3.1-25，从中可以看出，沉降分布大致为填土中心处最大，向两侧逐渐减小，与原地形相符，其原因是原地形的坡度造成的填土厚度差异和沟谷处存在软弱地基。图 3.1-26 为各种坡度下填土顶部各点处的沉降情况。

从图 3.1-26（a）中可以看出，各种坡度下，累计沉降均在填土中心处最大，向两侧逐渐减小，在填土高度一定时，随着坡度的增加，其填方范围减小，各处沉降值减小，沉

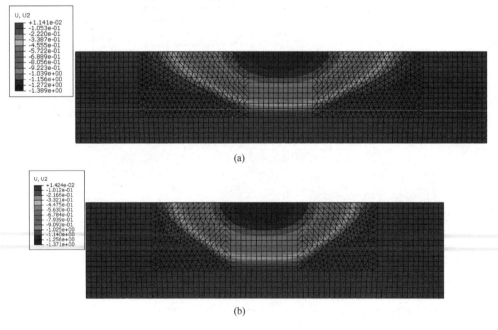

图 3.1-25　不同坡度原山体的计算云图（一）

（a）坡度 30°；（b）坡度 40°

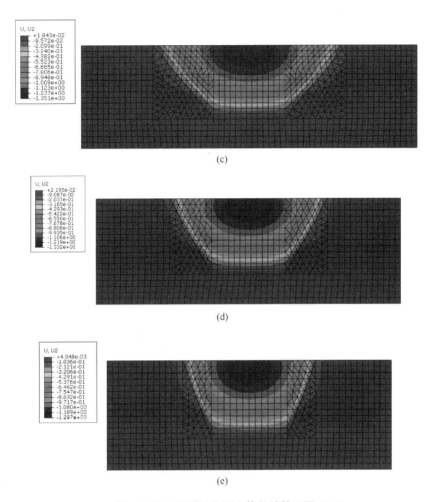

图 3.1-25 不同坡度原山体的计算云图 (二)

(c) 坡度 50°; (d) 坡度 60°; (e) 坡度 70°

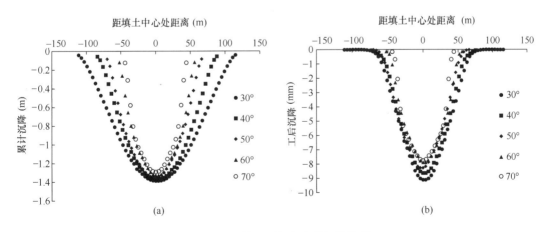

图 3.1-26 填土顶部各点的沉降情况

(a) 累计沉降情况; (b) 工后沉降情况

降从填土中心向两侧变化速率增大，不均匀沉降突出。

从图 3.1-26（b）中可以看出，各坡度的工后沉降都发生在距填土中心大约 60m 的范围内，在中心处最大，向两侧逐渐减小，这是由于本计算模型的工后沉降值主要是沟谷原地基固结沉降，距填土中心 60m 以外的范围中，原地基多为山体，受沟谷原地基沉降影响较小。同时，随着坡度的变化，工后沉降的变化与累计沉降相似，均表现为坡度越大，沉降值越小，向两侧变化的速率越大，不均匀沉降越突出。

结合累计沉降和工后沉降的变化规律可知，工程的实际工后沉降规律为填土中心处沉降最大，向两侧逐渐减小，随着坡度的增加，各点沉降量减小，从中心向两侧的沉降变化速率增大，不均匀沉降表现得更为明显。

3.2 湿陷性黄土高填方地基稳定性离心模型试验研究

土工离心模拟技术的不断向前发展，使得土工离心模型试验已经成为解决大型岩土工程中关键问题的一种有效手段。借助土工离心模型试验，可以将工程中结构物模型置于原型应力状态下，针对结构物的稳定性、变形规律及其破坏过程进行深入研究，其研究结果不仅能验证设计方案的可靠性及经济性，还能为工程的施工控制提供科学依据。如今，离心模型试验技术已经广泛应用于建筑工程、水利水电工程、海洋工程、交通工程、采矿工程等多个领域，并解决了工程中诸多关键问题。

在工程研究领域，采用物理模型试验对现象的本质及机理加以分析和揭示是比较常用的方法，试验结果常被用来解决工程中出现的实际问题以及验证理论的可靠性[8]。采用物理模型模拟岩土工程中不同的结构物同样具有可行性。按照模型尺寸大小可将土工模型试验分为缩尺试验及足尺试验，其中缩尺试验又可分为离心场模型试验和重力场模型试验两种。各种类型的试验各具优缺点，由于足尺试验与工程实际结构物尺寸相同，所以其试验结果具有较高的可信度，试验资料亦相当宝贵，得到的研究结论可直接指导工程的设计与施工，但是，由于其尺寸较大，制模困难导致其试验过程漫长，外界因素对试验结果干扰较大，试验成本也较高，并且试验过程不具有重复性[9]。

相对而言，缩尺模型试验虽然模型尺寸较小，但能根据工程需要制作多组模型，能够形成完整的试验体系，且能够满足不同的试验需求，在某些条件下，缩尺模型试验比足尺模型试验优势更加明显。无论缩尺模型试验还是足尺模型试验都必须同时满足几何相似及力学相似的基本条件[10]。

由于缩尺模型试验将岩土工程中结构物的尺寸缩小至原型的 $1/n$，模型应力状态与原型的应力状态不一致，因此，缩尺试验不能满足力学相似的基本条件，因此，提高试验模型的自重，使原型与模型的应力状态等效成为解决上述问题的唯一途径。缩尺模型试验中常采用的方法包括水力坡降法及离心模型试验的方法还原模型的应力状态，其中离心模型试验是将 $1/n$ 缩尺的模型采用离心机加载，使其加速度达到 n 倍的重力加速度。由于重力和惯性力绝对等效，在模型材料性质不变的前提下，离心模型试验同时保证了模型与原型的几何及力学特征的相似[0]。由于，重力荷载在岩土工程是个可忽视的，因此，离心模型试验非常适用于岩土工程，能够有效解决工程中出现的关键问题。

3.2.1　离心模型试验技术

早在 19 世纪 60 年代，离心模型试验技术就被提出，并在 20 世纪 70 年代后开始得到广泛应用。离心模型试验技术发展大体经历了提出阶段、应用研究开始阶段、进一步发展阶段以及推广阶段：

（1）提出阶段

模型和原型之间具有的同一性状的相似关系在 19 世纪 60 年代被推导出来，基于这种相似关系，研究者建议在重力成为主导因素的条件下用离心机提高模型的重力，以达到模型与原型的同一性状相似，进而提出了离心机的基本设计原理。

离心机的一般设计原理是法国人 E. Phillips 在 1869 年明确提出的，他曾设想采用离心模拟技术对横跨英吉利海峡的大钢桥进行可靠性研究，至此形成了离心模型试验的工程应用思想，但是，在此后的 60 年间，离心模型试验的试验未能付诸实践。

（2）应用开始阶段

岩土工程中地基及边坡稳定性分析应用离心模型试验技术开始于 20 世纪 30 年代。以 Pokrovsky 和 E. C. Fedorov 为代表的苏联的研究者们对离心模拟技术开展了深入且广泛的研究，研究对象涉及不同大中型离心机。

国际岩土工程界对离心模型技术的广泛关注开始于第一届土力学与基础工程会议，该次会议论文集首先介绍了苏联学者利用离心机针对埋管土压力、土质边坡稳定性、基础压力分布规律及土坝稳定性的方面的研究成果。

哥伦比亚大学的 PhlipBucky 在 1931 年研究了岩石结构在离心力增加时的破坏过程，并在其一篇论文中对其研究成果进行了详细的阐述，随后，针对煤矿巷道顶部稳定性开展了离心模型试验，但由于离心机有效半径较小，该试验未能获得有价值的成果，也没有引起岩土工程研究者的重视。

苏联为了岩土工程的研究，截至 20 世纪 70 年代已经制作了离心机十余台，其研究工作卓有成效，为离心模型试验的设备设计、试验方法及基本理论的发展奠定了坚实的基础。因此，苏联在离心模拟的理论及试验技术方面一直领先与其他国家，其五部有关离心模型试验实践与理论的著作在 1952 年至 1984 年先后得到出版。但是，由于某些研究成果涉及特种岩土工程及军事工程，苏联在 1940 年至 1965 年有关离心模型试验的研究成果均未得到公开。

（3）进一步发展阶段

离心模拟技术在 20 世纪 60 年代推广到日本和英国，岩土本构关系研究的先驱者 A. N. Schofield 和 P. W. Rowe 认为岩土工程的数值计算方法及土体本构模型的可靠性可以通过离心模型试验加以验证。他们建立了四个土工离心模拟技术研究基地，这些研究基地分别设置在利物浦大学、曼彻斯特大学的科学技术研究所、剑桥大学以及西蒙工程实验室。在这些基地中，多个海上及陆地岩土工程的有关问题利用离心模拟试验技术得到了很好的解决。与此同时，离心试验数据采集系统和测试技术在开展试验的过程中也得到了长足的发展，为达到试验目的，他们还将微型传感器、高速摄影及微机控制等设备应用到模型试验中，至此离心模型试验技术实现了现代化和自动化。

日本大阪市立大学 M. Mikasa 教授最早研究离心模型试验技术，他认为离心模型试验可以有效确定地基承载力及土坡稳定性且试验结果可靠。他借助离心模型完成了黏土层内钢板桩的破坏机理、堆石坝的抗震稳定性以及软黏土自重作用下的固结理论的研究。众多学者的深入研究使得日本的离心机观测设备较为领先。

（4）推广阶段

离心模型技术在 20 世纪 70 年代逐步普及到世界各地。在岩土工程中应用离心模拟技术得到了西欧各国和美国的重视，国际上，离心机不仅在容量上有了较大的增长，数量上也有了显著的增加。采用离心模拟技术研究的课题涉及多个领域，其中包括地基承载力研究、上体固结理论、岩土结构物地震动力特征、坝体渗流分析、水利工程、和桩基承载力的动静态模拟研究等。

随着近年来国内外学者对土工离心模型试验深入研究的开展，国际上专业化离心机建置的发展趋势愈加明朗。东京技术学院于 1998 年建造了鼓式离心机，该离心机直径为 2.2m，主要研究土-水结构界面的相关问题[11]；加拿大皇后大学矿业工程系设计建造了一台容量 30g·t 的离心机，该离心机主要应用于矿山问题的试验研究，具体包括尾矿坝、冻土工程、岩爆等问题；为针对环境问题进行研究，美国国家工程和环境实验室建造的一台数据采集系统采用光纤传输且容量为 50g·t 的离心机，该离心机附属设备配置较为齐全，可以系统开展生物岩土工程、水文及其他与环境相关的研究工作。同时，近年来国内外相继建立了多台大型离心机，以适应大型工程关键问题研究的需要。2000 年，日本大林株式会社技术研究院于建造了一台配备有振动台的大型离心机，该离心机容量为 700g·t，振动台最大加速度 50g，同时，该机能在运转过程中自行调节不平衡配重，最大不平衡配重可达 20g·t。世界上具有特色的专门的离心模型试验中心随着离心机数量的不断增加以及大型化、专业化离心机的建立而陆续形成。有关离心机的国际学生交流与合作经常开展。目前，国际上每 4 年将召开一次离心机会议。国际上拥有离心机的代表性机构及离心机主要参数的统计见表 3.2-1。

国内外土工离心机主要参数

表 3.2-1

国别	机构名称	有效旋转半径（m）	建成年代
英国	曼彻斯特大学西蒙工程实验室	3.0	1971
英国	剑桥大学	4.0	1973
中国	长江科学院	3.0/3.7	1982/2008
中国	南京水利水电科学研究院	2.9/2.7	1982/2010
中国	河海大学	2.4	1982

国别	机构名称	有效旋转半径(m)	建成年代
美国	加州大学戴维斯分校	9.2	1983
法国	道路桥梁中心	5.5	1985
德国	鲁尔大学	4.1	1985
意大利	结构模型实验研究所	3.0	1987
美国	科罗拉多大学	5.5	1988
荷兰	Delft 岩土实验室	6.0	1988
中国	四川大学	2.0	1990
中国	水利水电科学研究院	5.03	1991
中国	香港科技大学	4.2	2001
日本	独立行政法人产业安全研究所	2.2/2.38	2003
中国	长安大学	2.7	2004
中国	同济大学	3.0	2007
中国	浙江大学	4.5	2008
中国	成都理工大学	5.0	2009
中国	中国地震局工程力学研究所	5.5	2012

在我国，离心模型实验的研究起步时间比较早，但是在 20 世纪 60～70 年代被耽搁下来，直到 20 世纪 80 年代以后离心模型试验技术才进入快速发展阶段。

早在 20 世纪 50 年代，我国学者就了解到在土力学基本理论及土工建筑物的性状的研究过程中，离心模型试验具有良好的作用，20 世纪 60 年代初郑人龙就翻译了不少苏联的文献。然而，真正着手土工离心模拟试验却是在 20 世纪 80 年代初，在清华大学黄文熙教授的倡导下，南京水利科学研究院与其他单位率先开展了土工离心模型试验工程应用研究，但当时的试验大都将光弹离心机加以改装而进行的。之后，相继有长江科学院、河海大学、水利水电学研究院、上海铁道学院、清华大学逐步建立了自己的离心机并进行了大量的土工模型试验研究。我国已对小浪底斜墙及斜心墙堆石坝（坝高 154m）、西北口混凝土面板堆石坝（坝高 95m）、瀑布沟心墙堆石坝（坝高 188m）、天生桥一级混凝土面板堆石坝（坝高 178m）、三峡风化料深水高土石围堰（高 80m）等工程进行了不同内容的离心模型试验研究，所取得的科研成果多数处于国际领先水平。我国岩土工程建设领域所开展的离心模型试验基本情况统计见表3.2-2。岩土工程领域已广泛应用土工离心模型试验来解决其关键问题，内容涉及冻土工程、土动力学、土石坝、软土地基、地下支挡结构、岩石边坡稳定、土工合成材料、海洋石油平台、加筋挡墙、隧洞开挖等多个研究领域。同时，一系列有关试验方面技术难题的研究工作相继开展，其中模型材料的选择、局部模拟问题、数据采集系统的研制、动态模拟问题及填料装置等技术难题逐步得到解决。

国内离心模型试验情况 表 3.2-2

工程名称	离心加速度 (g)	试验机容量 ($g \cdot t$)	原型最大土压力 （MPa）	模型最大土压力 （MPa）	模型尺寸 $W \times H \times D$(cm)
糯扎渡	200	400	4.25	3.7	91×39×13.5
九黄机场	160	400	3.1	3.1	100×90×40
Mikasa	200	18	1.8	1.16	50×30×10
铜街子	100	216	1.6	1.6	97×67×30
瀑布沟	90	216	5.75	1.65	67×97×30
小浪底	250	235	3.67	2.75	110×50×20.8
西北口	250	50	1.9	1.9	69×45×35
西攀高速	130	100	—	—	60×20×20

我国最早在岩土工程中应用土工离心模拟技术的单位是南京水利科学研究院土工研究所，该所在1983年就厦门海滩上的铁路稳定性问题进行了土工离心模型试验。黄文熙教授在1980年和1984年率团先后考察英国和美国的土工离心模拟技术的应用与发展情况，这两次考察大力促进了国内土工模型试验技术的发展。此后，不同容量的土工离心试验机在许多科研单位相继建成，许多岩土工程机土力学的复杂问题相继得到了深入的研究。目前已有十几个不同规格的离心机分布建造于不同的科研机构，其中，450$g \cdot t$和400$g \cdot t$的大型土工离心机分别于1991～1992年在中国水利水电科学研究院和南京水利科学研究院先后建成，这两台离心机的建成标志着我国大型土工离心机的研制已达到国际水平。表3.2-3列出了我国部分土工离心机的主要参数。

我国土工离心模拟技术在经过几代人近几十年的努力之后已取得长足的发展，全国土工离心模拟技术交流会先后于1987年和1991年分别在武汉长江科学院和上海铁道学院召开两届。由于第一届会议的有关论文设计的试验比较简单，试验对象及目的比较单一，量测设备也具有很大局限性，所以会议所获得的成果有限；1991年第二届会议成果显著，会议论文中所涉及的工程涉及软基和边坡工程、挡土墙、地下支挡结构、码头工程、路堤工程、灰坝工程、土工合成材料复合地基、地质力学模型、土石坝等多个领域。针对这些工程开展的离心模型试验，不仅提供了改进工程设计方法的科学依据，而且对工程施工进行了良好预测。岩土工程问题的研究工作中，土工离心模型试验的地位与作用越来越突出，土工离心模拟技术随着岩土工程的发展而不断进步，在理论和实际相结合的过程中不断走向成熟[12]。

国内离心机主要参数统计　　　　　　　　　　　　　　表 3.2-3

机构	有效半径 （m）	容量 （g·t）	模型箱尺寸 （m×m×m）	最大加速度 （g）	最大载重 （kg）
核工业部九院(1 号)	10.8	110	0.92×0.67×0.3	110	1000
核工业部九院(2 号)	7	200	0.92×0.67×0.3	200	1000
南京水科院	5	400	1.2×1.1×1.1	200	2000
河海大学	2.4	25	0.9×0.16×0.35	250	100
西南交通大学	3	200	0.8×0.6×0.6	200	1000
长江水利科学院	3	150	0.7×0.7×0.82	300	500
中国水利水电科学院	5.03	450	1.5×1.0×1.5	300	1500
清华大学	2	50	0.75×0.5×0.6	250	200
上海铁道学院	1.55	20	0.25×0.31×0.42	200	100
成都科技大学	1.5	20	0.6×0.4×0.4	250	100

目前，离心模型技术被广泛应用于研究和解决实际工程问题中。然而仍有一些模拟技术问题有待研究解决。

1）粒径效应（Grain-size effects）

岩土工程理论研究中，土粒尺寸与工程原型的尺寸及结构物的尺寸一般相差很大，可以将土体视为连续均匀的介质。但是在开展离心模型试验时，由于一般进行的是缩尺试验，而试验采用的土料仍为原型土料，且与原型土料的状态相同，这就导致与原型结构物接触的土粒数量大大减少，原型土体的随机性和不均匀性将更加显著，试验结果表现出很强的颗粒效应。

国内外学者一致进行着模型土体最大限制粒径的研究，比较有代表性的有日本学者Mikasa，他通过开展土石坝离心模型试验后认为将土粒直径大比例（n＝200）缩尺后可以避免模型试验的土粒效应，但是，这种方法改变了原型土体的颗粒组成，土体中的细颗粒含量大大增加，最终改变了原型土体的工程性质；M. D. Bolton 分别采用两种砂石土料开展离心模型试验和常规模型试验，其中离心模型试验中土体颗粒粒径是常规模型试验的1/50，试验结果表明两种试验具有较好的对应关系，模型缩尺没有导致离心试验模型强度降低而提前破坏；英国学者 Criag 通过研究发现：当原型土粒级配缩尺到使桩及浅基础尺寸比原型土体最大颗粒粒径大 40 倍以上时才能满足试验精度要求；南京水利科学研究院徐光明认为当模型因土体颗粒粗而导致模型中与结构接触的颗粒有限或者模型中土体颗粒总数相对较少时，土体的单个颗粒的作用将很明显，土体的不均匀性将很明显，这时已不能再将土体看作是连续体，模型将会存在粒径效应。当模型中结构与土体共同作用时，土体性质要想与原型土体保持一致的连续均匀，则要求有足够多的土体颗粒接触到模型中的结构物，因此，土体最大颗粒直径与基础直径的界限比值为 1:23；丹麦学者 Ovesen 通过试验研究认为，离心模型试验当土粒平均粒径与模型最小尺寸比值小于 1:15 时，试验不会产生尺寸效应；国内大量试验研究证明模型材料的最大粒径小于离心机模型箱最小尺寸的 1/15 时，模型箱边界对试验的影响可基本消除。

2）边界效应（boundary effects）

离心机模型箱的边界效应是客观存在的，模型结构物距模型箱边界越近，其边界效应越明显，这是因为边界的约束作用对模型的边界变形及受力条件越明显，模型的性状与原型的性状将相差较大，不能反映真实情况，所测得的力学指标往往偏高。采用这种受边界效应影响较大的试验结果指导实际工程的设计与施工将具有较高的风险，因此，离心模型试验的边界效应问题需特别注意。苏联的 Y. N. Malushitsky 认为，模型中结构物与模型箱壁间距大于 16cm 时可消除边界影响；Ovesen 认为模型箱壁间距与结构物直径之比大于 2.82 时，基本可消除边界影响；南京水利科学研究院土工所徐光明（1995）等人的研究结果表明，当模型箱壁间距与结构物直径之比大于 3.0 时，模型盒的约束尽管存在，但它的影响已不明显。

3）动态模拟技术

工程中为了更好地反映工程的实际工作状况，在试验过程中常需要对模型进行卸载或者加载，例如边坡开挖工程或者填方工程等，不论加载还是卸载都要求离心机保持运转，虽然有少数学者对此动态模拟技术开展了研究，但对模型的卸载或者加载的模拟尚未见比较理想的结果。

4）尺寸问题

由于某些工程尺寸巨大，采用大比例尺制作模型是不可能的，这就要求模型需采用小比例尺或者采用局部模型分析整个原型的工程问题。通过总结以往的试验，可以发现解决这个问题可以采用三种方法：（1）采用较大比例尺的局部模型研究问题，并结合数值模拟方法进行综合分析；（2）用一系列不同小比例尺的模型去外延原型的结果，这里往往假定不同比例尺的成果有线性关系；（3）用几何比例尺与力学比例尺不等的方法去推求原型的结果。

3.2.2 离心模型试验基本原理

岩土工程土工离心模型试验技术是一种以相似理论为理论基础，按一定比例将原型缩尺制作成模型后，在离心场中还原其应力状态的物理模拟手段，且试验效果较好，当模型置于离心场中时，模型土体的体积力将增加，当其应力状态与原型土体相同时，模型的变形及破坏过程将相似于工程原型，试验结果将用来原型的变形规律与破坏特征，离心模型试验的基本原理简介如下[13]：

三大基本定律组成了离心试验相似理论的核心内容，它们分别为相似第一、二、三定律，三大定律的基本内容简要阐述如下。

相似第一定律：相似现象的各对应物理量之比为一常数，且相似现象可用同一基本方程描述，定律中所指常数即为相似系数[13]。

相似第二定律：表示一现象各物理量之间关系的方程式都可以写成相似判据方程式，相似现象具相同的判据方程式[13]。

相似第三定律：具相同文字的方程式单值条件相似，并且从单值条件导出的相似判据数值相等，是现象相似彼此相似的充要条件。定律中所谓的单值条件是指满足某一现象个性的那些条件，属于单值条件的因素有几何性质，对现象有重大影响的物理参数，边界条件，初始状态等[13]。

综上所述：相似第一定律主要针对的是数值上的要求；相似第二定律主要针对的是物理上的要求；相似第三定律是相似的充要条件。三大相似定律形成了相似理论的核心，指导了模型试验，模型试验中模型结构物或者受力原型，其应力—应变状态可用三个基本控制方程加以描述：

本构方程：
$$\{d\sigma\}_m = [D]_m \{d\varepsilon\}_m \tag{3.2-1}$$

几何方程：
$$(\varepsilon_{i,j})_m = \frac{1}{2}[(u_{j,i})_m + (u_{i,j})_m](i,j = x_m, y_m, z_m) \tag{3.2-2}$$

平衡方程：
$$(\sigma_{ij,j})_m + \gamma_m = 0 \quad (i,j = x_m, y_m, z_m) \tag{3.2-3}$$

式中　γ_m ——土体的重度；

$(\sigma_{ij,j})_m$ ——应力张量对坐标的一阶偏微分；

$(u_{j,i})_m$ ——位移对坐标的一阶偏微分；

$(\varepsilon_{i,j})_m$ ——应变张量；

$[D]$ ——弹塑性矩阵；

$\{d\varepsilon\}_m$ ——应变增量矩阵；

$\{d\sigma\}_m$ ——应力增量矩阵。

若模型与原型对应，其物理量中应力、应变、位移、弹塑性矩阵、重度和几何的相似常数分别为：

$$\alpha_\sigma = \frac{\sigma_p}{\sigma_m}, \ \alpha_\varepsilon = \frac{\varepsilon_p}{\varepsilon_m}, \ \alpha_u = \frac{u_p}{u_m}, \ \alpha_D = \frac{D_p}{D_m}, \ \alpha_\gamma = \frac{\gamma_p}{\gamma_m}, \ \alpha_l = \frac{L_p}{L_m} \tag{3.2-4}$$

则根据上述模型试验相似理论可以得到：

$$\frac{\alpha_\sigma}{\alpha_l \alpha_\gamma} = \frac{\alpha_\varepsilon \alpha_l}{\alpha_u} = \frac{\alpha_\sigma}{\alpha_D \alpha_\varepsilon} = 1 \tag{3.2-5}$$

因此，对于离心模型试验中，加速度为 ng 时，

$$\alpha_\gamma = \frac{1}{n}, \ \alpha_l = n, \ \alpha_u = n \tag{3.2-6}$$

则有：

$$\alpha_\sigma = \alpha_\varepsilon = \alpha_u = \alpha_D = 1 \tag{3.2-7}$$

所以，在离心模型试验中，试验模型与其对应的原型应力状态是相同的，两者的变形规律与基本破坏过程是相似的。根据国内外学者的研究成果，结合本章背景工程的工程特点及试验具体情况，本章离心模型试验涉及的物理的相似关系见表 3.2-4。

土工离心模型试验中各物理量的相似关系   表 3.2-4

内容分类	物理量	原型	模型
几何量	长度	1	n
	面积	1	n^2
	体积	1	n^3
	坡角	1	1
材料性质指标	细颗粒尺寸	1	1
	密度	1	1
	含水率	1	1
	内聚力	1	1
	内摩擦角	1	1
	压缩模量	1	1
外部条件	加速度	n	1
性状的反应	位移	1	n
	应力	1	1
	时间	1	n^2
	固结	1	n^2
	蠕变	1	n^2

3.2.3 试验设备及基本要求

(1) 试验设备

本章试验在中国水利水电科学研究院离心试验室完成，该试验室拥有一台 LXJ-4-450 型大型土工离心模型试验机，该机最大容量 450g·t，质心至旋转中心距离 5.03m，吊篮平台尺寸为：1500mm×1000mm×1500mm。该机装有 100 通道的银质信号环，10 路电力环，一路气环（20MPa），两路液环（20MPa，供水速率 30L/min），以及 64 路高精度数据采集系统（范围±2V，精度±0.0001V），另外还装配了图像数字化系统。转臂采用了先进的双铰支跷跷板结构，有一定自调平衡能力，该台离心机配有动态调平系统一套（图 3.2-1），本次试验将采用二维模型箱，模型箱尺寸为：1340mm×400mm×900mm。试验用离心机构造、实物、模型箱及激光位移传感器实物如图 3.2-2 所示。

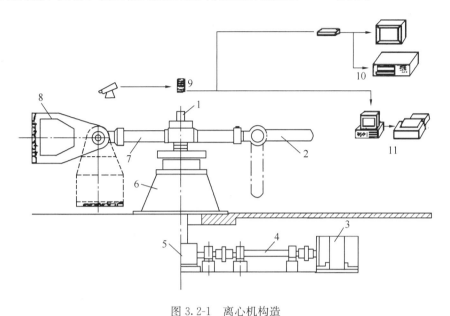

图 3.2-1　离心机构造

1—转轴；2—平衡物；3—电动机及整流系统；4—传动轴；5—减速器；6—机座；

7—转臂；8—吊篮；9—滑环；10—摄像系统；11—数据采集系统

图 3.2-2　离心机、模型箱及激光位移传感器

（2）基本要求

① 在制作模型前，应对原型构筑物的设计资料，如边界条件、材料性质和模拟研究的问题等，进行分析，提出试验大纲、每次试验历时和模型设计书（模型设计书包括模型材料、模型率、加速度、测点布置及试验次数等）。

② 模型材料的含水率、密度、强度和压缩性等基本物理力学性质应与模型对应的原型构筑物材料的保持一致。有困难时，允许用相似材料替代，但应有试验依据和符合相似律的要求。相似材料的物理力学性质应与原型材料相同或相似。

③ 确定模型率 n 时，还应考虑允许加速度误差及离心机最大容量 c。应满足相关规范

要求。

④ 传感器的埋设应与模型材料接触密实，动力线和传感器的导线应弯曲成蛇形固定在转臂的导杆上或模型箱周壁上，以防止受力拉断。在同一测点上尽可能平行设置两个同类传感器，便于互相校核。

⑤ 在土料模型的制作过程中应沿垂直断面和水平层取样，检测其密度和含水率是否符合原型材料的要求。模型箱的侧壁与模型接触面应采取措施，如铺聚四氟乙烯薄膜或涂润滑硅脂以减少摩擦阻力。

⑥ 模型与透明有机玻璃板接触断面处应分层埋设测点标志，并绘出坐标方格，记下各测点的坐标。

3.2.4 原状黄土大型离心模型试验的难点及基本步骤

原状黄土大型离心模型试验的难点包括以下几个方面：

① 黄土是一种典型的结构性土，其特有的结构性决定了它特殊的工程性质。至今尚无法在实验室采用人工制备的方法复制这种土样。因此，如何采取有代表性的大块原状土样，保证它在长途运输和复杂的制样过程中，尽可能保持其原状结构，成了本课题首先要解决的主要问题之一。

② 利用原状黄土进行大型离心模型试验，在国内外尚未见到相关报道。按吕梁机场的设计，除贴坡体部分采用素土压实至设计密度外，原土坡顶和坡面都要进行强夯或压实处理，形成一种原状土、扰动土和压实土组成的复合型土体，因此，如何在室内尽可能相似地复制这种边坡是本研究要解决的另一项关键性问题。

③ 由于离心试验模型表层压实土透水性差，水分从表面入浸时，浸透土层所需时间较长，如果在设定加速度下进行浸水，离心机因高速条件下工作时间过长，将难以承受。同时，高速旋转也会加大水的冲刷力，对模型造成冲刷破坏，因此，如何解决模型浸水问题是本研究要解决的又一难题。

④ 浸水软化土体的同时，也影响到土体内预设的标示点的位置与清晰度，因此如何明辨这些标示点并比较准确地测定它们运动的轨迹是再一个难题。

原状黄土土工离心模型试验包括现场取样、制作模型与设置传感器以及全模型试验等基本步骤。

(1) 现场取样

1) 取样位置

由于黄土具有很强的结构性，原状土与扰动土的物理及力学性质相差很大，所以本试验必须在有代表性的土层中取原状样，取样位置为所模型代表的土层内。受开挖深度所限，Q_3 土样在表面挖除 2m 后，分别在同一土坡的上、中、下三个位置取得；Q_2 土样在试验段的冲沟一侧土坡表面挖除 2m 后取得。试验所用填土土料与现场施工用的 Q_3 粉土相同。

2) 取土方法

为尽可能减少土样的扰动，取土过程中一律采用人工取土，将表面土层剔除后，挖得大块土样，切除土样尺寸在 $15cm×15cm×15cm～35cm×45cm×45cm$ 范围之内，同时标明上、下面，然后采用手锯锯成方形土样。

3）土样保存方法

为保持土样的天然含水量和天然结构，把锯成的方形土样，先用密目纱布包裹，再用胶带固定封口，统一编号标记，现场石蜡封存。浇蜡完毕后，使用塑料纸包裹，最后用透明胶带固定封口。为防止土块在运输途中振动受损，将包装好的土块放入定制的纸箱中，四周用泡沫板塞紧，小麦壳填缝，最后用胶带封箱。经过上述土块保护处理后，运至中国水利水电科学研究院，经开箱检查，土块保存完好。

（2）制作模型与设置传感器

1）制作原状土部分

在模型的原状土部分制作前，根据设计好的模型尺寸，计算土块需要量。然后再根据模型位置，把相应地质年代的原状土切割成需要的尺寸进行拼装。拼装时，在观测玻璃一侧设置位移场观测标示点。在整个模型制作过程中，采用覆盖棉布洒水的方法保湿，保持土体天然含水量不变。待所有拼装样制作完毕后，放入模型箱中进行组装。组装前，在模型箱内壁上涂抹一层凡士林，以减少摩擦力。各拼装样底面采用由同类土与少量石灰粉拌制的泥浆找平粘结，竖向缝隙采用过筛的同类细土灌入并细心捣实。

2）预压原状土部分

为最大限度地恢复原状土的应力和固结状态，减少因接缝不严所导致的试验误差，以及因接触面不平整而造成的试样在加载过程中破碎或变形失真等现象的发生，在制作模型的回填土部分之前，需对原状土部分进行预压，预压加载到加速度为 $180g$ 且变形稳定为止。

3）制作回填土部分

本试验回填部分用扰动的 Q_3 黄土经压实制作。具体制作方法：先将散土加水拌匀至最优含水量附近，待水分扩散均匀后，在模型箱内的原状土层上分层摊铺夯实，控制压实度为 0.93[14]，最后完成整个模型的制作。

4）传感器设置

模型制作完成后，安装激光位移传感器及摄像头，所有位移传感器均固定在模型箱顶面的同一支撑架上。传感器安装后需进行调试，调试完毕，反复检查无误后，方可进行全模型试验。

（3）全模型试验

全模型试验共分三个阶段，具体包括：

第一阶段：按照设计的加载方案对天然含水量状态下的模型进行加载和卸载试验，并采集所有数据。

第二阶段：第一阶段试验结束后，在模型不同部位钻孔并使用输液管向模型连续注水。注水过程中，严格控制注水速度，防止水从孔中溢出，冲刷模型。注水量按回填土层土体饱和度达到 75% 进行控制，浸水开始前，在原竖向位移测点位置安放百分表，以测记浸水过程中模型的回弹变形。

第三阶段：浸水完成后，将模型休止24h，以便水分在模型中扩散均匀。安装观测仪表前，拆除百分表，回填注水孔，保证孔中土的密实度与周边一致，然后按照设计方案进行加载与卸载，并采集相关数据。

待以上三个阶段试验结束后，开剖模型，从其不同部位取土，测其含水量，计算模型不同位置的饱和度。含水量测取完毕后，按照原有传感器设置位置将传感器照准模型箱底部，标定传感器架及模型箱在各级加速度水平下的变形情况，并记录相关数据。（说明：在标定过程中，由于模型箱空载及传感器杆长变化，模型箱变形与试验时不完全一致，标定值偏小。同时使用竖向传感器所在位置的仪器架变形值估算水平传感器所在位置仪器架变形值也有一定的误差）。

3.2.5　高贴坡变形模式和稳定性的离心模型试验

（1）试验目的及内容

由于填方地基多布置在黄土梁、峁及冲沟上，因此存在大量自然边坡，出现一大批人工填方体和黄土贴坡。为了客观地认识并解决机场黄土贴坡的稳定性及沉降变形等关键性问题，安全而又经济地确定合理的坡度比，预估贴坡后的沉降量、沉降差、稳定性以及贴坡浸水后可能发生的稳定性和湿陷变形等问题。本试验进行了边坡稳定性的土工离心模型试验。试验目的主要包括以下几个方面：

① 人工贴坡的坡度控制着地基的安全和经济指标，因此需研究经济合理的贴坡坡度。

② 贴坡体底面以下存在着一定厚度的湿陷性土层，因此在水分长期浸入（通过渗透或裂缝）的条件下，边坡的变形模式及稳定成为本试验关注的另一重要内容。

（2）模型设计与制作

由于背景工程吕梁机场跑道修建于黄土梁之上，出现大量高填方贴坡，各贴坡之间因原地形之间的差异，变化很大。在模型断面的选取过程中，主要考虑填筑体的坡比、坡高以及地基土性对边坡的影响等。在诸多贴坡断面中选择最有代表性的断面，以便使试验结果尽可能反映更多的边坡情况。原设想进行两组不同贴坡试验，以便把更多的边坡包含在其中，但由于经费、时间和设备方面的原因，最终选择安全系数最低的断面作为本次试验的对象。根据吕梁机场初步设计方案及其计算结果，该断面处在勘探报告中边坡Ⅰ区的16-16~17-17断面之间，断面土层分布情况如图3.2-3、图3.2-4所示。依据这两个断面的简化设计的模型Ⅰ方案如图3.2-5所示。

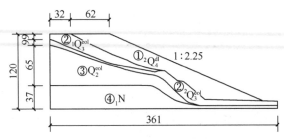

图 3.2-3　吕梁机场 16-16 断面示意图（尺寸单位：m）

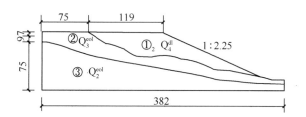

图 3.2-4　吕梁机场 17-17 断面示意图（尺寸单位：m）

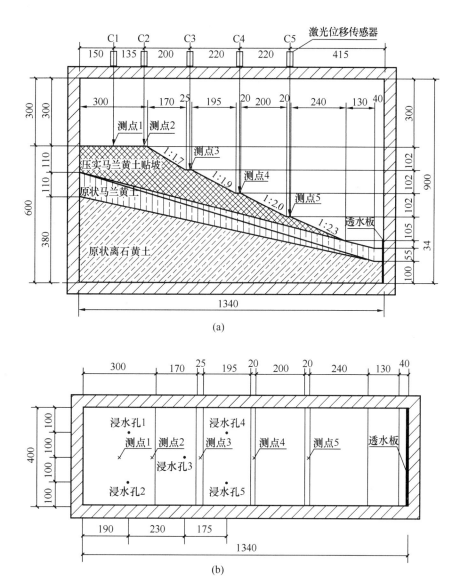

(a)

(b)

图 3.2-5　模型设计及测点布置

（a）立面图；（b）平面图

　　根据这两个断面的形式及土质分布情况，结合试验模型箱的尺寸综合考虑，采用的模型率 $n=180$，模拟边坡总高度 85m，模型尺寸为 1340mm（长）× 400mm（宽）× 600mm（高），贴坡体共设 4 个马道，坡度共分为 4 段，至上而下坡比分别为：1∶1.7、1∶1.9、1∶2 和 1∶2.3，综合坡比 1∶2.1。模型设计见图 3.2-5。沿模型长度方向中心线布置传感器。

　　根据模型箱与原型的几何尺寸设定试验模型相似比为 $N=180$，模型土层自上而至共分 3 层：①层：贴坡体，压实 Q_3 马兰黄土，压实度 93%；②层：原状 Q_3 马兰黄土，结构疏松，具大孔隙，韧性及干强度低，具中等湿陷性；③层：原状 Q_2 离石黄土，硬塑，韧性及干强度中等，模型各土层主要物理性质及抗剪强度指标见表 3.2-5 和表 3.2-6。

模型土层主要物理性质指标　　　　　　　　　　表 3.2-5

土层	含水量 $w(\%)$	干密度 $\rho_d(\text{g}\cdot\text{cm}^{-3})$	饱和度 $S_r(\%)$	孔隙比 e	液限 $W_L(\%)$	塑限 $W_P(\%)$
压实马兰黄土	11.6	1.75	57.1	0.545	23.5	15.3
原状马兰黄土	10.3	1.38	28.6	0.963	24.8	15.7
原状离石黄土	12.2	1.47	39.7	0.835	25.0	15.8

模型土层抗剪强度指标　　　　　　　　　　表 3.2-6

抗剪强度指标	压实马兰黄土		原状马兰黄土		原状离石黄土	
	天然	饱和	天然	饱和	天然	饱和
黏聚力 $c(\text{kPa})$	50.55	33.35	34.15	14.90	38.05	24.86
内摩擦角 $\varphi(°)$	26.31	23.93	23.70	18.80	25.50	21.70

　　模型原状土样从山西吕梁山区典型剖面取得，并密封保存运至试验室[15,16]，按模型尺寸摆样切割后组合制作模型。为减小模型箱内壁摩擦力，将透明液体硅脂涂抹于模型箱内壁，并满贴塑料薄膜，以尽可能地消除边界效应对试验结果的影响。各原状土样间缝隙采用生石灰、水及散土拌合物砌合，拌合物厚度不超过 5mm[17]。同时，为最大限度地恢复原状土的应力和固结状态，减少因接缝不严所导致的试验误差，防止在加载过程中土样因接触面不平整造成破碎。模型原状土土层制作完毕后，在其上表面覆盖一层塑料薄膜，在塑料薄膜上采用松散状 Q_3 马兰黄土覆盖，分层轻夯，压实度约控制在 85%，根据原状土样取样前上覆土厚度，并按模型相似比计算得到模型上覆土厚度约为 20cm。完成后将模型置于离心机上加载，至加速度为 180g 后卸载，并除去模型塑料薄膜及上覆压实 Q_3 马兰黄土，将原状土层上部覆盖土层清理完毕后，再对原状土层进行细部处理，使其满足模型设计尺寸的要求，各部分尺寸误差不超过 5mm，而后制作模型贴坡体部分。

模型中压实马兰黄土贴坡体所用土料由现场取得的马兰黄土扰动土样碾碎后采用孔径为2mm的细筛筛制，在模型原状土层上分层夯实，压实度控制为93%[17]，当贴坡体各部分达到模型设计尺寸时，采用土工刀按模型设计尺寸进行修刻，尺寸误差不超过5mm。根据上述制作方法及量测系统的设计完成的模型如图3.2-6所示。

图3.2-6 制作完成的试验模型

(3) 量测系统与工况

1）试验量测系统

考虑到贴坡可能的变形，本试验需量测坡顶和各级马道竖向变形以及模型内部变形。受试验条件限制，仅沿模型箱纵向中线处设置5个激光位移传感器（C1~C5），如图3.2-5所示，激光位移传感器距模型箱边界20cm，处于边界影响范围之外，最大限度地降低的模型箱侧面对测试结果的影响[18]，激光照准位置分别为模型变形测点（测点1~5），其中，测点1、2位移坡顶，测点3、4、5分别位于坡面各级马道。同时，受测试手段所限，模型内部变形趋势难以进行实时动态量测，仅能在试验结束测试验模型内部变形。本试验在模型上用贴有反光纸的图钉作标记，纵横间距约为3cm×3cm，并在模型箱玻璃板外壁画设纵横网格，网格尺寸为10cm×10cm，试验结束后，分别量测各标记与模型箱玻璃板上网格线交点的相对位移，进而得到模型内部位移的大致趋势。

2）试验工况

工况1：天然含水量的高贴坡稳定性试验

模型制作完毕后，将模型置于离心机中加载，离心加速度按每级20g增加，直至180g。加载过程中，每完成一级加速度的增加，保持加速度不变，继续运行5min，使模型变形达到基本稳定。经测算，当试验所用激光位移传感器在180g加速度条件下，因其仪器架振动导致的测值误差不大于±0.2mm（试验过程中可通过实时数据测算），因此，在试验过程中，每级加速度水平下离心机保持加速度不变持续运行时，如激光位移传感器测值波动范围小于±0.2mm，则视为模型变形稳定，但仍需稳定加载5min，如5min内模型在某级加速度水平下未达到此标准，则维持加速度不变继续运行，直至满足要求。按照上述加载制度加速至180g后，保持加速度不变运行到模型变形稳定为止，然后分级卸载，卸载过程中，加速度按每级 $40g$ 递减，最后一级为 $20g$，直至停机，卸载过程中，每完成一级加速度的减少，保持加速度不变，继续运行 2min，当加速度减到零后，继续进行观测，直到模型变形稳定为止。

工况 2：饱和条件下的高贴坡稳定性试验

在实际工程中，高贴坡由于排水条件不良，常会形成垂直洞穴，水经洞穴大量进入高贴坡内部，使得边坡土体饱和，对高贴坡稳定性构成极大威胁，考虑到试验采用的离心机无法在加载过程中对模型浸水，因此，在完成试验工况 1 后，停机并撤除模型传感器，在模型不同位置钻开 5 个直径为 5mm 浸水孔，孔深至①层贴坡体与②层原状马兰黄土接触面位置，如图 3.2-5 (b) 所示。并使用医用输液装置向模型中连续注水，使得模型平均饱和度达到 75％以上，此时上部①层贴坡体与②层原状马兰黄土饱和度估计达 80％以上（洞穴处含水量大，其他部位相对较小，受试验条件所限无法实时测量），估算试验需注水 30kg。

需要说明的是，工况 2 的试验目的是分析模型在①层贴坡体与②层原状马兰黄土饱和状态下模型的变形规律，虽然，实际工程中浸水洞穴分布不均匀且各向异性，但由于在模型制作过程中无法按照洞穴的实际形状进行洞穴制作，同时，试验模型中洞穴浸水只是模拟模型原型的浸水路径，也没有必要按照洞穴的实际形状进行制作。因此，按照离心模型越简单，试验结果规律越明显的一般原则，试验不考虑洞穴的不均匀性及各向异性。模型注水过程中，在激光位移传感器位置设置五组百分表，用于量测浸水过程中模型竖向变形情况，为防止模型浸水软化后，百分表触头刺入模型，在触头下垫置 2cm×2cm 有机玻璃片。同时，为防止浸水过快导致水从浸水孔中溢出而造成贴坡表面冲刷破坏，浸水过程中用吸水性较好的棉布覆于贴坡表面吸收溢出的水。浸水完成后，采用 Q_3 细土将浸水孔填实后，再次按工况 1 加载及卸载方案进行试验。试验结束后，将模型箱清空，在清空过程中，将模型分区取样测定含水率。

工况 3：模型箱变形量的测定

模型箱清空后，再次安装仪器及仪器架，并将 1～5 号位移传感器杆伸长照准模型箱底部，在模型箱中放入与模型等质量的钢块，并将模型箱置于离心机中加载至 $180g$，记录加载及卸载过程中模型箱及仪器架变形情况，用于对工况 1、2 测得的数据进行修正。

(4) 试验结果与分析

试验结束后，所取得的试验成果包括：① 各工况试验前后模型侧向变形矢量图；② 试验过程中各测点变形曲线；③ 模型浸水过程中各测点位置的变形曲线；④ 试验结束后模型各部分的含水率；⑤ 模型箱及仪器架在各级加速度水平下的变形曲线；⑥ 试验过程中模型的裂缝开展情况。

初步分析试验结果表明：模型浸水后的含水率满足工况 2 的试验要求，模型在各级加速度水平下 5min 内均达到稳定标准，试验达到预期效果。

1) 贴坡稳定性分析

根据模型相似律，当模型和原型所有的无量纲自变量——对应相等时，模型和原型完全相似[19]。在土坡稳定时，坡面变形与离心加速度近似呈线性关系，但当土坡失稳时，坡面变形与离心加速度关系将发生改变，即使很小的加速度增量也会引起很大的侧向位移及相应的变形[19]。因此，可采用模型测点位置相对变形 $\Delta\delta$（在某一加速度水平下的模型测点位置变形值 S_i 与测点对应位置变形土层的厚度的比值称为相对变形：$\Delta\delta = S_i/h_i$）与加速度 a 关系曲线的变化趋势分析边坡稳定性。

由于模型原状土经过预压，天然含水量条件下模型变形应主要由①层压实马兰黄土层完成，但在饱和条件下，①层压实马兰黄土层及②层原状马兰黄土层强度会大幅降低，变形主要由两者共同完成。因此，天然含水量条件下变形土层厚度为①层压实马兰黄土层对应位置的厚度，饱和状态下变形土层厚度为①层压实马兰黄土层及②层原状马兰黄土层在测点对应位置的总厚度。模型在天然含水量及饱和状态下各测点相对变形量与加速度关系曲线如图 3.2-7 所示。

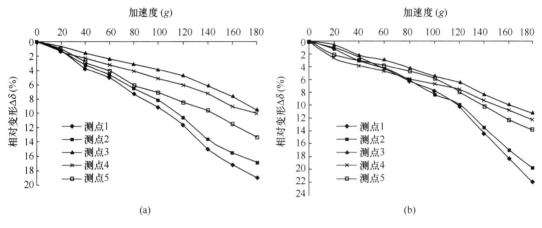

图 3.2-7 模型各测点 $\Delta\delta \sim a$ 关系曲线

（a）天然含水量状态；（b）饱和含水量状态

从图 3.2-7 可以看出：模型在天然含水量条件下各测点相对变形随着加速度增大而增加，基本呈线性变化，总体上未发现有明显的转折点，表明模型在天然含水量条件下是稳定的。但是，模型在饱和状态下的坡面变形与离心加速度关系曲线在加速度为 $100g \sim 120g$ 时发生明显转折，可以判断模型对应边坡此时发生失稳，通过观察坡顶监测录像，发现模型在加速度在 $116g$ 时，坡顶出现裂缝。

根据文献［19］、［20］中对离心试验模型边坡安全系数的定义：

$$F_S^m = \frac{a_f}{N_g}$$

式中，a_f 为模型的破坏临界加速度，可根据边坡相对变形与加速度变化关系曲线上的转折点来确定；N_g 为模型设计加速度。

试验模型边坡安全系数为：$F_S^m = 0.664$，可见当模型土体处于饱和状态时，其对应边坡安全系数相比天然含水量条件下会大幅降低，并极可能发生失稳。

2）变形模式分析

考虑离心机安全及设备稳定性，模型在天然含水量状态下未能进行破坏试验，同时，由于部分测点在模型制作时被埋入土中或由于位移较小而无法精确测量，所以试验只得到了模型部分测点的位移矢量，但可据此分析边坡可能的滑裂面位置，如图 3.2-8 所示。

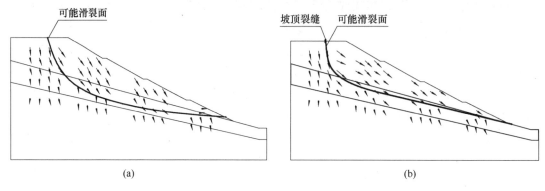

图 3.2-8　模型位移矢量图及可能滑裂面
(a) 天然含水量状态；(b) 饱和含水量状态

由图 3.2-8 可以看出：天然含水量条件下模型对应原型边坡变形层主要为①层压实马兰黄土层及②层原状马兰黄土层，其中，①层变形较大，②层变形小。饱和状态下，贴坡体及原状马兰黄土强度大大降低，同时原状马兰黄土发生湿陷，因此变形较大，而③层原状离石黄土层受含水量变化影响较小，变形仍然不明显。

在天然含水量状态下，模型可能的滑裂面穿过原状马兰黄土层，距各土层接触带尚有一定距离，且滑裂面上部土层未表现出完全整体滑移的模式，这是由于天然含水量条件下，原状马兰黄土虽然强度较弱，但各土层强度差异程度尚未使接触带附近的原状马兰黄土层成为软弱夹层，所以滑裂面未从接触带通过，故而滑裂面近似圆弧。饱和状态下模型滑裂面通过①层压实马兰黄土层及②层原状马兰黄土层接触带，这是由于②层原状马兰黄土饱和时发生湿陷，强度大幅降低，与上下土层强度差异变大，并在其与相邻土层接触部位形成上下两个软弱夹层，由于浸水深度位于上软弱层，因此上软弱层饱和度高于下软弱层，且下软弱层法向应力大，因此，下软弱层强度仍然大于上软弱层，边坡破坏时，上软弱夹层必首先发生破坏，且其上部土层表现出典型的整体滑移模式。

由此可见，各土层接触带能否形成软弱夹层，要看它与相邻土层的强度差异，只有强度差异较大时才可形成软弱夹层，边坡失稳时，各土层接触面未必是滑裂面，但如果接触面由于上下土层强度差异较大而形成软弱夹层，则接触面必为破坏面的一部分，其上部土层表现出比较典型的平移滑动模式。反之，滑裂面近似圆弧，且与各土层接触面之间存在过渡层。

需要特别指出的是，模型在饱和状态下，坡顶基本沿浸水孔连线发生开裂，边坡破坏，可见实际工程中类似边坡在垂直洞穴处发生开裂的可能性较大，工程中应保证坡面的排水通畅。模型坡顶开裂情况见图 3.2-9。

分析可知，模型在天然含水量及饱和状态下的滑裂面均通过湿陷性土层，因此，湿陷性土层的强度决定了湿陷性高贴坡稳定性。

图 3.2-9　饱和状态下边坡坡顶开裂

3）工后变形规律

根据离心模型试验的基本原理，当加速度增加至 180g 时，相对于模型对应的原型施工完毕，此时将各测点的垂直沉降（变形）均可称作测点对应位置的工后沉降（变形）。在天然含水量条件下，加速度稳定在 180g 过程中模型对应原型边坡各测点位置的变形如图 3.2-10 所示。

由图 3.2-10 可知，模型对应原型边坡在工后 3 个月中变形速率较大，随后渐小，8 个月后变形基本稳定，坡顶边缘（测点 2）工后变形最大，可达 435.6mm，其次为边坡坡顶（测点 1），其他测点（测点 3、4、5）沿边坡向下随贴坡厚度（文中贴坡体厚度指模型在 180g 加速度水平下对应原型的贴坡体垂直厚度。）减小而降低，同时，还可发现：贴坡厚度越小，坡面变形稳定越快，即填土厚度越大，固结时间越长，因此，对于此类边坡，建议在贴坡体即将完工前，停止施工，待变形基本结束后，再填筑至设计标高，以防止地基工后产生过大变形。

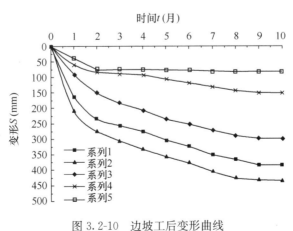

图 3.2-10　边坡工后变形曲线

高贴坡在天然含水量状态的工后变形多由贴坡体固结造成，对某一位置而言，贴坡体厚度与其工后变形关系较为密切，同时，由于本试验传感器均照准在边坡坡顶或马道平面上，边坡水平位移对传感器测值变化的影响小，因此测得的数值基本上反映了各测点的沉降情况，考虑边界情况，可以采用处于坡面上的 2~5 号测点变形情况分析原型各测点对应位置的贴坡体厚度 H 与该位置对应的工后沉降 s 之间的关系，如图 3.2-11 所示。

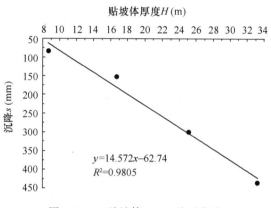

图 3.2-11　贴坡体 $H\sim s$ 关系曲线

由图 3.2-11 可知，贴坡体厚度与工后沉降线性关系明确，符合一般规律，表明试验结果较为可靠。实际工程完成后，可根据边坡各级马道的沉降观测值线性内插估计边坡任意位置变形。

4）模型浸水变形分析

试验得到的模型浸水过程模型各测点竖向变形曲线如图 3.2-12 所示。

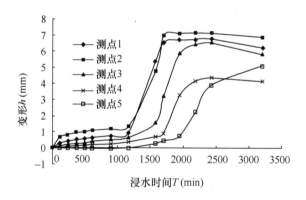

图 3.2-12　模型浸水变形曲线

由图 3.2-12 可知，模型在浸水过程中产生了膨胀变形，其变形值主要由两部分组成：②层原状马兰黄土浸水湿陷及①层压实马兰黄土由于压实度较高及模型箱约束作用产生的浸水膨胀，这两部分变形在浸水开始某一时间范围内是基本平衡的，但当土体饱和度达到某一水平时（由于无法实时量测各层土的含水量，按注水量估计①、②层土体饱和度应达 70% 以上），模型的变形会发生突变，随后保持稳定。需要指出的是，模型浸水是在 1g 条件下进行的，模型变形量不符合相似率[91]，同时，由于模型浸水时间较短，模型变形中也没有包含土体的固结变形，需对比分析模型加载过程中浸水变形情况。

　　本试验可以按照黄土浸水载荷试验数据处理过程的中"单线法"和"双线法"的操作过程[22]，比较分析模型含水量突变至饱和时的变形情况。但是，由于试验所采用的离心机无法在加载过程中向模型浸水，所以"单线法"不再适用。如果采用"双线法"，则需要两个同样的模型按工况 1 加载后，对其中一个模型浸水，再将两模型加载，这种方法误差较大，也很难完成，由于本试验工况 1 与工况 2 加载制度是相同的，因此，本节将模型工况 1 卸载曲线近似看作模型在天然含水量条件下的再加载曲线，并用此曲线与饱和状态下模型的加载曲线进行比较，可以得到模型浸水前后各测点在某一加速度水平下的变形差 ΔS，用于分析模型在土体含水量突变至饱和时的变形规律，ΔS 计算方法如图 3.2-13 所示。

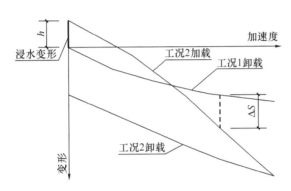

图 3.2-13　模型浸水前后变形差 ΔS 计算示意图

　　按上述处理方法得到不同加速度水平下模型边坡稳定期（$a \leqslant 100g$）浸水前后的变形量 ΔS 与加速度关系曲线，如图 3.2-14 所示。

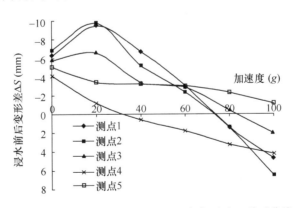

图 3.2-14　模型浸水前后变形差 ΔS 与加速度 a 关系曲线

　　图 3.2-14 反映了模型对应原型边坡土体饱和时，边坡产生沉降变形一般规律。需要特别说明的是，模型在低加速度水平下相对于天然含水量状态表现出了膨胀变形趋势，但这并不说明模型对应的原型边坡在土体饱和时会产生膨胀变形。产生这种误差的原因是模型相对于原型具有贴坡体压实均匀、侧向完全受限的特点，同时，又因为试验是利用升高模型加速度方法增加模型自重，模型土体自重加载速率较大，加之黏性土的渗透性差，模

型中自重应力增加引起的超孔隙水压力来不及消散，模型的固结变形未能完成。由此，模型在低加速度水平下，饱和状态相对于天然含水量状态的变形不符合一般规律，但随着加速度的提高及加载时间的延长，模型最终表现出明显的沉降变形趋势。

通过离心模型试验初步探讨了湿陷性黄土高贴坡的稳定性及其变形模式，在此基础上得到了以下认识：

① 采用原状黄土及重塑黄土联合制作大型土工离心试验模型是可行的，模型尺寸的加大可以有效减小离心模型试验中边界条件及尺寸效应对试验结果的影响；

② 湿陷性黄土高贴坡在天然含水量状态下稳定性较好，工后变形量及变形速率前期较大，后期较小，贴坡体的变形是导致整个边坡变形的主要因素，贴坡体厚度与对应位置工后沉降呈线性关系；

③ 土体饱和时，湿陷性黄土高贴坡将发生沉降变形，贴坡体固结及湿陷性土层湿陷共同导致高贴坡的沉降变形，若变形过大，坡体可能沿水分浸入时形成的软弱带开裂破坏；

④ 湿陷性土层的强度决定了湿陷性黄土高贴坡的稳定性，坡体破坏时滑裂面将通过湿陷性土层，其位置取决于湿陷性黄土层与其相邻土层的强度差异，当强度差异较大导致湿陷性黄土层与相邻土层的接触面形成软弱夹层时，则接触面必为滑裂面的一部分，且强度相对较小的接触面首先破坏，滑裂面上部土层表现出比较典型的平移滑动模式，反之，滑裂面近似圆弧，且与接触面之间存在一定厚度的过渡层。

3.2.6 高贴坡合理坡度数值分析

为了明确不同坡比填筑体在试验模型对应的边界条件下的稳定性，采用有限元软件建立模型，运用强度折减有限元法分别计算综合坡比为 1：2.05、1：2.113（试验模型）、1：2.15、1：2.2、1：2.25、1：2.3、1：2.4、1：2.5、1：2.6、1：2.7、1：2.75、1：2.8 时模型边坡在天然含水量及饱水状态下的稳定性。

(1) 计算假定

土体强度和应力问题是边坡稳定分析关注的主要问题，位移和变形问题并不是边坡稳定分析中关注的核心，因此，采用何种本构关系模型分析边坡稳定性并没有严格的要求，因此本节可依据 Mohr-Coulomb 强度准则，采用理想弹塑性模型分析不同工况与坡度条件下模型对应的原型边坡稳定性，建模时采用四节点面单元。

本节确定边坡可能滑移面的方法是有限元强度折减法，该种方法不同于传统的边坡稳定有限元法，传统的边坡稳定分析有限元法是在一定范围内通过运用各种优化方法进行搜索，而强度折减有限元法相对直观，不断折减强度参数，计算结果中临界状态边坡应变等值线图可以明显反映出边坡可能出现滑面的位置。如果将密的等值线带可在位移增量等值线图上出现，或者是在广义应变增量等值线图上形成一个圆弧状的区域，这个区域以最大幅值等值线的连线为中心，近似的向两边扩展而形成，在这个带状区域的中心位置，将应变增量数值最大点连线，直坡底贯通至坡顶而形成一条弧形曲线，这条曲线就是边坡滑移面的位置。除此之外，边坡塑性区图或塑性应变等值线图上也可直观反映边坡滑面的大致位置，这些图可通过有限元计算的后处理得到。确定强度折减有限元法中边坡失稳判据是非常重要的。计算过程中一个难以解决的问题就是在如何判断边坡在土体强度参数不断降低时是否达到了临界破坏状态。目前常用的边坡破坏判据包括：

① 把边坡位移或应力迭代不收敛作为边坡失稳破坏的标志，如果计算方法在制定的收敛准则下不能收敛，此时边坡的应力分布无法满足边坡土体的总体平衡和强度准则，此时边坡将出现破坏。

② 把边坡等效塑性应变或者广义塑性应变沿坡底贯通至坡顶作为边坡失稳破坏的判据。众所周知：边坡塑性区的出现、开展以及重分布于土体的塑性破坏是密不可分的，而塑性区的发展与破坏的整个过程可以用土体塑性应变加以记忆和描绘，因此边坡失稳评判可以采用土体塑性应变作为指标，边坡的安全系数及潜在的滑移面也可根据塑性区的连通状态和范围来确定。

③ 在边坡稳定性分析过程中，当土体的强度参数降低到某一水平，模型位移突然持续增大，土体结构也趋于破坏，此时可把特征点的位移突变看着是边坡失稳的判据。

综上所述：边坡特征点的位移、塑性区的范围及计算结果的收敛性都与边坡的失稳破坏有着紧密的联系。当边坡处在破坏临界状态是，计算结果因不能满足 Mohr-Coulomb 强度准则而致使计算结果不收敛，此时边坡的特征点由于其位移不断增加而导致其位移或位移增量发生突变。边坡滑裂面上的各点土体因边坡发生破坏而处于塑性状态，导致塑性区由坡底贯通至坡顶。因此，上述三种边坡失稳判据都从各自的角度反映了边坡将要发生失稳破坏，不存在矛盾之处，所以，可以联合采用上述三种方法来分析边坡稳定性。本节的数值计算过程，将利用边坡剪切应变图及位移等值线图确定边坡可能的滑动面，当计算结果不收敛时判定边坡失稳破坏[23]。

(2) 计算模型与参数

各土层不同状态下初始抗剪强度参数参考由山西省勘察设计研究院编制的《山西吕梁民用机场工程岩土工程勘察报告》及北京中企卓创科技发展有限公司和中国民航机场建设集团公司西北分公司联合编制的《山西吕梁机场高填方地基处理及土方填筑试验区试验研究报告》等文件中试验及数值反演参数，模型计算参数依据初始参数，根据试验过程中模型变形情况反演确定，模型各土层在不同状态下抗剪强度参数见表 3.2-7。试验模型对应的数值模型见图 3.2-15。

试验模型稳定性各土层抗剪强度指标　　　　表 3.2-7

土层	天然状态		饱和状态	
	黏聚力(kPa)	内摩擦角(°)	黏聚力(kPa)	内摩擦角(°)
压实马兰黄土	54.78	25.99	33.35	23.93
原状马兰黄土	35	23	25	21
原状离石黄土	55	26	32	23

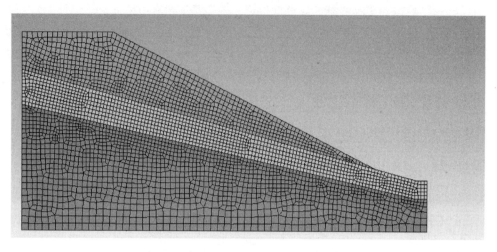

图 3.2-15　试验模型对应的有限元模型及网格划分

（3）计算结果与分析

不同坡比边坡在天然含水率及饱和状态下的稳定性计算结果如图 3.2-16～图 3.2-27 所示。

边坡在天然状态及饱水状态下稳定系数见表 3.2-8，其与填筑体坡比之间的关系见图 3.2-28。

模型边坡在天然含水量及饱水状态下的稳定系数　　　　　　表 3.2-8

填筑体坡比	稳定系数		填筑体坡比	稳定系数	
	天然状态	饱水状态		天然状态	饱水状态
1∶2.05	1.4125	1.1875	1∶2.4	1.5625	1.3125
1∶2.113	1.4375	1.2125	1∶2.5	1.6175	1.3375
1∶2.15	1.4375	1.2125	1∶2.6	1.6625	1.3875
1∶2.2	1.4625	1.2125	1∶2.7	1.6875	1.4375
1∶2.25	1.4875	1.2375	1∶2.75	1.7125	1.4625
1∶2.3	1.5125	1.2625	1∶2.8	1.7375	1.4875

注：试验模型实测综合坡比为 1∶2.113。

由表 3.2-8 可知：试验模型在填筑体坡度为 1∶2.05～1∶2.8 范围内，天然状态边坡稳定系数均介于 1.4125～1.7375；饱和状态下边坡稳定系数介于 1.1875～1.4875，见天然状态下折减约 15%～20%。按《岩土工程勘察规范》GB 50021—2001 第 4.7.7 条规定，边坡稳定系数 F_s 的取值，对新设计的边坡、重要工程宜取 1.30～1.50；对于新设计一般永久性工程边坡，《工程地质手册》（第三版）规定稳定安全系数 F_s 值采用 1.30～1.50；由此按照上述计算结果，当填筑体坡度达到 1∶2.25 时，其稳定系数为 1.4875，基本满足规范要求的取值上限。在饱和状态下，当坡比达到 1∶2.4 以上时，模型边坡稳定系数才能满足规范要求的取值下限，且所有坡度的模型边坡在饱和状态下稳定系数均不能达到规范要求的取值上限。

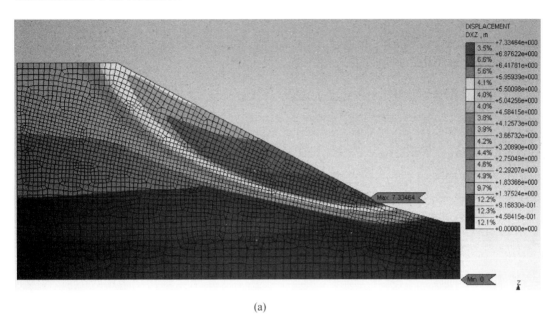

(a)

(b)

图 3.2-16　边坡变形计算结果（综合坡比：1∶2.05）

（a）天然状态；（b）饱和状态

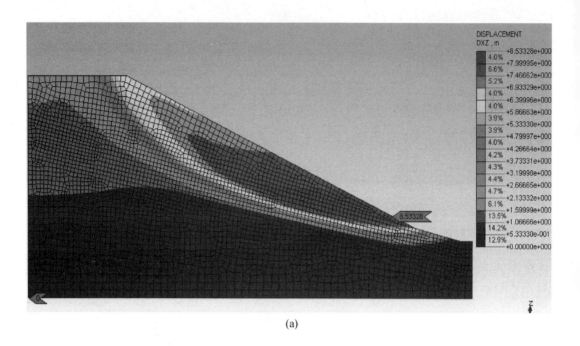

(a)

(b)

图 3.2-17　边坡变形计算结果（综合坡比：1∶2.113）

（a）天然状态；（b）饱和状态

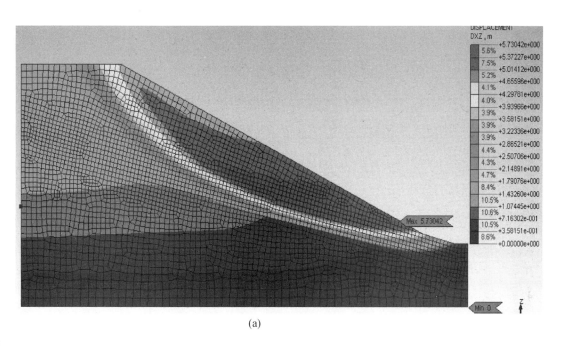

(a)

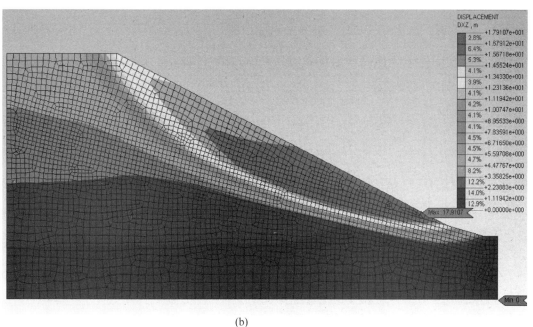

(b)

图 3.2-18　边坡变形计算结果（综合坡比：1∶2.15）

（a）天然状态；（b）饱和状态

(a)

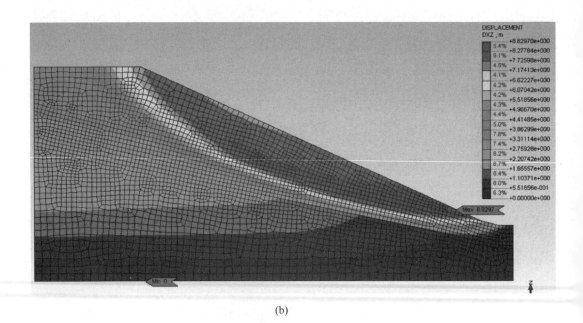

(b)

图 3.2-19　边坡变形计算结果（综合坡比：1：2.2）

（a）天然状态；（b）饱和状态

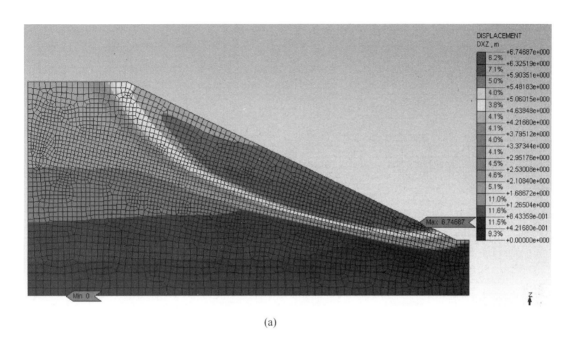

(a)

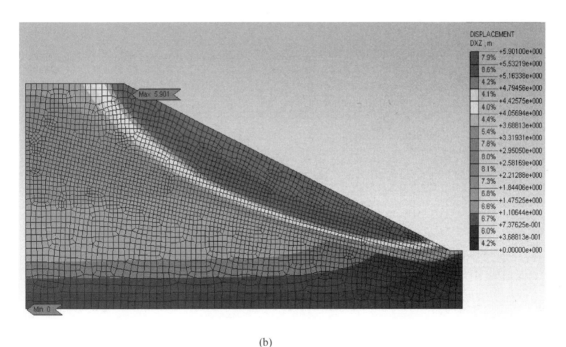

(b)

图 3.2-20 边坡变形计算结果（填筑体综合坡比：1∶2.25）

（a）天然状态；（b）饱和状态

(a)

(b)

图 3.2-21　边坡变形计算结果（填筑体综合坡比：1∶2.3）

（a）天然状态；（b）饱和状态

(a)

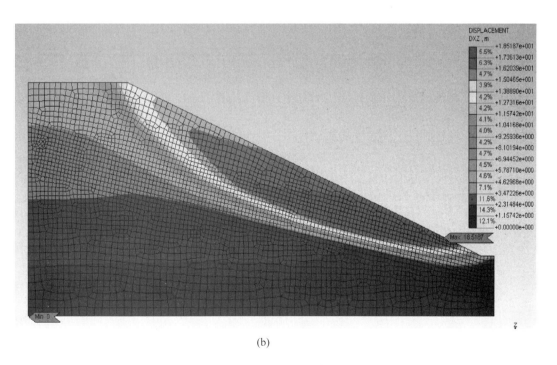

(b)

图 3.2-22　边坡变形计算结果（填筑体综合坡比：1∶2.4）

（a）天然状态；（b）饱和状态

(a)

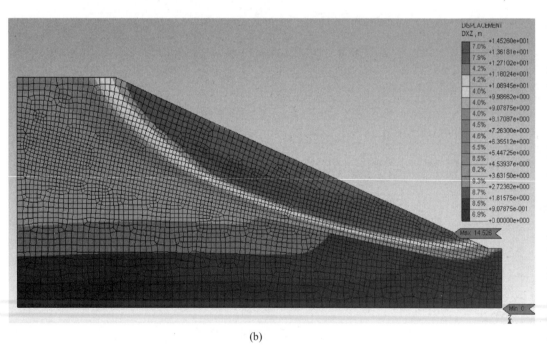

(b)

图 3.2-23　边坡变形计算结果（填筑体综合坡比：1∶2.5）

（a）天然状态；（b）饱和状态

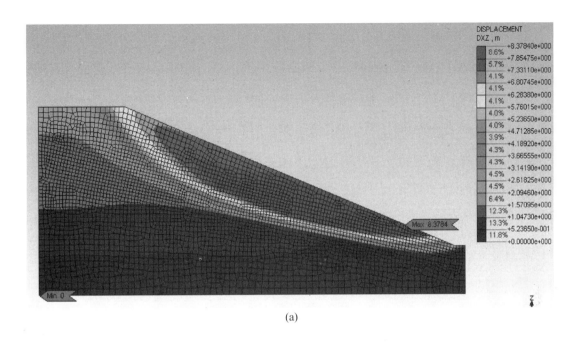

(a)

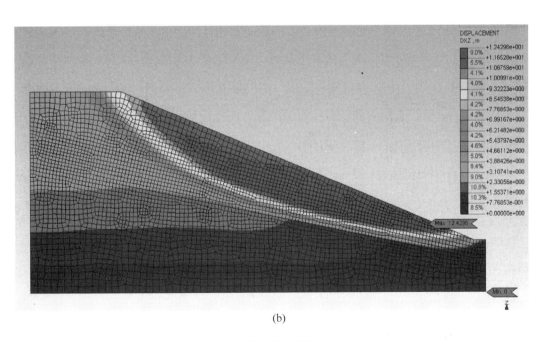

(b)

图 3.2-24　边坡变形计算结果（填筑体综合坡比：1∶2.6）

（a）天然状态；（b）饱和状态

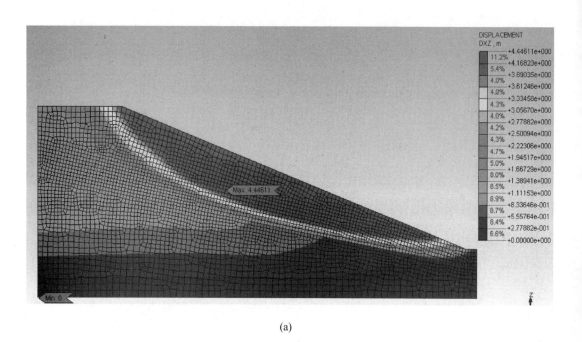

(a)

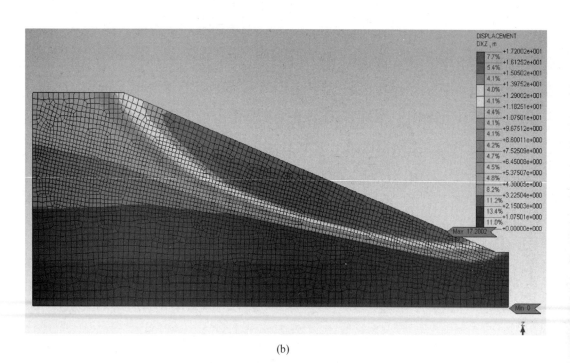

(b)

图 3.2-25　边坡变形计算结果（填筑体综合坡比：1∶2.7）

（a）天然状态；（b）饱和状态

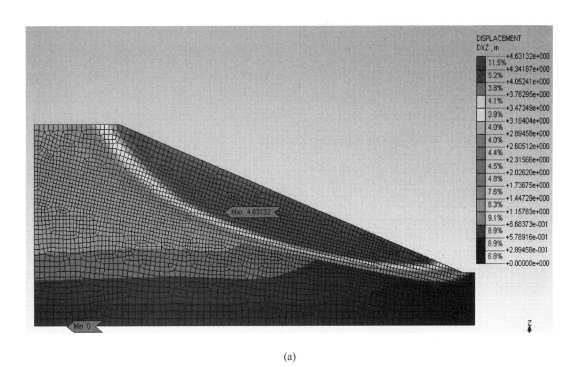

(a)

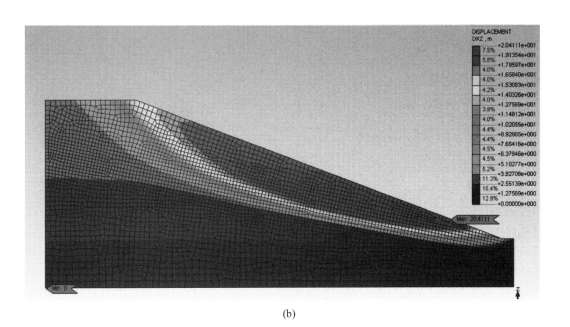

(b)

图 3.2-26　边坡变形计算结果（填筑体综合坡比：1∶2.75）

（a）天然状态；（b）饱和状态

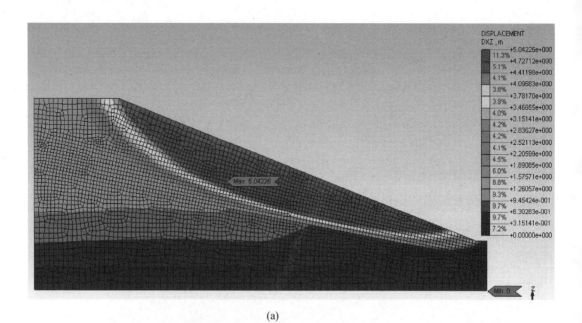

(a)

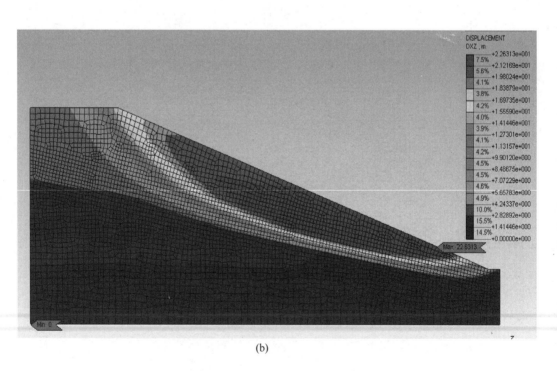

(b)

图 3.2-27　边坡变形计算结果（填筑体综合坡比：1∶2.8）

（a）天然状态；（b）饱和状态

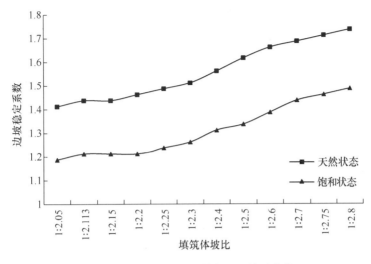

图 3.2-28　边坡稳定系数与坡比关系曲线

由图 3.2-16～图 3.2-27 可知：模型在不同坡比情况下潜在的滑裂面一般开始于边坡边缘处，结束于填筑体坡脚处，且穿过湿陷性黄土层（Q_3^{col}），与湿陷性黄土层和填筑体接触面相割。

由图 3.2-28 可知，随着填筑体坡比不断减小（坡度减缓），模型边坡稳定系数大致呈线性增加趋势，且天然状态下和饱和状态下趋势线走势基本一致。

3.2.7　深堑填方地基变形规律的离心模型试验

（1）试验目的及内容

沟壑深堑填方地基变形问题，特别是不均匀沉降等关键性难题一直未得到很好的解决，安全而又经济地确定高填方地基沉降量、沉降差以及黄土湿陷问题是设计中的关键性问题。由于深堑填方过高，工后沉降的计算误差较大，所以有必要开展试验研究高填方体在自重作用下总的变形量及各分层的变形量；同时研究天然土与填土之间的相互作用以及这种作用所产生的后果以及填方地基土在浸水饱和时的湿陷变形。

本试验主要研究深堑填方地基在天然含水量及饱和状态下的变形情况和原状土地基与回填土地基的差异沉降。

（2）模型设计与制作

背景工程吕梁机场地形起伏较大，冲沟发育，纵横切割，沟谷横截面上游呈 "V" 字形，个别沟谷下游呈 "U" 形，沟谷两侧坡度为 $20°\sim60°$，局部地段可达 $80°$ 以上，地形总体呈中间高，东西两侧低，北高南低，地面标高为 $1050\sim1237m$，相对高差为 $187m$。为了了解冲沟填方造成原地基与回填地基的差异沉降情况，根据机场实际地质情况设计试验模型如图 3.2-29 所示。根据模型箱与原型的几何尺寸设定试验模型相似比为 $N=180$，模型原始地基土层自上而至共分 3 层：①层：压实 Q_3 马兰黄土，压实度 93%；②层：原状 Q_3 马兰黄土，结构疏松，具大孔隙，韧性及干强度低，具中等湿陷性；③层：原状 Q_2 离石黄土，硬塑，韧性及干强度中等；模型中对于填筑区采用与①层土相同的压实 Q_3 马兰黄土，压实度为 93%，模型各土层主要物理性质及抗剪强度指标见表 3.2-5、表 3.2-6，模型尺寸为 1340mm（长）×400mm（宽）×655mm（高）。

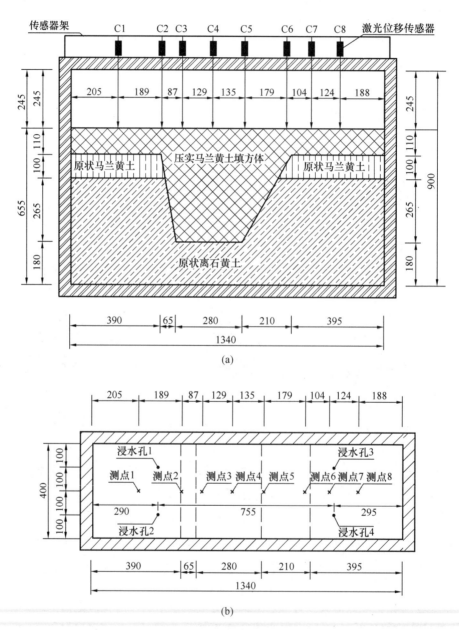

图 3.2-29　模型设计及测点布置

（a）立面图；（b）平面图

模型各土层主要物理性质及抗剪强度指标见表 3.2-5 和表 3.2-6，制作方法同 3.2.5 节中模型制作方法相同。根据上述制作方法及量测系统的设计完成的模型如图 3.2-30 所示。

图 3.2-30　制作完成的试验模型

（3）量测系统与工况

1）试验量测系统

考虑到填方体可能的变形，本试验需量测填方地基表面竖向变形以及模型内部变形。受试验条件限制，仅沿模型箱纵向中线处设置 8 个激光位移传感器（C1～C8），如图 3.2-29（a）所示，激光位移传感器距模型箱边界 20cm，处于边界影响范围之外，最大限度地降低模型箱侧面对测试结果的影响[20]，激光照准位置分别为模型变形测点（测点 1～8）。同时，受测试手段所限，模型内部变形趋势难以进行实时动态量测，仅能在试验结束测试验模型内部变形。本试验在模型上用贴有反光纸的图钉作标记，纵横间距约为 3cm×3cm，并在模型箱玻璃板外壁画设纵横网格，网格尺寸为 10cm×10cm，试验结束后，分别量测各标记与模型箱玻璃板上网格线交点的相对位移，进而得到模型内部位移的大致趋势。

2）试验工况

工况 1：天然含水量的地基稳定性试验

模型制作完毕后，将模型置于离心机中加载，离心加速度按每级 20g 增加，直至 180g。加载过程中，每完成一级加速度的增加，保持加速度不变，继续运行 5min，使模型变形达到基本稳定。经测算，当试验所用激光位移传感器在 180g 加速度条件下，因其仪器架振动导致的测值误差不大于±0.2mm（试验过程中可通过实时数据测算），因此，在试验过程中，每级加速度水平下离心机保持加速度不变持续运行时，如激光位移传感器测值波动范围小于±0.2mm，则视为模型变形稳定，但仍需稳定加载 5min，如 5min 内模型在某级加速度水平下未达到此标准，则维持加速度不变继续运行，直至满足要求。按照上述加载制度加速至 180g 后，保持加速度不变运行到模型变形稳定为止，然后分级卸载，卸载过程中，加速度按每级 40g 递减，最后一级为 20g，直至停机，卸载过程中，每完成一级加速度的减少，保持加速度不变，继续运行 2min，当加速度减到零后，继续进行观测，直到模型变形稳定为止。

工况 2：饱和条件下的地基稳定性试验

在实际工程中，高贴坡由于排水条件不良，常会形成垂直洞穴，水经洞穴大量进入高贴坡内部，使得边坡土体饱和，对填方地基稳定性构成极大威胁，考虑到试验采用的离心机无法在加载过程中对模型浸水，因此，在完成试验工况 1 后，停机并撤除模型传感器，在模型不同位置钻开 4 个直径为 5mm 浸水孔，孔深至②层原状马兰黄土与③层原状离石黄土接触面位置，如图 3.2-29（b）所示。并使用医用输液装置向模型中连续注水，使得模型平均饱和度达到 75％以上，此时上部①层填方体与②层原状马兰黄土饱和度估计达 80％以上（洞穴处含水量大，其他部位相对较小，受试验条件所限无法实时测量）。需要说明的是，工况 2 的试验目的是分析模型在①层贴坡体与②层原状马兰黄土饱和状态下模型的变形规律，虽然，实际工程中浸水洞穴分布不均匀且各向异性，但由于在模型制作过程中无法按照洞穴的实际形状进行洞穴制作，同时，试验模型中洞穴浸水只是模拟模型原型的浸水路径，也没有必要按照洞穴的实际形状进行制作。因此，按照离心模型越简单，试验结果规律越明显的一般原则，试验不考虑洞穴的不均匀性及各向异性。模型注水过程中，在激光位移传感器位置设置 8 组百分表，用于量测浸水过程中模型竖向变形情况，为防止模型浸水软化后，百分表触头刺入模型，在触头下垫置 2cm×2cm 有机玻璃片。同时，为防止浸水过快导致水从浸水孔中溢出而造成模型表面冲刷破坏，浸水过程中用吸水性较好的棉布覆于贴坡表面吸收溢出的水。浸水完成后，采用 Q_3 细土将浸水孔填实后，再次按工况 1 加载及卸载方案进行试验。试验结束后，将模型箱清空，在清空过程中，将模型分区取样测定含水率。

工况 3：模型箱变形量的测定

模型箱清空后，再次安装仪器及仪器架，并将 1～8 号位移传感器杆伸长照准模型箱底部，在模型箱中放入与模型等质量的钢块，并将模型箱置于离心机中加载至 180g，记录加载及卸载过程中模型箱及仪器架变形情况，用于对工况 1、2 测得的数据进行修正。

（4）试验结果及分析

试验结束后，所取得的试验成果包括：①各工况试验前后模型侧向变形矢量图；②试验过程中各测点变形曲线；③模型浸水过程中各测点位置的变形曲线；④试验结束后模型各部分的含水率；⑤模型箱及仪器架在各级加速度水平下的变形曲线；⑥试验过程中模型的裂缝开展情况。

初步分析试验结果表明：模型浸水后的含水率满足工况 2 的试验要求，模型在各级加速度水平下 5min 内均达到稳定标准，试验达到预期效果。

1）地基变形模式

考虑离心机安全及设备稳定性，未能进行破坏试验，同时，由于部分测点在模型制作时被埋入土中或由于位移较小而无法精确测量，所以试验只得到了模型部分测点的位移矢量，但可据此分析地基内部基本变形模式，如图 3.2-31 所示。

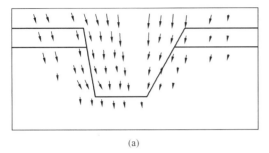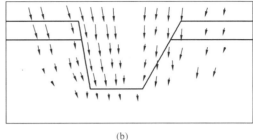

(a)   (b)

图 3.2-31 模型位移矢量图

(a) 天然含水量状态;(b) 饱和含水量状态

由图 3.2-31 可以看出:天然含水量条件下模型①层变形较大,②层变形较小,③层变形最小,且③层发生变形的部分位于填方体与原地基结合面附近。饱和状态下,填方体及原状马兰黄土强度大大降低,②层原状马兰黄土发生湿陷,变形增大,③层原状离石黄土层的变形受含水量变化的影响,变形量增大,同时变形范围发生较大扩展。

由上述试验结果来看,填方体与原状地基的不均匀变形导致了两者之间发生错动,虽然天然状态下,二者变形较小,但差异变形量较大,因此,错动量较大。饱和状态下由于原地基强度减小,变形增大,二者错动量反而减小。

需要指出的是:虽然填方体与原状地基的错动量在饱和状态下小于天然状态下,但不表明由差异沉降变形引起地基开裂的可能性也小,其原因是,饱和状态下土体的强度大大减小,因此,地基在饱和状态的开裂的可能性仍然是最大的,工况 2 试验完毕后,模型表面大量裂缝出现充分说明了这一点,如图 3.2-32 所示。

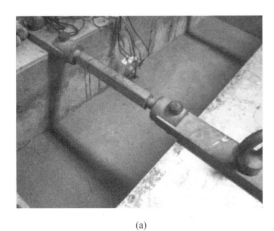

(a)   (b)

图 3.2-32 试验后模型开裂情况

(a) 工况 1;(b) 工况 2

由图 3.2-32 及模型试验完毕后的开裂情况还可看出:不同深堑地形所形成边界条件对深堑填方地基的沉降变形有很大的影响。当断面不对称时,缓坡一侧承担了大部分填方体荷载，当缓坡原地基土体强度能够承担上部荷载时，填方体在其原地基结合部位的变形相对于陡坡一侧较小。

2）地表沉降规律

根据模型相似律，当模型和原型所有的无量纲自变量一一对应相等时，模型和原型完全相似[21]。试验测得的各测点在不同工况下变形曲线如图 3.2-33 所示。

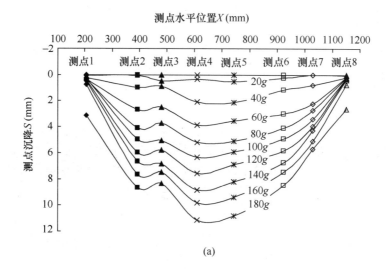

(a)

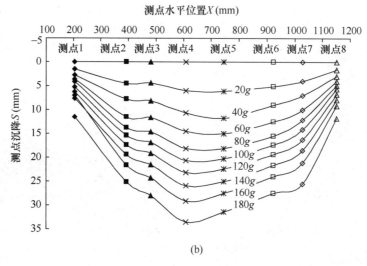

(b)

图 3.2-33　模型表面变形曲线

（a）工况 1；（b）工况 2

由图 3.2-33（a）可知：模型在天然含水量状态下，填土越厚，沉降越大，从而导致地表不均匀沉降，随着加速度的增加，各测点对应位置的变形量及不均匀沉降量也随之增加，最终导致模型发生开裂，当加速度大于 160g 后，模型测点 1 及测点 8 位置变形量由于模型开裂而发生突变，地基失稳。图 3.2-33 中测点 2、3 及测点 6、7 对应位置的沉降量反映了原地基分别为陡坡和缓坡时，填方地基与原地基不均匀沉降的规律，由于测点

2、3 对应位置原地基坡度较陡，随着加速度的增加，原地基边坡有滑动趋势，因而对填方体有挤压作用，很大程度上延缓了填方体的沉降趋势，一定程度上减少了测点 3 对应位置的沉降，最终导致测点 2 的沉降量大于测点 3 的沉降量。测点 6、7 对应位置原地基坡度较缓，原地基边坡较稳定，滑动趋势不明显，因此，测点 6 对应位置的沉降量及其与测点 7 对应位置的差异沉降量随加速度增加而不断增加，直至模型开裂。由上述分析可知：模型对应的原型深堑填方地基或者具有同等约束条件下的类似深堑填方地基的填方最大高度建议不超过 70m，如工程要求必须超过 70m，则需对填方体与原地基接触带进行处理，增加填方体的约束，提高填方体的压实度，以减小填方地基与原地基的不均匀沉降，防止地基开裂失稳。

由图 3.2-33（b）可知：模型在饱和状态下表现出于天然状态下类似的地表沉降规律，模型在加载初始时，地表沉降模式随即确定，随着加速度增加，各测点对应位置沉降量不断增加，但沉降模式基本不变。测点 2、3 对应位置原地基边坡同样具有滑动趋势，且对填方体有挤压作用，延缓了填方体的沉降趋势，减少了测点 3 对应位置的沉降，但由于土体饱和后土体强度较小，测点 2 的沉降量仍然小于测点 3 的沉降量。测点 6、7 对应位置原地基虽然坡度较缓，但土体强度降低导致了原地基边坡在加速度水平较高时，同样表现出了滑动趋势，从而延缓了测点 6 对应位置的沉降趋势，随着加速度增加，虽然测点 6、7 对应位置沉降量不断增加，但差异沉降不断减小。模型在饱和状态下测点对应位置变形量表明：深堑填方地基在饱和状态下是不稳定的，设计和施工过程中应保证地基具有有效的排水系统，防止地基浸水饱和发生失稳。

3）地表变形时间

由于测点 4 距离边界较远，因此该测点对应位置的变形能够反映模型对应原型地基变形与施工进度的关系，测点 4 对应位置沉降时程曲线如图 3.2-34 所示。

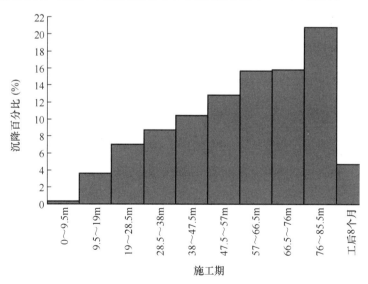

图 3.2-34　各施工阶段模型对应的变形量

由图 3.2-34 可见，模型对应的原型地基的沉降变形主要发生在施工期，占总沉降的 95.29％，工后沉降只占总沉降的 4.71％，随着填方高度的增加，地基沉降速率逐渐变大，填方高度超过地基临界填方高度后，地基开裂，地基沉降量发生突变，继续加载至设计加速度，模型对应地基原型在施工完毕 8 个月后变形稳定。因此，类似地基应主要在施工期采取措施进行沉降变形控制，建议填方高度达 70m 后，停止施工 8 个月以上，待地基变形完毕后，再将地基填筑完毕，采用此种方法既可以防止地基一次填筑完毕后发生较大不均匀沉降而至开裂破坏，又可避免地基填筑完毕后发生较大的工后沉降。

4）浸水变形分析

试验得到的模型浸水过程模型各测点竖向变形曲线如图 3.2-35 所示。

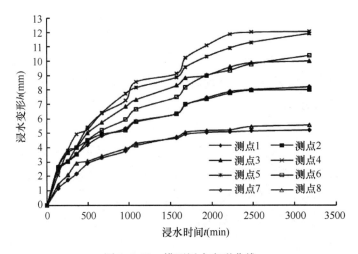

图 3.2-35　模型浸水变形曲线

由图 3.2-35 可知，模型在浸水过程中产生了膨胀变形，其变形值主要由两部分组成：②层原状马兰黄土浸水湿陷及①层压实马兰黄土由于压实度较高及模型箱约束作用而产生的浸水膨胀，这两部分变形在浸水过程中是不平衡的，①层压实马兰黄土的膨胀量大于②层原状马兰黄土浸水湿陷量，且两者差值随着土体饱和度的增加而增大，当土体饱和度达到某一水平时（由于无法实时量测各层土的含水量，按注水量估计①、②层土体饱和度应达 70％以上），模型土体湿陷及饱和膨胀基本完成，使得变形保持稳定。需要指出的是，模型浸水是在 1g 条件下进行的，模型变形量不符合相似率[23]，同时，由于模型浸水时间较短，模型变形中也没有包含土体的固结变形，需对比分析模型加载过程中浸水变形情况。

本试验仍可按照图 3.2-13 的处理方法分析模型在土体含水量突变至饱和时的变形规律，按上述处理方法得到不同加速度水平下模型边坡稳定期（$a \leqslant 160g$）浸水前后的变形量 ΔS 与加速度关系曲线，如图 3.2-36 所示。

图 3.2-36 反映了模型在低加速度水平下相对于天然含水量状态表现出了膨胀变形趋势，这是由于模型相对于原型具有压实均匀、侧向完全受限的特点，同时，又因为试验是利用升高模型加速度方法增加模型自重，模型土体自重加载速率较人，加之黏性土的渗透

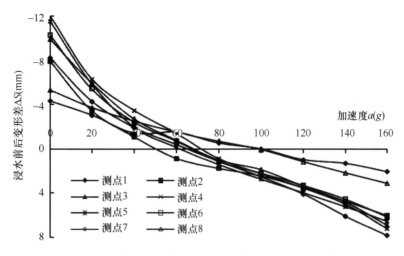

图 3.2-36　模型浸水前后变形差 ΔS 与加速度 a 关系曲线

性差，模型中自重应力增加引起的超孔隙水压力来不及消散，模型的固结变形未能完成。因此，模型在低加速度水平下，饱和状态相对于天然含水量状态的变形不符合一般规律，但随着加速度的提高及加载时间的延长，模型将表现出明显的沉降变形趋势。

3.3　基于二维随机场圆弧局部平均化的边坡可靠度分析

3.3.1　二维随机场的一维局部平均

在岩土体中，原状土由于沉积作用与后沉积作用，即使对于同一类土，土体的物理力学性质也会产生一定的空间变异性。决定边坡是否失稳破坏的是滑动面上的平均土体强度，而对应的变异性指标也应该是滑动面上的局部平均的空间特征，而非点特征。由于在边坡可靠度的二维分析模型中滑移面为一维曲线，边坡滑移面上随机量的局部平均实质上是二维随机场在曲线上的局部平均，因此本书基于 Vanmarcke[24] 提出的随机场理论，推导了二维随机场一维局部平均过程，推导过程如下[25]：

设 $X(x, y)$ 是定义在 XOY 平面内均值为 μ，方差为 σ^2 的二维平稳随机场。对 XOY 内任一连续曲线 L，定义 $X(x, y)$ 在曲线 L 上的局部平均随机变量为以下第一类曲线积分形式：

$$X_{\mathrm{L}} = \frac{1}{l} \int_{L} X(x, y) \mathrm{d}s \qquad (3.3\text{-}1)$$

式中，$\int_{L} 1 \mathrm{d}s$ 为曲线 L 长度的积分计算式；X_{L} 为二维随机场 $X(x, y)$ 在曲线 L 上的局部平均随机变量；l 为曲线 L 的长度。

根据定义，$X_{\mathrm{c}}^{\mathrm{L}}$ 的均值为：

$$E[X_{\mathrm{L}}] = E\left[\frac{1}{l}\int_{\mathrm{L}} X(x,y)\mathrm{d}s\right] = E[X(x,y)] \tag{3.3-2}$$

根据式（3.3-2）可知，二维随机场在曲线上局部一维平均化以后均值不变。

由于土体强度参数的空间变异性，边坡的滑动面也不唯一，图3.3-1为通过强度参数随机场离散化实现的随机有限元模拟1000次所得的边坡滑移面结果[26]。图3.3-1中较粗的滑移面为强度参数取均值时的滑移面，滑移面整体以其为中心分布，并且可以看出，绝大部分滑移面均通过了坡脚为整体失稳。出于简化目的，本书做出"潜在滑移面为过坡脚的圆弧"这一假设，在此基础上进行推导。

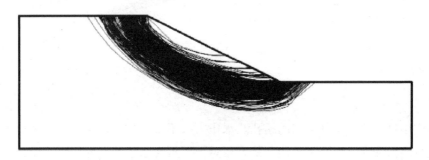

图 3.3-1　边坡滑动面变异性[26]

设均质边坡的坡高为 H，坡角为 β（图3.3-2）。坡脚为点 O，以 O 为原点水平方向为 X 轴，竖直方向为 Y 轴，构建坐标系 XOY，则点 O 坐标为（0，0）。设滑移面圆弧的圆心 C 坐标为（a，b），圆弧起点为 O 点，终点为圆与坡顶面的交点 A（c，d），圆弧半径为 r，圆心角为 α。在弧 $\overset{\frown}{OA}$ 上建立一维坐标系，并记 $\overset{\frown}{OA}$ 上任意一的坐标值为该点到 O 点的弧长，如图3.3-2所示，$\xi = \overset{\frown}{OP_1}$，$\eta = \overset{\frown}{OP_2}$ 分别为弧 $\overset{\frown}{OA}$ 上任意两点 P_1、P_2 的坐标值。

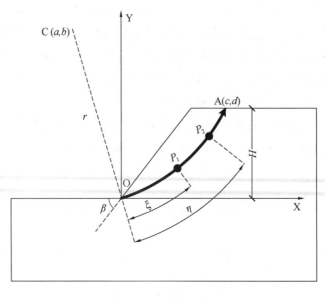

图 3.3-2　弧线坐标系

则 X_L 的方差可由下式得出：

$$\mathrm{var}\left[X_L(t)\right] = E\{[X_L(t) - \mu]^2\} = \frac{\sigma^2}{T^2} \int_0^T \int_0^T \rho_L(u, \eta) \mathrm{d}\xi \mathrm{d}\eta \tag{3.3-3}$$

式中，$\rho_L(u, \eta)$ 为曲线 L 上两点间的相关函数，T 为 $\overset{\frown}{OA}$ 弧长。在二维随机场的相关函数确定的情况下，可以推导出 $\rho_L(u, \eta)$ 的表达式，推导过程如下：

对于圆弧 $\overset{\frown}{OA}$ 而言，由于 O 点的位置是确定的，且 A 点与坡顶面相交，圆心 C 的坐标将完全确定圆弧的位置。下面将以圆心坐标为参量，推导圆弧上点 P 的坐标值与 XOY 坐标之间的换算关系：

圆弧半径：

$$r = |OC| = \sqrt{a^2 + b^2} \tag{3.3-4}$$

圆弧所在圆的方程在坐标系 XOY 下可表示为式 (3.3-5)：

$$(x - a)^2 + (y - b)^2 = a^2 + b^2 \tag{3.3-5}$$

A 点在圆上，且 A 点的纵坐标 $d = H$，代入式 (3.3-5) 即可求得 c：

$$(c - a)^2 + (H - b)^2 = a^2 + b^2 \Rightarrow c = \sqrt{a^2 + b^2 - (H - b)^2} + a \tag{3.3-6}$$

根据 O 点与 C 点坐标，即可求得弧 $\overset{\frown}{OA}$ 圆心角 α 为：

$$\alpha = 2\arcsin\left(\frac{\sqrt{c^2 + d^2}}{2r}\right) \tag{3.3-7}$$

从而可求得弧 $\overset{\frown}{OA}$ 弧长 T 为：

$$T = \overset{\frown}{OA} = r\alpha \tag{3.3-8}$$

为方便获取 (x, y) 的表达式，另构建以 OC 为 y' 轴方向，其垂线为 x' 轴的坐标系 X'OY'（图 3.3-3），在坐标系 X'OY' 下，P 点坐标为 (x', y')。

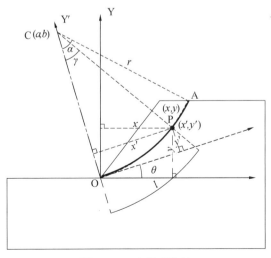

图 3.3-3　坐标系旋转

弧 $\overset{\frown}{OP}$ 对应的圆心角 γ 为：

$$\gamma = \frac{l}{r} \tag{3.3-9}$$

根据图 3.3-4 中的几何关系可求得：

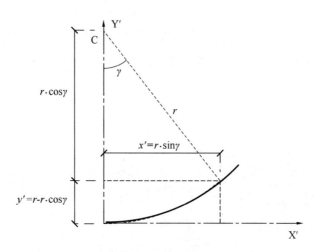

图 3.3-4　弧线坐标系

$$\begin{bmatrix} x' \\ y' \end{bmatrix} = \left[r\sin\gamma, r(1-\cos\gamma) \right]^{\mathrm{T}} \tag{3.3-10}$$

设 $X'OY'$ 顺时针旋转 θ 度可与 XOY 重合，θ 为：

$$\theta = -\arctan\frac{a}{b} \tag{3.3-11}$$

通过坐标旋转变化，可通过 (x', y') 得到 (x, y)：

$$
\begin{aligned}
\begin{bmatrix} x \\ y \end{bmatrix} &= \begin{bmatrix} \cos\theta & -\sin\theta \\ \sin\theta & \cos\theta \end{bmatrix} \begin{bmatrix} x' \\ y' \end{bmatrix} \\
&= \begin{bmatrix} M\sin\dfrac{l}{r} - N\left(1-\cos\dfrac{l}{r}\right) \\[2ex] N\sin\dfrac{l}{r} + M\left(1-\cos\dfrac{l}{r}\right) \end{bmatrix}
\end{aligned} \tag{3.3-12}
$$

式中，$M=r\cos\theta$、$N=r\sin\theta$，均可由圆心坐标 (a, b) 值表示。

依据式（3.3-12）可在圆心坐标确定的情况下建立 P 点的参数 B 弧线坐标与 XOY 坐标 (x, y) 之间的关系。

根据文献[27]的研究，相关函数的选择对可靠度指标的影响不大，因而本书相关函数选择为如式（3.3-13）所示的可分离式指数函数形式：

$$\rho(Q_1, Q_2) = \rho\big[(x_1, y_1), (x_2, y_2)\big] = \rho(\tau_1, \tau_2)$$

$$= \exp\left[-2\left(\frac{|\tau_1|}{\delta_1} + \frac{|\tau_2|}{\delta_2}\right)\right] \tag{3.3-13}$$

其中 Q_1、Q_2，为随机场平面内任意两点，坐标值分别为 (x_1, y_1)、(x_2, y_2)。τ_1、τ_2 分别为两点坐标分量的差，$\tau_1 = x_2 - x_1$，$\tau_2 = y_2 - y_2$。

则曲线上的相关函数为：

$$\rho_L(\xi, \eta) = \rho\left[\begin{array}{l} \left[M\sin\frac{\xi}{r} - N\left(1 - \cos\frac{\xi}{r}\right), N\sin\frac{\xi}{r} + M\left(1 - \cos\frac{\xi}{r}\right)\right] \\ \left[M\sin\frac{\eta}{r} - N\left(1 - \cos\frac{\eta}{r}\right), N\sin\frac{\eta}{r} + M\left(1 - \cos\frac{\eta}{r}\right)\right] \end{array}\right]$$

$$= \exp\left[-2\left(\frac{\left|M\left(\sin\frac{\eta}{r} - \sin\frac{\xi}{r}\right) - N\left(\cos\frac{\xi}{r} - \cos\frac{\eta}{r}\right)\right|}{\delta_1} \right.\right.$$
$$\left.\left. + \frac{\left|N\left(\sin\frac{\eta}{r} - \sin\frac{\xi}{r}\right) + M\left(\cos\frac{\xi}{r} - \cos\frac{\eta}{r}\right)\right|}{\delta_2}\right)\right] \tag{3.3-14}$$

式（3.3-14）将代入式（3.3-3）并根据三角函数转换公式进行简化可得：

$$\mathrm{var}\big[X_L(t)\big] = \frac{\sigma^2}{T^2}\int_0^T\int_0^T \exp\left[-2\left(\frac{\left|M\left(\sin\frac{\eta}{r} - \sin\frac{\xi}{r}\right) - N\left(\cos\frac{\xi}{r} - \cos\frac{\eta}{r}\right)\right|}{\delta_1}\right.\right.$$

$$\left.\left. + \frac{\left|N\left(\sin\frac{\eta}{r} - \sin\frac{\xi}{r}\right) + M\left(\cos\frac{\xi}{r} - \cos\frac{\eta}{r}\right)\right|}{\delta_2}\right)\right]\mathrm{d}\xi\mathrm{d}\eta$$

$$= \frac{\sigma^2}{T^2}\int_0^T\int_0^T \exp\left[-4r\left(\frac{\left|\sin\left(\frac{\eta-\xi}{2r}\right)\cdot\cos\left(\frac{\eta+\xi}{2r} - \theta\right)\right|}{\delta_1}\right.\right.$$

$$\left.\left. + \frac{\left|\sin\left(\frac{\eta-\xi}{2r}\right)\cdot\sin\left(\frac{\eta+\xi}{2r} + \theta\right)\right|}{\delta_2}\right)\right]\mathrm{d}\xi\mathrm{d}\eta \tag{3.3-15}$$

通过式（3.3-15）的即可计算出边坡干密度二维随机场在圆弧滑移面范围局部平均的折减方差。由于土体强度参数的空间变异性，边坡滑移面不是确定的曲线，但是大部分滑移面分布在平均滑移面（强度参数取均值时所得滑移面）的附近，因而出于简化目的，本书在通过式（3.3-15）计算局部平均方差时以平均滑移面为准，通过确定性有限元建模计算获取边坡的平均滑移面，并通过图像处理对滑移面进行圆弧曲线拟合，确定圆心坐标后代入式（3.3-15），通过数值积分即可获得折减后的方差。下面将应用推导出的式（3.3-15）对均质原状边坡的黏聚力与内摩擦角的标准差进行局部平均化，并通过对联合概率密度函数积分求得边坡的失效概率。最后通过与蒙特·卡罗随机有限元法进行对比，验证本书提出方法的合理性。

3.3.2　基于强度参数随机场一维局部平均的均质边坡可靠度分析

基于 3.3.1 节推导出的二维随机场的一维局部平均化统计特征量，本节提出一种针对均质原状边坡强度参数空间变异性的可靠度计算方法（这里的均质是指边坡土体服从同一个分布）。方法步骤如下：① 通过对原状土样的强度参数进行统计分析，得出强度参数服从的概率密度函数，及对应的分布参数。通过二维随机场一维局部平均化，将统计参数的点特征转换为空间特征。② 通过少量确定性有限元边坡稳定性分析，计算出边坡的极限状态曲线。③ 通过对边坡土体强度参数联合概率密度函数进行积分，计算出边坡的可靠性指标。边坡可靠度方法流程如图 3.3-5 所示。

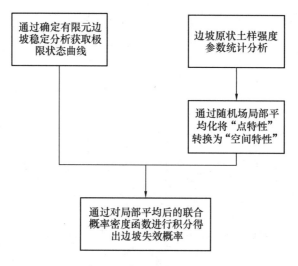

图 3.3-5　边坡可靠度方法流程图

（1）抗剪强度指标概率分布模型

为获取原状边坡土体强度参数概率分布指标，基于陕北地区某高填方工程的挖方区原状边坡为背景工程，通过对原状土样的强度参数进行统计分析，得出强度参数服从的概率密度函数与分布参数。

图 3.3-6 与图 3.3-7 为 c 和 φ 的抽样结果直方图以及概率密度函数拟合曲线图。表 3.3-1 为两强度参数分布函数的参数表。通过 K-S 检验对岩土参数常用的三种分布模型，即正态分布、对数正态分布、Weibull 分布进行检验，结果见表 3.3-2。抽样试验的样本量为 57，可接受的临界值 D_n^a（$\alpha=0.05$）为 0.1767。Weibull 分布检验结果为不接受；c、φ 值的正态分布、对数正态分布的检验结果均小于临界值，拟合度均较高。即正态分布与对数正态分布均可作为 c、φ 值的概率分布模型，但 c、φ 值的正态分布 D_{max} 值总体上均较对数正态分布 D_{max} 值小，即误差更小，同时考虑到正态分布参数意义明确形式更简便，因而确定正态分布作为本书土体强度参数的概率分布模型。

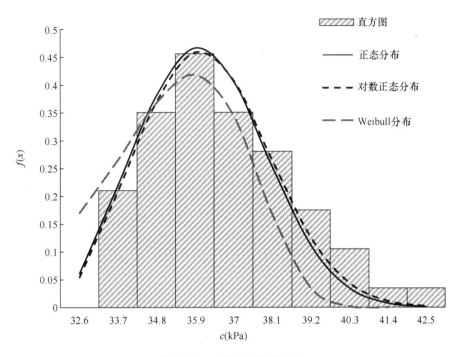

图 3.3-6　c 值的统计直方图

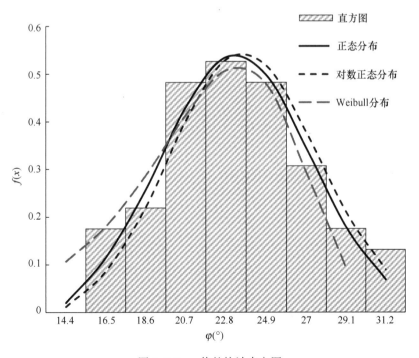

图 3.3-7　φ 值的统计直方图

分布参数表		表 3.3-1
	c	φ
均值 u（kPa）	36.9	22.6
标准差 σ	8.68	2.99

D_{max} 检验结果表		表 3.3-2
	c	φ
正态分布	0.142	0.157
对数正态分布	0.146	0.158
Weibull 分布	0.182	0.231

（2）均质边坡极限状态曲线的确定

对于均质原状边坡，边坡是否稳定取决于边坡土体的抗剪强度参数：黏聚力 c 与内摩擦角 φ，即边坡功能函数为 $g(c, \varphi)$，当 $g(c, \varphi) > 0$ 时，边坡处于稳定状态；当 $g(c, \varphi) < 0$ 时，边坡失稳；而 $g(c, \varphi) = 0$ 时边坡处于极限状态。在 c，φ 平面上 $g(c, \varphi) = 0$ 表现为一条连续曲线，即为极限状态曲线。极限状态曲线可由如下方式近似获取：首先设黏聚力为一个较小的固定值 c_1，改变 φ 值的大小，通过确定性有限元分析，采用二分法试算找到使边坡安全系数为 1 时的内摩擦角的值 φ_1，则（c_1，φ_1）为临界状态曲线上的点。然后给黏聚力一个小的增量 $\delta > 0$，令 $c_2 = c_1 + \delta$，同理得到第二个点（c_2，φ_2）。重复上述步骤得到足够多的点后即可通过曲线拟合得到极限状态曲线（试算过程中收敛依据为安全系数误差 ± 0.0005）。

本书运用通用有限元软件 ABAQUS 进行建模，采用强度折减法进行边坡稳定性分析。土体本构采用理想弹塑性本构，屈服准则为摩尔库伦屈服准则，流动法则为非关联流动法则且剪胀角均设置为 0。边坡失稳的判断依据为计算不收敛[28]。考虑两种情况进行分析：

① 坡角 β 固定为 40°，坡高设置为 10m、20m、30m、40m、50m。

② 坡高 H 固定为 50m，坡度设置为 30°、35°、40°、45°、50°。

计算模型边界设置为：坡角到左端边界为 $1.5H$，坡顶到右端边为 $2.5H$，上下边界总高为 $2H$，如图 3.3-8 所示。

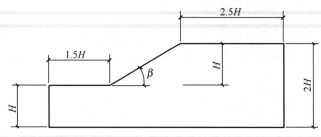

图 3.3-8 模型示意图

　　计算结果所得的不同坡度与不同坡高的极限状态曲线见图 3.3-9、图 3.3-10，典型位移云图见图 3.3-11。

　　从图 3.3-9、图 3.3-10 可以看出随着坡高与坡度的增加，极限状态曲线不断向 c，φ 平面的左下方位移，即边坡趋于不稳定，与实际相符。同时注意到，随着坡高与坡度增加极限状态曲线的变化规律略有不同，这是由于在两种情况下，内摩擦角与黏聚力对边坡稳定性的贡献程度不同。

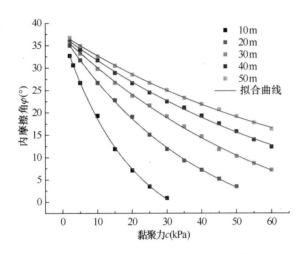

图 3.3-9　不同坡高下的极限状态曲线

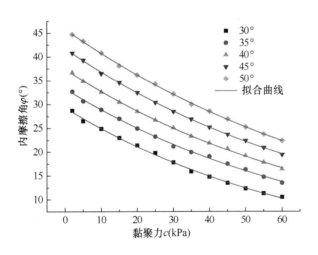

图 3.3-10　不同坡度下的极限状态曲线

　　为方便下文通过积分来计算失效概率，通过式（3.3-16）的指数型函数对各极限状态曲线进行拟合。拟合结果见表 3.3-3、表 3.3-4。

$$y = A + B \times \left(\frac{e^{kx} - 1}{k} \right) \tag{3.3-16}$$

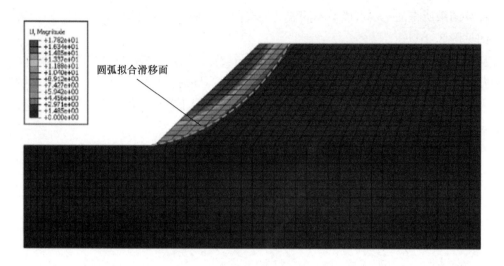

图 3.3-11　位移云图

不同坡高下极限状态曲线拟合参数　　　　　　　　　　　表 3.3-3

坡高（m）	A	B	k	R^2
10	37.31459	−2.39043	−0.05114	0.9989
20	37.34842	−1.18509	−0.02468	0.9993
30	36.95014	−0.73953	−0.0142	0.9987
40	37.10614	−0.57812	−0.01259	0.9982
50	37.43127	−0.50206	−0.01325	0.9993

不同坡度下极限状态曲线拟合参数　　　　　　　　　　　表 3.3-4

坡度（°）	A	B	k	R^2
30	29.33335	−0.4729	−0.01424	0.9974
35	33.32911	−0.47406	−0.01336	0.9979
40	37.43127	−0.50206	−0.01325	0.9993
45	41.75678	−0.52774	−0.01268	0.9996
50	45.81197	−0.53786	−0.01127	0.9995

　　三个拟合参数中，参数 A 的物理意义为曲线截距（x 取 0 时的 y 值）A 值越大曲线越"高"；参数 B 控制曲线的旋转程度，B 值增大时，曲线会逆时针旋转、参数 k 控制曲线的曲率，k 值越大，曲线越接近直线。对拟合参数结果进行分析发现，保持坡角不变而改变坡高时，参数 A 不变而 B、k 不断变小，对应了图 3.3-9 中曲线逐渐逆时针旋转，且曲线逐渐接近直线；而保持坡高不变而改变坡角时曲线的角度和曲率保持不变，仅截距随着坡脚增加而变大。因而可以对参数 A、B、k 于坡高和坡角的关系进行拟合，从而获得不

同坡高、坡角条件下的均质边坡极限状态曲线族的表达式。其中参数 A 与坡角有关（图 3.3-12），参数 B 参数 k 与坡高有关（图 3.3-13、图 3.3-14）。

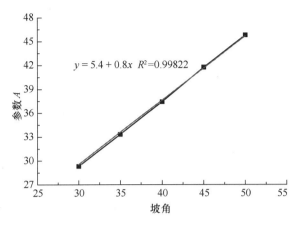

图 3.3-12　参数 A

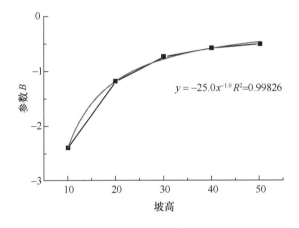

图 3.3-13　参数 B

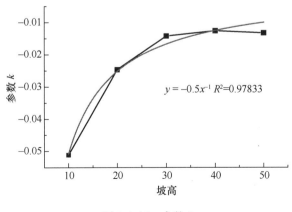

图 3.3-14　参数 k

结合式（3.3-16）可以得出考虑坡高与坡角变化的均质边坡极限状态曲线公式：

$$y = (5.4 + 0.8\beta) - 25.0H^{-1} \times \left(\frac{e^{-0.5H^{-1}x} - 1}{-0.5H^{-1}} \right) \quad (3.3-17)$$

式中，β 为坡角，H 为坡高。根据式（3.3-17）即可获得任意坡高与坡角的均质边坡极限状态曲线表达式。从而进行可靠度指标的计算。

（3）均质原状边坡可靠度计算

根据上文所得公式与参数，可对模型边坡进行可靠度分析。2.3.1 节 "（2）试验结果分析" 中获取的干密度值的标准差为随机量的点特征，还需根据式（3.3-15）对其进行局部平均化为空间特征后才可用于可靠度指标的确定。

为对比分析，直接取水平相关距离 δ_1 为 3.0m，垂直相关距离 δ_2 为 1.0m[29]，根据式（3.3-15）可通过黏聚力与内摩擦角的点特征方差计算出其局部平均空间特征方差。黏聚力与内摩擦角的点特征标准差见表 3.3-1，式（3.3-15）中的计算参数根据有限元边坡稳定性分析的滑移面几何拟合结果得出（图 3.3-11），然后通过 matlab 数值积分对式（3.3-15）进行计算，不同坡高及不同坡度下的强度指标空间特征方差结果见表 3.3-5 与表 3.3-6。

不同坡高下的 σ_L 值　　　　　　　　　　　　表 3.3-5

高度（m）	10	20	30	40	50
c	2.53	1.81	1.48	1.29	1.15
φ	0.871	0.623	0.510	0.443	0.397

不同坡度下的 σ_L 值　　　　　　　　　　　　表 3.3-6

坡度（°）	30	35	40	45	50
c	0.948	1.04	1.15	1.25	1.36
φ	0.327	0.361	0.397	0.433	0.471

为便于本算例的计算，忽略 c，φ 之间的相关性，直接根据表 3.3-1、表 3.3-5 与表 3.3-6 中的概率模型参数给出 c，φ 的二维正态联合概率密度函数：

$$f(x, y) = N(\mu_c, \mu_\varphi, \sigma_{cL}^2, \sigma_{\varphi L}^2, \rho) \quad (3.3-18)$$

式（3.3-18）中 μ_c、μ_φ 为黏聚力与内摩擦角的统计均值（表 3.3-1），σ_{cL}、$\sigma_{\varphi L}$ 为黏聚力与内摩擦角的平均化标准差（表 3.3-5、表 3.3-6）。ρ 为相关系数，本算例取为 0。

可由式（3.3-19）计算边坡的失效概率：

$$P_f = \int_D N(\mu_c, \mu_\varphi, \sigma_{cL}^2, \sigma_{\varphi L}^2, \rho) \mathrm{d}x\mathrm{d}y \quad (3.3-19)$$

式（3.3-19）通过对式（3.3-18）的联合概率密度函数在图 3.3-9、图 3.3-10 中极限状态曲线左侧半无限平面上进行广义积分，计算得出边坡的失效概率 P_f。通过 Matlab 进行数值积分计算，结果见表 3.3-7、表 3.3-8。同时通过有限元强度折减法计算得出黏聚力与内摩擦角取均值时对应模型的安全系数，列于表 3.3-7、表 3.3-8 中。将表 3.3-7、表 3.3-8 边坡失效概率结果以对数坐标绘制至图 3.3-15、图 3.3-16。

不同相坡高下边坡的失效概率（坡度为 40°）　　　　表 3.3-7

高度（m）	10	20	30	40	50
P_f	1.02×10^{-33}	2.83×10^{-33}	2.18×10^{-11}	0.0036	0.5994
F_s	2.210	1.546	1.300	1.167	0.9938

不同相坡度下边坡的失效概率（坡高为 50m）　　　　表 3.3-8

坡度（°）	30	35	40	45	50
P_f	3.12E-28	1.47×10^{-17}	0.5994	1	1
F_s	1.318	1.191	0.9938	0.8752	0.8023

通过表 3.3-7、表 3.3-8 和图 3.3-15、图 3.3-16 可发现：当保持坡度不变，持续增加坡高或保持坡高不变不断增加坡度时，失效概率不断增加，安全系数不断减小（参数取均值）。但安全系数的减小量与失效概率的增加量不成线性关系，当安全系数接近 1 时，失效概率迅速增大，并且在安全系数为 0.8752 时，失效概率增至 1.0，与文献[30]与文献[31]结论一致。同时注意到，当坡高为 40m，坡度为 40°时，边坡安全系数为 1.167，对应的失效概率为 0.0036，而当坡高为 50m 坡度为 35°时，安全系数为 1.191 对应的失效概率为 1.47×10^{-17}，两者安全系数相近，但失效概率相差很大，除上文提到的原因外，还因为前者黏聚力与内摩擦角的 σ_L 值大于后者，即强度参数的离散型较大，因而导致失效概率偏大。

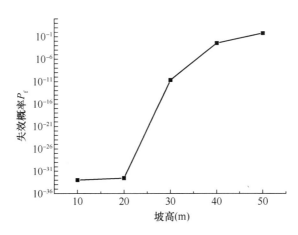

图 3.3-15　坡高对失效概率的影响

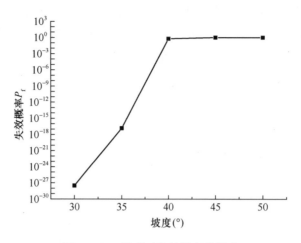

图 3.3-16　坡度对失效概率的影响

(4) 方法在填方边坡中的简化形式

本书 2.1.3 节"(5) 压实黄土干密度统计特性的确定"中获取的干密度值的标准差为随机量的点特征，还需根据式（3.3-15）对其进行局部平均化为空间特征后才可用于可靠度指标的确定。

不同于原状土，填方土是由人工分层压实而成，其纵向相关距离与压实的分层厚度高度相关，一般不会大于分层的厚度[32]。本章所选高填方工程的分层压实厚度为 0.4m，因此干密度在重力方向的相关距离 δ_2 取为 0.1m、0.2m、0.3m、0.4m 四种厚度。水平方向的相关距离 δ_1 取 2m、10m、20m、40m。根据式（3.3-15），可通过干密度的点特征方差计算出其局部平均方差，结果见表 3.3-9。

计算所需参数如下：

$$\sigma = 0.197307$$

$$k = \tan(\beta) = \tan(40°) \approx 0.839$$

$$L = H/\sin(\beta) \approx 50\text{m}/0.643 \approx 77.76\text{m}$$

不同相关距离下的 σ_L 值　　　　　　　　　　　　　　表 3.3-9

δ_2	δ_1			
	2	10	20	40
0.1	0.010352	0.010637	0.010675	0.010693
0.2	0.014168	0.014928	0.015032	0.015084
0.3	0.016827	0.018145	0.018332	0.018428
0.4	0.018875	0.020796	0.021079	0.021225

根据 2.1.3 节"(5) 压实黄土干密度统计特性的确定"所得，本节所选高填方工程压实土的干密度服从正态分布，因而可由下式计算边坡的失效概率：

$$P_f = \int_{-\infty}^{\rho_c} N(\mu_L, \sigma_L^2, x)\mathrm{d}x \tag{3.3-20}$$

式中，μ_L、σ_L^2 分别为干密度随机场在坡面范围的局部平均均值与方差。根据式 (3.3-2)可知干密度随机场的局部平均均值与点特征均值相等，即 $\mu_L = \mu = 1.525072$。根据式（3.3-20）计算得出不同相关距离组合下的边坡失效概率，结果见表 3.3-10。此外通过点特征方差计算所得的边坡失稳概率为 0.3959，远大于表 3.3-10 中的结果。验证了忽略随机场方差的空间局部平均会高估边坡的失稳概率。

不同相关距离组合下边坡的失效概率　　　　　　　表 3.3-10

δ_2	δ_1			
	2	10	20	40
0.1	2.1E-07	4.8E-07	5.3E-07	5.7E-07
0.2	1.2E-04	2.4E-04	2.6E-04	2.8E-04
0.3	9.7E-04	2.0E-03	2.2E-03	2.3E-03
0.4	2.9E-03	6.1E-03	6.8E-03	7.0E-03

根据表 3.3-10 的计算结果，将竖直方向相关距离与水平方向相关距离分别对平均失效概率的影响绘制为曲线见图 3.3-17 与图 3.3-18。对比可知，失效概率与竖直方向的相关距离之间有增长的趋势，最大最小值相差约 0.6%，此规律与文献[33]所得结论一致。而水平方向相关距离在 2m 处相对偏低，在 10m、20m、40m 处变化均不大，且最大最小值相差 0.15%。竖直方向的相关距离对失效概率的影响程度远大于水平方向的相关距离。

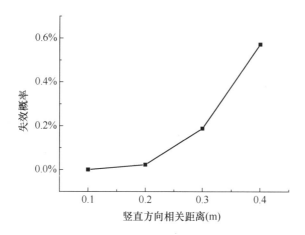

图 3.3-17　竖直方向相关距离对失效概率的影响

事实上根据式（3.3-4）竖直方向相关距离与水平方向相关距离对失效概率的影响与坡度 β 相关。但由于填方边坡的竖直方向相关距离远小于水平方向的相关距离，导致竖直

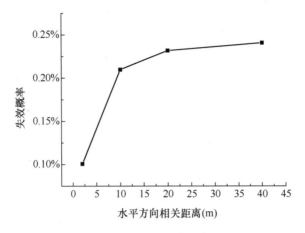

图 3.3-18　水平方向相关距离对失效概率的影响

方向相关距离对失效概率的影响大。失效概率随相关距离的增加而提高的原因是，相关距离增大会导致局部平均方差增大，这与点特征方差对失效概率的高估的原理相同[34]。

　　由于填方体的压实过程的特性，重力方向的相关距离往往远小于水平方向的相关距离，导致重力方向相关距离对于可靠度指标的影响远大于水平方向的相关距离。因而在对填方体压实土进行现场检测时，应更加注重对重力方向分布的统计特性规律分析[35]。

(5) 方法验证

　　为验证提出方法的可靠性，对 3.3.2 节"(3)、(4)"中的边坡算例行了蒙特·卡罗法随机有限元分析[36]，采用 K-L 级数展开法对随机场进行了离散。K-L 级数展开法将土体参数随机场的离散转化为了求解第 2 类 Fredhom 积分方程的特征值问题：

$$\int_\Omega \rho(x_1, x_2) f(x_2) \mathrm{d}x_2 = \lambda x_1 \tag{3.3-21}$$

　　式中，λ 与 $f(x)$ 为特征值与特征函数。当相关函数为式（3.3-13）的可分离的指数函数形式时，可给出特征值与特征方程的解析解[37]：

$$\begin{cases} \lambda_i = \dfrac{2c}{\omega_i^2 + c^2} \\[2mm] f_i(x) = \dfrac{\cos(\omega_i x)}{\sqrt{a + \dfrac{\sin(2\omega_i a)}{2\omega_i}}} \end{cases} \text{（当 } i \text{ 为奇数时）} \tag{3.3-22}$$

$$\begin{cases} \lambda_i = \dfrac{2c}{\omega_i^{*2} + c^2} \\[2mm] f_i(x) = \dfrac{\sin(\omega_i^* x)}{\sqrt{a - \dfrac{\sin(2\omega_i^* a)}{2\omega_i^*}}} \end{cases} \text{（当 } i \text{ 为偶数时）} \tag{3.3-23}$$

　　式中，$c = 1/\delta$（δ 为相关距离）；a 为随机场长度的一半；ω_i 与 ω_i^* 分别为下列超越方

程的正解序列:

$$c - \omega\tan(\omega a) = 0$$

$$\omega^* + c\tan(\omega^* a) = 0$$

标准高斯随机场可展开为式 (3.3-24) 的级数形式,式中,$\xi_i(\theta)$ 为相互独立的随机正态量,在实际使用中一般取式 (3.3-24) 的前 M 项和,M 的取值由式 (3.3-25) 确定,M 应满足 $\Pi(M) \geq 90\%$[38]。

$$\omega(x,\theta) = \sum_{i=0}^{\infty} \sqrt{\lambda_i}\xi_i(\theta)f_i(x) \tag{3.3-24}$$

$$\prod(M) = \frac{\displaystyle\prod_{i=0}^{M}\lambda_i}{2a} \tag{3.3-25}$$

由于在失效概率非常小时,蒙特·卡罗法需要进行大量的抽样分析,效率很低,因而对于 3.3.2 节 "(3) 均质原状边坡可靠度计算" 中的原状边坡算例,选择坡度为 40°坡高为 40m 和 50m 以及坡高为 50m,坡度为 45°三种情况进行蒙特·卡罗随机有限元分析。分析结果见表 3.3-11。可以看出,本节方法所得失效概率与蒙特·卡罗随机有限元法得出的结果相近,验证了本节方法的可靠性。

边坡可靠性蒙特·卡罗法结果对比   表 3.3-11

方法	$\beta - 40°$		$\beta = 45°$
	$H=40m$	$H=50m$	$H=50m$
本节方法	0.0036	0.5994	1.0
蒙特·卡罗法 (10000 次)	0.0032	0.5861	1.0

3.3.3 干湿循环影响下的边坡可靠性分析

基于 3.3.2 节提出的边坡可靠性简化算法,以及干湿循环影响下压实黄土强度劣化试验结果,可以简便快速的计算出干湿循环影响下边坡可靠性指标。下面以坡高 50m,坡角 40°的均质压实黄土填方边坡为例,出于简化将边坡整体干密度取为 1.6g/cm³。干密度 1.6g/cm³ 压实黄土不同干湿循环次数下的抗剪强度指标见图 2.3-5、图 2.3-6。坡高 50m,坡角 40°均质压实黄土填方边坡的极限状态曲线见图 3.3-9。将两者同时绘制,见图 3.3-19。可以看出随着干湿循环次数的不断增加,边坡的状态逐渐接近极限状态曲线,说明边坡有逐渐失稳的趋势。

为简化计算,假设干湿循环对土体的分布函数的影响仅体现在均值上,即不同干湿循环次数下土体强度参数的概率分布函数形状相同仅在 c-φ 平面上进行平移。具体概率模型参数见表 3.3-5,通过式 (3.3-19) 即可计算出不同干湿循环次数下边坡的可靠性指标,计算结果见图 3.3-20。从图 3.3-20 可以看出,随着干湿循环次数不断增加,边坡的失稳概率逐渐提高，且提高幅度随干湿循环次数递减，当干湿循环从 0 次增加至 12 次时，边坡的失稳概率从 3.12×10^{-27} 增加 8.47×10^{-6}。该规律与强度指标的折减规律类似。

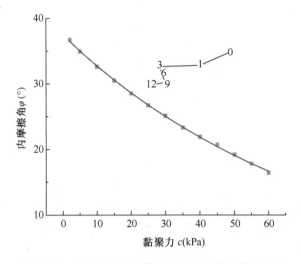

图 3.3-19　干湿循环下土体强度与极限状态曲线关系

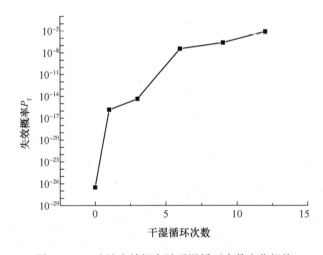

图 3.3-20　边坡失效概率随干湿循环次数变化规律

3.4　强度指标的统计特征及其对边坡可靠度的影响

在进行压实黄土填筑地基可靠度分析时，土体抗剪强度指标是边坡稳定问题最为重要的参数之一。土体抗剪强度指标的分布概率模型的不同将直接影响可靠度指标的计算结果。本节收集整理已有文献中压实 Q_3 黄土的抗剪强度指标，基于统计方法对两组数据进行概率分布模型研究，可以为压实 Q_3 黄土填筑地基稳定性分析提供依据。

3.4.1　统计方法简介

土体抗剪强度指标作为边坡工程稳定性分析中非常重要的参数之一，其分布概率模型的确定是进行边坡可靠度研究的重要前提条件，且分布概率模型的不同对可靠度计算结果有直接影响。由前人研究可知，土体抗剪强度指标分布概率模型一般服从正态分布和对数正态分布，但不严格服从。部分学者研究表明，土体抗剪强度指标也符合 Beta 分布、Weibull（威布尔）分布、极值 I 型分布等分布。

（1）分布概率模型的统计量

数据是统计推断总体分布的依据，进行推断时常用下列统计量：

均值：
$$\overline{X} = \frac{1}{n}\sum_{i=1}^{n} X_i \tag{3.4-1}$$

方差：
$$S^2 = \frac{1}{n-1}\sum_{i=1}^{n} (X_i - \overline{X})^2 \tag{3.4-2}$$

标准差：
$$S = \sqrt{\frac{1}{n-1}\sum_{i=1}^{n} (X_i - \overline{X})^2} \tag{3.4-3}$$

标准差系数：
$$CV = \frac{S}{\overline{X}} \tag{3.4-4}$$

k 阶原点矩：
$$M^k = \frac{1}{n}\sum_{i=1}^{n} X_i^k \quad (k=1,\ 2,\ \cdots) \tag{3.4-5}$$

k 阶中心矩：
$$M_k = \frac{1}{n}\sum_{i=1}^{n} (X_i - \overline{X})^k \quad (k=1,\ 2,\ \cdots) \tag{3.4-6}$$

偏度（SK）表示数据分布的对称性，它需要与正态分布相比较。当偏度为零时，数据分布和正态分布的偏度程度基本相同；偏度大于零，表示正偏或右偏；当偏度小于零时，表示负偏或左偏。偏度的绝对值越大，分布越偏斜。偏度公式是：

$$SK = \frac{1}{n-1}\sum_{i=1}^{n} (X_i - \overline{X})^3 / S^3 \tag{3.4-7}$$

峰度（EK）表示数据分布的陡缓程度，亦需与正态分布比较。$EK=0$ 时，代表和正态分布的陡缓程度相同；$EK>0$ 时，代表比正态分布陡峭；$EK<0$ 时，结果表明，数据的分布比正态分布平坦。峰度的绝对值越大，其分布的平缓陡度与正态分布之间的差异就越大。峰度公式如下：

$$EK = \frac{1}{n-1}\sum_{i=1}^{n} (X_i - \overline{X})^4 / S^4 - 3 \tag{3.4-8}$$

（2）分布概率模型的理论解析

考虑现有研究结果与软件应用的可行性，本文讨论了 c 和 φ 值是否服从正态分布、对数正态分布和 Weibull（威布尔）分布，并对其分布进行 $K\text{-}S$ 检验。

1）正态分布

正态分布曲线一般与钟的形状相似，其概率密度函数如下：

$$f(x) = \frac{1}{\sqrt{2\pi}\sigma}\exp\left(-\frac{(x-\mu)^2}{2\sigma^2}\right), \quad -\infty < x < +\infty \tag{3.4-9}$$

m 是数学期望，s^2 是方差，服从 $X \sim N(m, s^2)$，其概率密度曲线，如图 3.4-1 所示。如果固定 s，改变 m 的大小，则图形沿 Ox 轴平移，不改变其形状，即参数 m 决定曲线的位置；当 m 不变、s 变时，$f(x)$ 图形的对称轴固定不动，其形状在变化，s 越小，形状越瘦高，s 越大，形状越矮胖。

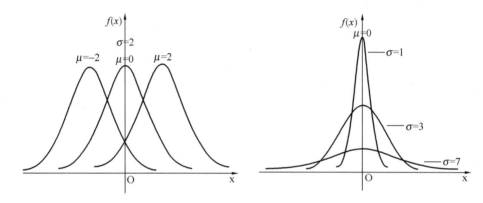

图 3.4-1 正态分布的概率密度函数曲线

正态分布的分布函数及其曲线如图 3.4-2 所示。

$$F(x) = \frac{1}{\sqrt{2\pi}\sigma}\int_{-\infty}^{x} e^{-\frac{(t-\mu)^2}{2\sigma^2}} dt, \quad -\infty < x < +\infty \tag{3.4-10}$$

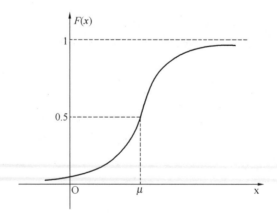

图 3.4-2 正态分布的分布函数曲线

当 X 服从标准正态分布时，即 $X \sim N(0,1)$，概率密度函数 $\varphi(x)$ 和分布函数 $\Phi(x)$ 的分布图如图 3.4-3 所示。

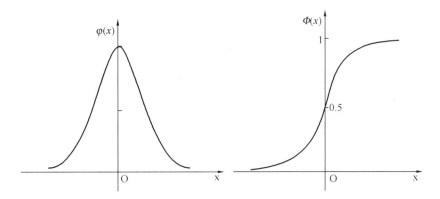

图 3.4-3　标准正态分布的图形

$$\varphi(x) = \frac{1}{\sqrt{2\pi}} \mathrm{e}^{-x^2/2}, \quad -\infty < x < +\infty \tag{3.4-11}$$

$$\Phi(x) = \frac{1}{\sqrt{2\pi}} \int_{-\infty}^{x} \mathrm{e}^{-t^2/2} \mathrm{d}t, \quad -\infty < x < +\infty \tag{3.4-12}$$

2）对数正态分布

当随机变量的对数服从正态分布时，单峰分布称为对数正态分布。当随机变量 X 的对数服从正态分布规律时，即 $\ln X \sim N(m, s^2)$，则变量 X 服从对数正态分布，其概率密度函数为：

$$h(x) = \frac{1}{x\sqrt{2\pi}\sigma} \exp\left[-\frac{(\ln x - \mu)^2}{2\sigma^2}\right], \quad 0 \leqslant x < +\infty \tag{3.4-13}$$

式中，m 是 $\ln X$ 的均值，s 是 $\ln X$ 的标准差，即对数均值和对数标准差。则对数正态分布的均值和方差为：

$$E(x) = \exp\left(m + \frac{s^2}{2}\right) \tag{3.4-14}$$

$$\mathrm{var}(x) = \mu^2\left[\exp(\sigma^2) - 1\right] \tag{3.4-15}$$

对数正态分布是偏态分布，且 μ 越小其分布越集中，概率密度函数曲线如图 3.4-4 所示。

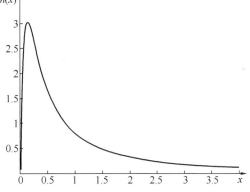

图 3.4-4　对数正态分布的概率密度函数曲线

对数正态分布的分布函数为

$$H(x) = \frac{1}{\sqrt{2\pi}\sigma} \int_0^x \frac{1}{x} \exp\left[-\frac{(\ln x - \mu)^2}{2\sigma^2}\right] \mathrm{d}x,$$

$$0 \leqslant x < +\infty \tag{3.4-16}$$

3）Weibull 分布

从概率论和数理统计的角度来看，威布尔分布是连续分布的（图 3.4-5、图 3.4-6）。概率密度函数公式如下：

$$f(x;\lambda,k) = \begin{cases} \dfrac{k}{\lambda}\left(\dfrac{x}{\lambda}\right)^{k-1} \exp\left[-(x/\lambda)^k\right] & x \geqslant 0 \\ 0 & x < 0 \end{cases} \tag{3.4-17}$$

式中，x 是随机变量；l 和 k 分别是比例参数（$l > 0$）和形状参数（$k > 0$）。

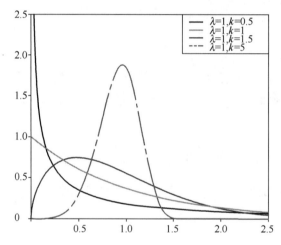

图 3.4-5　Weibull 分布的概率密度函数曲线

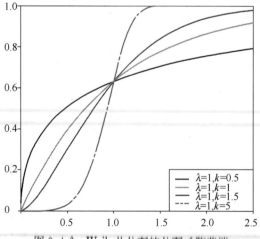

图 3.4-6　Weibull 分布的分布函数曲线

Weibull 分布与许多分布有关，扩展指数分布函数是该分布的累积分布函数，$k=1$ 时属于指数分布；$k=2$ 时属于瑞利分布。它的分布函数为：

$$F(x) = 1 - \exp[-(x/\lambda)^k] \tag{3.4-18}$$

4）*K-S* 检验原理

K-S 检验属于拟合度检验，分析样本数据的分布是否与指定的理论分布一致，并利用这两种分布的差异来判断样本数据是否来自理论分布。*K-S* 检验的基本思路是比较样本值的理论累积概率分布与经验累积频率分布，求出二者的最大差值，并在给定的显著性水平上检验这个差值的偶然性。

设 $S_n(x)$ 作为经验分布函数，即样本数据的累积概率分布函数，样本量为 n；设 $F_0(x)$ 为理论分布函数，即指定的累积概率分布函数。定义 $D = |S_n(x) - F_0(x)|$，若每一个 x 值对应的两个函数值都比较相近，那么表示 $S_n(x)$ 和 $F_0(x)$ 具有较高的拟合度，因此可以认定此样本量是来自服从指定理论分布的总体。设 $X_1, X_2, \cdots, X_n$ 是来自总体 X 的样本，$x_{(1)}, x_{(2)}, \cdots, x_{(n)}$ 是次序统计量的观测值，则对任意的实数 x，事件 $\{X \leqslant x\}$ 发生的频率（即 $\{x_{(n)} \leqslant x\}$ 的个数与 n 之比）为：

$$S_n(x) = \begin{cases} 0, & x \leqslant x_{(1)} \\ \dfrac{k}{n}, & x_{(k)} \leqslant x < x_{(k+1)} \quad (k=1,2,\cdots,n-1) \\ 1, & x \geqslant x_{(n)} \end{cases} \tag{3.4-19}$$

K-S 检验重点考察 $D = |S_n(x) - F_0(x)|$ 中的最大值，即：$D_{\max} = \max|S_n(x) - F_0(x)|$。*K-S* 检验的一般步骤如下。

① 提出假设：$H_0: S_n(x) = F_0(x)$，$H_1: S_n(x)' \neq F_0(x)$。

② 计算统计量 $D_{\max}$。

③ 单样本 *K-S* 检验的临界值 D_n^a 由显著性水平 α 和样本数 n 确定，临界值 D_n^a 见表 3.4-1。

④ 若 $D_{\max} < D_n^a$，则在 α 的显著性水平上，不能拒绝（即接受）H_0；否则，拒绝 H_0。

K-S 检验临界值 D_n^a 简略值　　　　　　　　　　　　　　　表 3.4-1

n	显著性水平（α）					
	0.40	0.20	0.10	0.05	0.04	0.01
5	0.369	0.447	0.509	0.562	0.580	0.667
10	0.268	0.322	0.368	0.409	0.422	0.487
20	0.192	0.232	0.264	0.294	0.304	0.352
30	0.158	0.190	0.217	0.242	0.250	0.290
50	0.123	0.149	0.169	0.189	0.194	0.225
>50	$0.87/\sqrt{n}$	$1.07/\sqrt{n}$	$1.22/\sqrt{n}$	$1.36/\sqrt{n}$	$1.37/\sqrt{n}$	$1.63/\sqrt{n}$

3.4.2 分布概率模型分析

统计分析压实 Q_3 黄土的抗剪强度指标，将正态分布、对数正态对数分布和 Weibull 分布与实测数据的分布直方图进行拟合，见图 3.4-7。

由图 3.4-7 可知，压实黄土 c、φ 值的分布概率模型一般呈偏态分布；φ 值的拟合分布存在正偏态与负偏态；c 值的拟合分布主要呈正偏态。

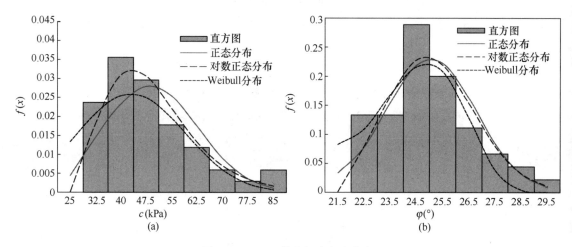

图 3.4-7　c、φ 值的概率密度分布

(a) c 值的概率密度分布；(b) φ 值的概率密度分布

利用 SPSS 软件对每组数据进行 K-S 检验。首先假设样本数据符合某种分布，然后计算样本的 D_{max}，显著性水平为 $\alpha=0.05$，根据表 3.4-1 结合样本量 n、α 计算临界值 D_n^α，最后与 D_{max} 进行比较。经验分布函数与理论分布函数的拟合曲线见图 3.4-8，K-S 检验结果见表 3.4-2。

由图 3.4-8 可以看出，Weibull 分布的累积概率总是最早逼近 1；第一组 φ 值累积概

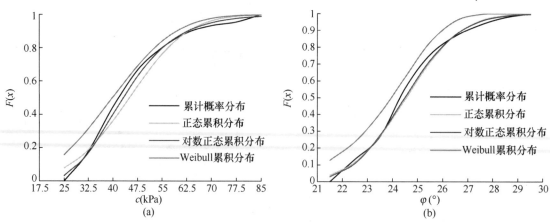

图 3.4-8　c、φ 值的累积概率分布

(a) c 值的累积概率分布；(b) φ 值的累积概率分布

率值未平稳逼近 1，与数据量较小、数据误差有关；其余数据的累积概率分布基本与其指定的理论分布相符。

表 3.4-2 可知，压实黄土的抗剪强度指标通过了三种分布的检验；从检验数据 D_{max} 可知，正态分布和对数正态分布整体上相对于 Weibull 分布的拟合程度更好。因此，压实黄土的抗剪强度指标分布概率模型也应首先考虑正态分布和对数正态分布。

分布假设检验结果

表 3.4-2

检验参数	验证结果						可接受的临界值 D_n^a（$\alpha=0.05$）
	正态分布		对数正态分布		Weibull 分布		
	结果	D_{max}	结果	D_{max}	结果	D_{max}	
c 值	✓	0.119	✓	0.077	✓	0.158	0.1984
φ 值	✓	0.103	✓	0.091	✓	0.138	

3.4.3　相关性和变异性分析

（1）相关性分析

相关系数表示两个变量之间的关联程度。剪切强度参数 c 和 φ 通常是负相关，相关系数主要在 $-0.72\sim0.35$ 之间。c、φ 的相关性对边坡安全系数的概率分布有一定影响。本节随机采取了 7 组回填土土样，进行了三轴剪切试验和直剪试验。因此，土样 c、φ 值的相关系数见图 3.4-9。

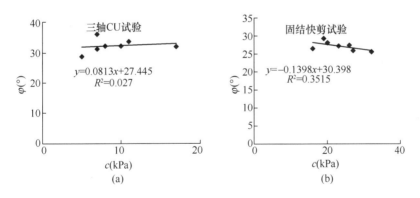

图 3.4-9　c、φ 值的相关性

（a）三轴剪切试验结果（饱和状态）；（b）直剪试验结果（天然状态）

由图 3.4-9 可知，压实黄土饱和状态下 c 和 φ 值呈正相关，相关系数为 0.1643；天然状态下 c 和 φ 值呈负相关，其相关系数是 -0.5929。

（2）变异性分析

本章统计分析的压实黄土变异系数，共 12 组数据，如图 3.4-10 所示。由图可知：变异系数 $COVc$ 范围为 $0.09\sim0.49$，变异性较大，12 组数据的变异系数均值为 0.25，30% 的数据大于 0.35，38% 的数据大于 0.25，92% 的数据大于 0.1，数据离散性大；$COV\varphi$ 范

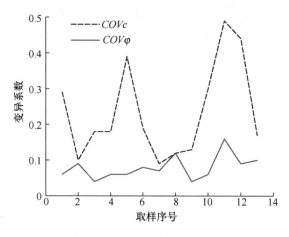

图 3.4-10 c、φ 值的变异系数

围为 0.04～0.16，变异性较小，12 组数据的均值为 0.08，10% 的数据大于 0.1，58% 的数据大于 0.08，96% 的数据大于 0.05，据离散性较小。

3.4.4   相关性和变异性对压实黄土填方边坡可靠度的影响

(1) 边坡可靠度分析理论简介

边坡结构可靠性影响因素较多，可归纳为两个综合量，作用于滑体上的抗力 R 和作用力 S。由此可得：

$$Z = g(R,S) = R - S \tag{3.4-20}$$

边坡土体参数与作用荷载等各影响因素具有随机性，如果 R 和 S 都是随机变量，则 Z 也是一个随机变量。当 $R > S$（即 $Z > 0$）时，结构处于安全状态；当 $R < S$（即 $Z < 0$）时，则结构处于破坏状态；当 $R = S$（即 $Z = 0$）时，结构处于极限状态。因此，根据 Z 值大小能够判别边坡结构是否达到预定要求的功能。故式（3.4-20）可称为功能函数，亦可定义为

$$Z = g(X) = g(x_1, x_2, \cdots, x_n) \tag{3.4-21}$$

材料性能、边坡结构尺寸、截面几何特性、计算模型等基本随机变量均影响 R 和 S，因此结构可靠度分析时应考虑这些基本随机变量。在式（3.4-21）中，$X = (x_1, x_2, \cdots, x_n)$ 是一个向量；$x_1, x_2, \cdots, x_n$ 代表一组影响边坡系统可靠性的 n 个基本随机变量。$Z = g(R,S) = g(X) = 0$ 为结构的极限状态方程。

1) 失效概率

当 R 小于 S 时，边坡就会失效。设 $f_z(z)$ 作为功能函数 Z 的概率密度函数，随机变量 $x_i(i = 1, 2, \cdots, n)$ 的概率密度函数设为 $f_{x_1, x_2, \cdots, x_n}(x_1, x_2, \cdots, x_n)$。把结构处在失效状态（即破坏状态）的概率叫作失效概率，那么结构失效概率 P_f 为：

$$P_f = P(Z < 0) = \int_{g(X)<0} \cdots \int f_{x_1, x_2, \cdots, x_n}(x_1, x_2, \cdots, x_n) dx_1 dx_2 \cdots dx_n \tag{3.4-22}$$

R 和 S 的概率密度函数分布形式如图 3.4-11 所示，R 和 S 的概率密度函数 $f_R(r)$ 和 $f_S(s)$ 的重叠部分也能表示边坡的失效概率 P_f。

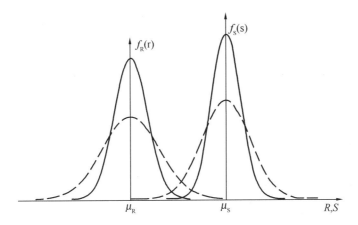

图 3.4-11　抗力 R 和作用力 S 的概率密度函数

由图 3.4-11 可以看出，失效概率 P_f 由以下两方面决定：

① R 和 S 概率密度函数相对的分布位置。随着 $f_R(r)$ 和 $f_S(s)$ 位置距离的不断增大，其重叠的部分逐渐减少，失效概率随之减小。通常利用 R、S 的均值比 μ_R/μ_S（即安全系数）或 $\mu_R-\mu_S$（即安全裕度）来衡量两者的相对位置。

② R 和 S 概率密度函数分布的分散程度。$f_R(r)$ 和 $f_S(s)$ 分布的范围越大，重叠部分就越多，失效的概率越大（图 2.3.5 中虚线所表示的曲线）。通常用 R 和 S 的标准差 σ_R 和 σ_S，并且描述 $f_R(r)$ 和 $f_S(s)$ 的分散程度。

总之，失效概率与 R、S 概率密度分布函数的均值、标准差有关。

2）可靠度指标

为了表述，假设 R、S 服从 $N(m_R,s_R^2)$、$N(m_S,s_S^2)$ 且相互独立。因此，极限状态方程的概率密度函数为正态分布 $N(m_Z,s_Z^2)$，且 $\mu_Z=\mu_R-\mu_S$，$\sigma_Z^2=\sigma_R^2+\sigma_S^2$ 假设 $Z=R-S$ 的概率密度曲线如图 3.4-12 所示，引入下式：

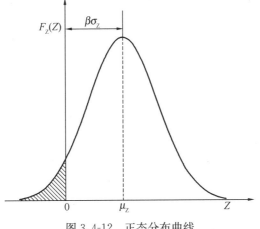

图 3.4-12　正态分布曲线

227

$$\beta = \frac{\mu_Z}{\sigma_Z} = \frac{\mu_R - \mu_S}{\sqrt{\sigma_R^2 + \sigma_S^2}} \tag{3.4-23}$$

由以上描述可知，状态方程的特征是：两个随机变量，它们是相互独立的，都服从正态分布，都是线性函数。如果随机变量相互关联或者不服从正态分布，为了得到可靠度指标 b，可以将相应的随机变量转化为服从正态分布，且相互独立。

图 3.4-12 中阴影面积就是 $Z < 0$ 的概率（也就是失效概率 P_f），即图 3.4-11 中交叉重叠部分的面积。显然存在

$$P_f = P(Z = R - S < 0) = \int_{-\infty}^{0} f_z(z)\mathrm{d}z = \int_{-\infty}^{0} N(z)\mathrm{d}z \tag{3.4-24}$$

由式（3.4-24）可知式（3.4-25）可以表达为

$$P_f = P(Z = R - S < 0) = 1 - \phi\left(\frac{\mu_Z}{\sigma_Z}\right) = 1 - \phi(\beta) \tag{3.4-25}$$

3）功能函数

若随机变量的联合概率密度函数不容易求得或功能函数 $g(X)$ 是非线性，一次二阶矩法（FOSM）、点估计法（Rosenbleuth）和蒙特·卡罗法（Monte-Carlo method）可以用来计算失效概率 P_f 和可靠度指标 b。在稳定性分析中，某些物理量可以是作用，也可以是产生抗力的主要因素。因此，在边坡稳定性分析和可靠度分析接轨过程中本文做了如下处理：在已有的安全系数基础上定义功能函数的方法，将极限状态改为如下两式，即：$F(x_1, x_2, \cdots, x_n) - 1 = 0$；$\ln F(x_1, x_2, \cdots, x_n) = 0$。式中，$F$ 为安全系数，是随机变量 $x_i(i = 1, 2, \cdots, n)$ 的函数，可以选取各种不同的方法来定义边坡稳定分析的功能函数。可采用 Morgenstern-Price 方法、Spencer 法等不同的方法得到安全系数 F。

4）Monte-Carlo 法

本节利用 Geo-Studio 软件的 SLOPE/W 模块基于 Monte-Carlo 法来模拟计算边坡的失效概率 P_f 和可靠度指标（即可靠性指数 b）。Monte-Carlo 法的特点是进行随机抽样，当随机变量的概率密度分布已知时，它适合于这种方法的应用。蒙特·卡罗方法在模型中使用随机生成的输入参数，通过随机数在 SLOPE/W 中生成一个函数，生成的随机数在 0 到 1 之间服从统一分布。

Monte-Carlo 法的本质是应用概率求解边坡破坏的失效概率，求得失效概率之前，先应对影响边坡稳定性的各变量进行大量随机抽样，然后把每次得到的抽样值一个一个的输入定义的功能函数，最后累计计算各功能函数小于零（即边坡破坏）的个数。可靠度指标定义为：

$$\beta = \frac{\mu_F - 1}{\sigma_F} \tag{3.4-26}$$

式中，μ_F 和 σ_F 是安全系数 F 的平均值和标准差。

Monte-Carlo 法抽样试验次数由不确定性参数的数量以及大致失效概率而决定。当不

确定性参数数量增多或大致失效概率降低时，就需要更多的抽样次数。普遍来说，Monte-Carlo 法的抽样次数越多，结果越精确，但所付出的计算代价也更大。Monte-Carlo 法的抽样次数可通过下式进行估算[39]：

$$N_{mc} = \left[\frac{d^2}{4(1-\varepsilon)^2} \right]^m \tag{3.4-27}$$

式中　N_{mc}——Monte-Carlo 试验次数；

　　　d——某置信水平下的普通标准方差；

　　　m——不确定性参数数量。

失效概率与安全系数之间不存在直接的联系，安全系数不能准确反映边坡的稳定性，可靠度指标用安全系数的平均值偏离定义的破坏值 1.0 的标准差的数量来描述边坡的稳定性。对于确定的概率分布模型，便可以确定可靠性指数和失效概率之间的关系。SLOPE/W 可以计算很多概率分布的可靠性指标，但只适用于正态分布概率函数。

本节采用 Geo-Studio 软件，利用蒙特·卡罗（Monte-Carlo）法在 SLOPE/W 模块进行边坡可靠性仿真研究。可靠性分析需要输入黏聚力 c、内摩擦角 φ 和重度 γ 等土体参数。土体参数取值见表 3.4-3。

土层计算参数　　　　　　　　　　　　表 3.4-3

土层	天然状态			饱和状态		
	重度 γ (kN/m³)	黏聚力 c (kPa)	内摩擦角 φ (°)	重度 γ (kN/m³)	黏聚力 c (kPa)	内摩擦角 φ (°)
回填土	18	22	25	20	10	24

由于 c、φ 值相对于 γ 值对边坡计算结果的影响较大，因此，重度 γ 被视为常数。应考虑 c 和 φ 值的随机性和变异性，但 c、φ 的随机性和变异性不影响边坡安全系数，只影响失效概率和可靠度指标。

得到安全系数较为精密的极限状态方程主要是 Morgernstern-Price 法和 Spencer 法，以吕梁机场填方边坡 T-5 为例，得到的结果表明两种方法的安全系数相同，本节选用 Morgernstern-Price 法作为极限状态方程。

本节分析所采用的 Q_3 填方边坡的见图 3.4-13，填方边坡高度分别为 20m、32m、40m、48m、56m，坡度为 23°。典型计算结果如图 3.4-14 所示。

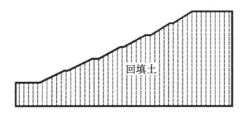

图 3.4-13　填方边坡剖面示意图

图 3.4-14　典型计算结果

（2）c、φ 相关性对边坡可靠度的影响

以填方边坡为对象，分析 c、φ 相关系数对边坡可靠度结果的影响。结果表明，五种填方边坡的设计坡型较为稳定，失效概率均为 0，取相关系数范围为 $-0.7\sim0.3$，因此边坡可靠性指数随不同相关系数的变化趋势见图 3.4-15。

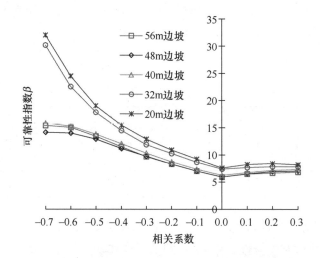

图 3.4-15　边坡可靠性指数与 c、φ 相关性的关系图

由图 3.4-15 可知，整体上来看，c、φ 相关系数的绝对值越大，边坡可靠性指数越大，边坡越稳定；当 R 小于 0 时，可靠性指数随着 R 绝对值的增大迅速增大，曲线较为陡峭；当 R 大于 0 时，可靠性指数随着 R 的增大趋于平缓。坡高较低时（$H\leqslant32m$），可靠性指数随 R 绝对值的增大呈指数增大；坡高较高时（$H>32m$），可靠性指数在 R 绝对值约大于等于 0.6 时开始趋于平缓。

（3）c、φ 变异性对边坡可靠度的影响

为研究 c、φ 变异性对边坡可靠度结果的影响大小，分析填方边坡在天然状态下各种变异系数组合的可靠度结果，即失效概率 P_f 和可靠性指数 b。在不同变异系数组合下，可靠度结果跟着坡高的变化趋势线见图 3.4-16。

由图 3.4-16 可知，不同变异系数组合下 5 个填方边坡的可靠性指数为 4.499～13.485，可靠性指数随坡高的不断增加整体呈逐渐下降趋势。观察相同条件下的数据离散

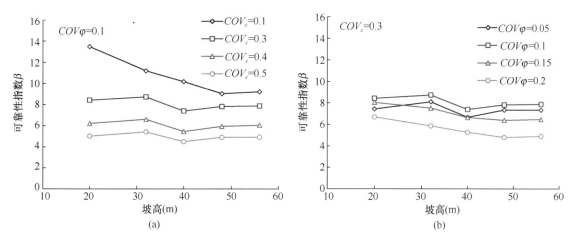

图 3.4-16　填方边坡不同坡高与可靠性指数之间的变化曲线

(a) COV_φ 不变 COV_c 变化时的曲线；(b) COV_c 不变 COV_φ 变化时的曲线

程度可知：c 值变异性对可靠性指数影响程度普遍大于 φ 值。由图 3.4-16（a）可知，当 COV_φ 一致，COV_c 不同时，COV_c 对低边坡（小于等于 40m）的可靠性指数的影响较大，COV_c 对高坡（大于 40m）的可靠性指数的影响相对较小。由图 3.4-16（b）可知，当 COV_c 一致，COV_φ 不同时，COV_φ 对低坡（20m 左右）的可靠性指数的影响程度较小，COV_φ 对高坡的可靠性指数的影响相对较大。

3.5　本章小结

（1）本章 3.1 节针对沉降产生机理进行阐述，收集整理了山区黄土高填方领域具有代表性的工程项目的沉降监测数据，从工后地表沉降、累计沉降、原地基与填筑体沉降占比发展规律入手，对监测数据进行分析，得到相关沉降规律；其次，利用有限元分析软件 ABAQUS 对影响高填方工程工后沉降的各个因素进行分析，通过控制单一变量的方法仔细研究了各个因素在工后沉降中所起的作用，给沉降控制提供了思路。主要有以下内容与结论：

① 工后地表沉降在竣工初期速率较大，随着时间的推移，速率降低，最终趋于稳定。通过对数据的拟合，可用对数函数描述地表工后沉降发展规律，表达式为：$s = a\ln(t) + b$。

② 工后地表沉降的发展主要受填土高度和原地基性状的影响，填土高度越高，沉降量越大，速率越快，原地基性状越好，沉降量越小。

③ 累计沉降随着填土的进行而增加，施工期内沉降速率较高，停工期内沉降发展较为缓慢。已填土体的累计沉降速率会随上部填土的不断加载而降低。对不同测点或不同项目而言，累计沉降与填土高度基本呈正相关。

④ 原地基沉降在总沉降中所占比例在填土起始时很大，随着填土施工的进行，填筑体沉降占比增加，原地基占比下降，在施工后期和工后期两者趋于稳定值。原地基处理情

况对两种沉降的分配以及沉降量与沉降速率有较大影响，施工时应注意改善原地基性状，达到设计要求。

⑤ 分析了原地基的变形模量、渗透系数以及多层土体性状差异对工后沉降的影响，结果表明，在原地基的处理中，变形模量、渗透系数的提高都有利于减小沉降，多层土体同步改善的效果优于改善单一土层，同时，改善原地基土体渗透性时需注意合理布置排水路径。

⑥ 分析了填土施工中的填土压实度、含水量以及填筑速度对沉降的影响，结果表明，压实度的提高、含水量的减小和施工速度的降低都有利于减小沉降，说明在实际工程中必须严格执行压实度控制标准，且在工期允许情况下可减缓施工速度。

⑦ 通过建立不同坡度的原地形模型，分析了坡度对工后沉降的影响，结果表明，填土中心处沉降最大，向两侧逐渐减小，随着坡度的增加，各点沉降量减小，从中心向两侧的沉降变化速率增大，不均匀沉降表现得更为明显。

(2) 本章3.2节总结了离心模型试验技术的发展现状，并介绍了其基本原理。采用原状黄土与重塑黄土联合制作模型开展了大型土工离心模型试验，初步探讨了湿陷性黄土高贴坡的稳定性及其变形模式，并分析了深堑填方地基的变形规律，同时，采用数值方法分析了高贴坡合理的坡度及不同含水率状态下边坡的稳定性，在此基础上得到了以下认识：

① 采用原状黄土及重塑黄土联合制作大型土工离心试验模型是可行的，模型尺寸的加大可以有效减小离心模型试验中边界条件及尺寸效应对试验结果的影响；湿陷性黄土高贴坡在天然含水量状态下稳定性较好，工后变形量及变形速率前期较大，后期较小，贴坡体的变形是导致整个边坡变形的主要因素，贴坡体厚度与对应位置工后沉降呈线性关系；土体饱和时，湿陷性黄土高贴坡将发生沉降变形，贴坡体固结及湿陷性土层湿陷共同导致高贴坡的沉降变形，若变形过大，坡体可能沿水分浸入时形成的软弱带开裂破坏；湿陷性土层的强度决定了湿陷性黄土高贴坡的稳定性，坡体破坏时滑裂面将通过湿陷性土层，其位置取决于湿陷性黄土层与其相邻土层的强度差异，当强度差异较大导致湿陷性黄土层与相邻土层的接触面形成软弱夹层时，则接触面必为滑裂面的一部分，且强度相对较小的接触面首先破坏，滑裂面上部土层表现出比较典型的平移滑动模式，反之，滑裂面近似圆弧，且与接触面之间存在一定厚度的过渡层。

② 数值分析表明：填筑体坡度达到1:2.25时，其稳定系数为1.4875，基本满足规范要求的取值上限。在饱和状态下，当坡比达到1:2.4以上时，模型边坡稳定系数才能满足规范要求的取值下限，且所有坡度的模型边坡在饱和状态下稳定系数均不能达到规范要求的取值上限；模型在不同坡比情况下潜在的滑裂面一般开始于边坡边缘处，结束于填筑体坡脚处，且穿过湿陷性黄土层，与湿陷性黄土层和填筑体接触面相割；随着填筑体坡比不断减小（坡度减缓），模型边坡稳定系数大致呈线性增加趋势，且天然状态下和饱水状态下趋势线走势基本一致。

③ 天然含水量条件下深堑填方地基填土层变形较大，湿陷性土层变形较小，非湿陷性土层层变形最小，且发生变形的部分位于填方体与原地基结合面附近。饱和状态下，填方体及湿陷性土层强度将大大降低，并发生湿陷，变形增大，非湿陷性土层层的变形受含

水量变化的影响，导致变形量增大，变形范围发生较大扩展。对于填筑地基而言，填方体与原状地基的不均匀变形导致了两者之间发生错动，虽然天然状态下，二者变形较小，但差异变形量较大，因此，错动量较大，饱和状态下由于原地基强度减小，变形增大，二者错动量反而减小。不同深堑地形所形成边界条件对深堑填方地基的沉降变形有很大的影响，当断面不对称时，缓坡一侧承担了大部分填方体荷载，当缓坡原地基土体强度能够承担上部荷载时，填方体在其原地基结合部位的变形相对于陡坡一侧较小。

④ 在天然含水量状态下，深堑填方地基填土越厚，沉降越大，地表发生不均匀沉降，导致地基发生开裂，原地基坡度较陡时，其滑动趋势首先表现出来，并对填方体有挤压作用，很大程度上延缓了填方体的沉降趋势。当原地基坡度较缓，原地基边坡较稳定，滑动趋势不明显。

⑤ 深堑填方地基或者具有同等约束条件下的类似深堑填方地基，需对填方体与原地基接触带进行处理，增加填方体的约束，提高填方体的压实度，以减小填方地基与原地基的不均匀沉降，防止地基开裂失稳。饱和状态下及天然状态下深堑填方地基地表沉降规律类似，填筑过程中地表沉降模式基本不变。研究表明：深堑填方地基在饱和状态下是不稳定的，设计和施工过程中应保证地基具有有效的排水系统，防止地基浸水饱和发生失稳。

（3）本章 3.3 节基于随机场理论，通过公式推导提出了基于二维随机场圆弧局部平均化的边坡可靠性分析方法，主要有以下内容：

① 基于随机场理论推导了二维随机场在圆弧曲线上的局部平均化，得到了局部均值与局部方差的计算式。局部平均化后的均值与"点特征"均值相等，方差可通过线积分公式计算。所得结果可用于估算边坡滑移面上随机参数的局部平均化参数。

② 提出了基于二维随机场在曲线上局部平均化的简便边坡可靠度分析方法。对于均质原状边坡本章提出通过确定有限元分析找出临界状态曲线，通过对强度参数进行统计分析，并结合本章推导出的二维随机场的一维局部平均得出强度参数的联合概率密度函数，最后将 CLDM 引入，通过积分得出失效概率。

③ 通过与蒙特·卡罗随机有限元法进行对比，验证了本章提出方法在均质原状边坡上应用的准确性。

④ 将提出的边坡可靠性分析方法与干湿循环强度折减试验结果相结合，计算了压实黄土填方边坡失效概率随干湿循环次数的变化规律。随着干湿循环次数不断增加，边坡的失稳概率逐渐提高，且提高幅度随干湿循环次数递减。该规律与强度指标的折减规律类似。

（4）本章 3.4 节基于统计分析，探讨了压实 Q_3 马兰黄土强度指标统计特征及其对填方边坡可靠度的影响。初步得出以下结论：

① 压实黄土的抗剪强度指标分布概率模型应首先考虑正态分布和对数正态分布。压实黄土饱和状态下 c 和 φ 值呈正相关；天然状态下 c 和 φ 值呈负相关。c 值变异性较大，数据离散性大；φ 值变异性较小，数据离散性较小。

② c、φ 相关系数的绝对值越大，边坡可靠性指数越大，边坡越稳定；当 R 小于 0 时，可靠性指数随着 R 绝对值的增大迅速增大，曲线较为陡峭；当 R 大于 0 时，可靠性

指数随着 R 的增大趋于平缓。坡高较低时，可靠性指数随 R 绝对值的增大呈指数增大；坡高较高时，可靠性指数在 R 绝对值约大于等于 0.6 时开始趋于平缓。

③ c 值变异性对可靠性指数影响程度普遍大于 φ 值。当 COV_φ 一致，COV_c 不同时，COV_c 对低边坡的可靠性指数的影响较大，COV_c 对高坡的可靠性指数的影响相对较小。当 COV_c 一致，$COV\varphi$ 不同时，$COV\varphi$ 对低坡的可靠性指数的影响程度较小，$COV\varphi$ 对高坡的可靠性指数的影响相对较大。

参考文献

［1］ 刘宏，李攀峰，张倬元，等. 山区机场高填方地基变形与稳定性系统研究［J］. 地球科学进展，2004，19（s1）：324-328.

［2］ 顾晓鲁等. 地基与基础［M］. 北京：中国建筑工业出版社，2003.

［3］ 朱才辉. 深厚黄土地基上机场高填方沉降规律研究［D］. 西安：西安理工大学，2012.

［4］ 刘博榕. 延安新区高填方沉降监测与预测研究［D］. 西安：西北大学，2016.

［5］ 马旭东. 黄土高填方地基沉降数值反演分析与预测研究［D］. 西安：西安理工大学，2015.

［6］ 葛苗苗，李宁，张炜，等. 黄土高填方沉降规律分析及工后沉降反演预测［J］. 岩石力学与工程学报，2017，36（3）：745-753.

［7］ 徐慧. 考虑压实度的黄土高填方沉降问题研究［D］. 西安：西安建筑科技大学，2016.

［8］ 濮家骝. 土工离心模型试验及其应用的发展趋势［J］岩土工程学报，1996，18（5）：92-94.

［9］ 李广信主编. 高等土力学［M］. 北京：清华大学出版社，2004.

［10］ MIKASA，M. Model testing in soil engineering. Soil Mechanics and Foundation Engineering，1980，28（5）：1 - 2.

［11］ MIYAKE，M.，YANAGIHATA，T.. Heap shape of Materials Dumped from Hopper barges by drum centrifuge，ISOPE 1999，Breast，745-748.

［12］ 吴邦颖，张师德，陈绪禄. 软土地基处理［M］. 北京：中国铁道出版社，1995：2-3.

［13］ 《岩土离心模拟技术的原理和工程应用》编委会. 岩土离心模拟技术的原理和工程应用［M］. 武汉：长江出版社，2011.

［14］ 魏弋锋等. 山西吕梁机场高填方地基处理及土方填筑试验区试验研究报告［R］. 北京：北京中企卓创科技发展有限公司，2009.

［15］ 胡长明，梅源，魏弋锋等. 一种大尺寸非饱和结构性原状土样的取样方法：中国，ZL 2010 1 0291904. 6［P］. 2011-05-02.

［16］ 胡长明，梅源，魏弋锋等. 一种大尺寸非饱和结构性原状土样的保存方法：中国，ZL 2010 1 0291902. 7［P］. 2012-02-01.

［17］ 胡长明，梅源，魏弋锋等. 一种采用结构性原状黄土制作大型土工试验模型的方法：中国，ZL 2010 1 0503574. 2［P］. 2011-09-28.

［18］ 孟庆山，孔令伟，郭爱国等. 高速公路高填方路堤拼接离心模型试验研究［J］. 岩

石力学与工程学报，2007，26(3)：580-586.

[19] 徐光明，邹广电，王年香．倾斜基岩上的边坡破坏模式和稳定性分析[J]．岩土力学，2004，25(5)：703-708.

[20] 高长胜，徐光明，张凌．边坡变形破坏离心机模型试验研究[J]．岩土工程学报，2005，27(4)：478-481.

[21] 谢定义，陈存礼，胡再强．试验土工学[M]．北京：高等教育出版社，2011.

[22] 南京水利科学研究院．土工试验技术手册[M]．北京：人民交通出版社，2003.

[23] 梅源．黄土山区高填方沉降变形控制技术试验研究[D]．西安建筑科技大学，2010.

[24] Vanmarcke E H. Probabilistic modeling of soil profiles[J]. Journal of the Geotechnical Engineering Division，1977，11(103)：1227-1246.

[25] 胡长明，袁一力，梅源，王雪艳，王娟．基于二维随机场在圆弧曲线上局部平均化的边坡可靠度分析[J]．岩石力学与工程学报，2020，39(02)：251-261.

[26] Qi X H, Li D Q. Effect of spatial variability of shear strength parameters on critical slip surfaces of slopes[J]. Engineering Geology，2018，239(1)：41-49.

[27] Li K S, Lumb P C G. Probabilistic design of slopes[J]. Canadian Geotechnical Journal，1987，4(24)：520-535.

[28] 张鲁渝，郑颖人，赵尚毅，时卫民．有限元强度折减系数法计算土坡稳定安全系数的精度研究[J]．水利学报，2003(1)：21-27.

[29] 程强，罗书学，彭雄志．相关距离与土性参数的关系及计算方法[J]．西南交通大学学报，2000，35(05)：496-500.

[30] Silva F, Lambe T W, Marr W A. Probability and risk of slope failure[J]. Journal of Geotechnical and Geoenvironmental Engineering，2008，134(12)：1691-1699.

[31] Kasama K, Whittle A J. Effect of spatial variability on the slope stability using random field numerical limit analyses[J]. Georisk Assessment & Management of Risk for Engineered Systems & Geohazards，2015，10(1)：42-54.

[32] 王衍汇．压实黄土自相关距离研究[J]．铁道勘察，2017(03)：39-42.

[33] 肖特，李典庆，周创兵，方国光．基于有限元强度折减法的多层边坡非侵入式可靠度分析[J]．应用基础与工程科学学报，2014，22(04)：718-732.

[34] 傅旭东，茜平一，刘祖德．边坡稳定可靠性的随机有限元分析[J]．岩土力学，2001，22(4)：413-418.

[35] 叶正武．基于土水势理论的压实黄土水分迁移规律研究[D]．西安：西安建筑科技大学，2017.

[36] Griffiths D V, Fenton G A. Probabilistic slope stability analysis by finite elements[J]. J. Geotech. Geoenviron. Eng.，2004，130(5)：507-518.

［37］　Spanos P D G R. Stochastic finite element expansion for random media［J］. Jour-
　　　　nal of Engineering Mechanics，1989，5(155)：1035-1053.

［38］　李杰，刘章军. 随机脉动风场的正交展开方法［J］. 土木工程学报，2008，41(2)：
　　　　49-53.

［39］　何燕清. 软土地基上加筋土挡墙的性能研究［D］. 福州大学，2013.

第4章 湿陷性黄土高填方地基沉降变形简化算法

4.1 高填方工程沉降计算方法

4.1.1 分层总和法

由《建筑地基基础设计规范》GB 50007—2011[1] 可知,地基变形计算时,应力分布可用各向同性均质线性变形体理论,最终变形量为:

$$s = \psi_s s' = \psi_s \sum_{i=1}^{n} \frac{p_0}{E_{si}} (z_i \bar{\alpha}_i - z_{i-1} \bar{\alpha}_{i-1}) \tag{4.1-1}$$

式中　s——地基最终变形量(mm);

　　　s'——地基变形计算量(mm);

　　　ψ_s——经验系数,由地区沉降观测资料以及地区经验确定,无地区经验时,可取本规范参考值;

　　　n——计算深度内土的划分层数;

　　　p_0——相应于作用的准永久组合时基础底面处的附加压力(kPa);

　　　E_{si}——基底下第 i 层土的压缩模量(MPa),由土的自重压力至自重压力与附加压力之和的压力段进行计算;

z_i、z_{i-1}——基底与第 i、$i-1$ 层土底面之间的距离(m);

$\bar{\alpha}_i$、$\bar{\alpha}_{i-1}$——基底计算点至第 i、$i-1$ 层土底面范围内的平均附加应力系数。

将该方法与太沙基一维渗流固结理论相结合,可计算原地基主固结变形随时间的变化量,如下式:

$$T_v = \frac{C_v}{H_w^2} t \tag{4.1-2}$$

$$U_t = 1 - \frac{8}{\pi^2} e^{\frac{\pi^2}{4} T_v} \tag{4.1-3}$$

$$s_t = s \times U_t \tag{4.1-4}$$

式中　s_t——经过时间 t 后达到的沉降量;

　　　s——最终沉降量;

　　　U_t——固结度;

　　　T_v——时间因数(无量纲);

C_v——固结系数，反映土体中孔压变化速率的参数；

H_w——排水最长距离，当土层为单面排水时，取土层厚度，当土层上下双面排水时，取土层厚度的一半。

分层总和法结合太沙基一维固结理论是计算地基变形的经典理论，得到了广泛应用。在高填方体的变形计算中，该方法适合于原地基的变形计算，但是，在填方体自身的自重沉降计算中，计算对象为新填筑的土体，其变形未在自重作用下达到稳定状态，填土施工不间断地逐层进行，加载不断变化非稳定荷载，且土体本身为非饱和土。综合来讲，其计算工况不符合分层总和法与一维固结理论的常用工况，如若使用该经典方法进行高填方体的沉降计算，需进行相关改进。

4.1.2　有限单元法

有限单元法是数值分析方法的一种，其实质是指将一个连续介质视作由有限个结点联接的离散单元组成，然后将单元内部的每一点的位移（或应力）通过插值函数用结点处的位移（或应力）表示，接着根据整个介质的协调关系建立包含所有结点未知量的方程组，最后可结合初始条件和边界条件利用计算机进行求解。

对于沉降计算而言，其计算过程就是将整个填方体看作一个整体，将其进行离散化处理，根据荷载、边界条件等计算各点处的位移和应力，其中竖向位移就是所需计算的沉降。

有限单元法在土木工程领域的应用十分广泛，有许多商业软件如 ABAQUS、ANSYS、MIDAS 等可实现各种工程计算。但对于岩土工程来讲，由于岩土体本身的复杂性，其使用还存在许多问题，比如本构关系、参数取值以及计算误差等，这些都值得不断研究。

4.1.3　实测数据分析

由于高填方工程的复杂性，在设计阶段没有办法对整个工程的应力、应变情况作出准确的预测，多通过埋设监测设备，在施工中或竣工后对填筑体进行监测，得到其实际的应力、变形等数据。然后通过对实测数据的反馈分析，可以修正设计阶段的计算模型或者反演得出相关模型的参数值，以求更加准确地把握工程的实际情况，对工程的应力变化、变形发展等做出正确的预测。在沉降预测方面，利用实测数据做沉降规律分析的方法大致分为回归分析、基于理论模型的回归分析、神经网络、灰色系统、数值模拟参数反演等，分别介绍如下：

（1）回归分析

该方法的主要内容是根据实测沉降数据中的 s-t 曲线即沉降与时间的关系曲线的特征，选取合适的数学模型进行描述，通过实测数据的回归分析得到模型的相关参数，从而对未来沉降做出预测，其核心是利用数学模型描述沉降规律。目前，常用的数学模型有对数模型、指数模型、幂函数模型、双曲线模型、平方根模型等。

使用回归参数模型分析的优点在于方法清晰易懂，便于操作，且其预测准确度较高，缺点在于供选择的模型数量有限，可能无法更为准确地反映沉降情况，同时其针对数字处理，无法描述填方工程的相关性质。总体来讲，该方法还是比较适用于填方体沉降预测，应用较广泛。

（2）基于理论模型的回归分析

该方法是将实测数据用到基于某些计算理论的沉降预测模型之中，求得其未知参数，然后对未来沉降进行预测。目前，常用的模型有指数曲线、Asaoka 曲线、Verhulst 曲线、Gompertz 曲线、泊松曲线、星野法等。相比于上述对沉降规律简单的数学公式拟合，该方法的预测更加准确，且存在一定理论基础，但其操作也更为复杂。

（3）人工神经网络模型

人工神经网络是 20 世纪 80 年代兴起的一个研究热点，属于人工智能领域。该方法主要用于信息处理，可以通过一些算法实现对训练样本的学习，形成一个系统，对新的输入信息作出正确的处理。神经网络学习的算法有：误差反向传播学习、Hebb 联想学习、Widrow-Hoff 学习、Kohonen 学习和竞争学习等，目前应用最多的仍是误差反向传播学习及其各种改进算法[2]。

人工神经网络模型在高填方沉降预测中应用时，关键问题是如何正确、合理地选择输入层和输出层，目前的研究中主要有输入时间，输出沉降值，以达到通过时间预测沉降的目的，也有输入沉降值，输出沉降值，通过已有沉降值预测未知沉降值，达到沉降动态控制的目的。所以说，在使用神经网络模型进行沉降预测时，可根据自己的研究需要灵活把握输入、输出层的选择。

相比于参数的回归分析，人工神经网络法能够更加精确地挖掘沉降实测值中所包含的规律，相比其他的实测数据分析方法，其预测精度更高，但在使用时要合理选择输入、输出层，并保证训练样本的正确性。

（4）灰色系统预测

灰色系统理论是华中科技大学邓聚龙教授于 1982 年提出，其主要研究对象是信息部分清楚，部分不清楚并带有不确定性的系统，可以实现"小样本，贫信息"的规律挖掘，核心的预测模型为 GM 模型。灰色系统理论在沉降预测方面的应用中，多以已知的单位时段内的沉降量为研究对象，进行数据处理，挖掘数据规律，预测未来的沉降[3]，也可对等长时间段的模型进行修正，建立非等长预测模型[4]。

（5）数值模拟参数反演

岩土工程数值模拟计算中，最为关键的是参数的选取，关系到计算结果的正确与否，但由于工程的复杂性，往往无法取得准确反映工程实际的参数值。工程实测数据是工程实际情况的直接反映，是各种复杂影响综合作用的结果，所以岩土领域多采用实测值来反演各个参数，这种方法也在高填方沉降计算方面得到了应用。在实际计算时，往往先根据地质勘察报告、室内试验等确定各个参数的初始取值进行计算，然后根据实测结果确定反演参数，借用优化算法不断调整参数，最后得到最优反演值，根据反演参数可对未来沉降进行预测。在反演计算时，关键在于合理选择计算模型和优化算法。

4.1.4　经验公式法

对于高填筑体的沉降计算方面，不同工程领域根据其长期的工程经验形成了一些估算公式。在水利水电工程之中，水坝多为高大土石坝，属于高填方工程，其沉降计算方面的经验公式见表 4.1-1。

沉降计算经验公式　　　　　　　　　　　　　　表 4.1-1

估算方法	施工期沉降	运行期沉降
顾慰慈公式	$s_c = 0.001496H^{1.646}$	$s_t = kH^n e^{-m/t}$
估算方法	施工期沉降	运行期沉降
劳顿-列斯特公式		$s = 0.001H^{3/2}$
戈戈别里德捷公式		$s_t = -0.453(1 - e^{0.08H})e^{0.693/t^{1.157}}$
备注	顾慰慈公式中，k，n，m 为计算参数， 面板坝取值：$k=0.004331$，$n=1.2045$，$m=1.746$； 心墙坝取值：$k=0.016$，$n=0.876$，$m=1.0932$； 斜墙坝取值：$k=0.0098$，$n=1.0148$，$m=1.4755$	

在路基工程中，对于高路堤的沉降计算问题，也有许多经验规律，国外比较有代表性的是德国和日本常用的经验公式，如下：

$$s - H^2/3000 \tag{4.1-5}$$

国内方面，公路设计手册《路基》[5]中指出："黄土高路堤的工后下沉量与填土高度有直接关系。根据铁路、公路的少量观测资料，对压实较好的高路堤，可按填土高度的 1‰～2‰ 估计。"根据铁道科学研究院西北研究所与第一设计院对黄土高路堤沉降的观测研究可知，路基压实系数大于等于 0.85 时，其顶面以下的核心部位在竣工后的沉降量约为路堤高度的 0.7‰～1.0‰。同时，竣工后沉降量可按下式估算：

$$s = 0.0114H^{0.95} \tag{4.1-6}$$

在山区高填方机场地基沉降计算方面，谢春庆[6]提出块碎石夯实地基在道面施工结束后的沉降计算经验公式：

$$s = H^2/3\sqrt[3]{E^2} \tag{4.1-7}$$

式中　s——工后沉降，mm；

　　　H——填筑高度，m；

　　　E——填筑体变形模量，MPa。

经验公式法的优点在于参数意义明确，容易获取，计算简便，但其缺点同样突出，计算精度较差、计算适用范围较小，其使用存在领域限制与地域限制，同一工程领域在不同地域可能会由于原地基与材料差异造成计算结果的巨大偏差。更重要的是，从经验公式来看，其大多仅考虑了填土高度，未能考虑原地基情况，更无法区分原地基沉降与填筑体沉降。总的来说，经验公式法作为一种估算方法可以用来对高填方体的沉降情况做一个整体把握，但其使用深度也仅仅停留于估测阶段，要深入了解填方体的沉降情况还需使用更为精确的算法。

4.1.5 工程类比法

在进行新建工程的沉降预测时，工况相似的已完工程沉降情况具有很大的参考意义，其工后沉降量、累计沉降量、原地基沉降量、填筑体沉降量、沉降稳定时间、沉降速率、沉降分布、最大沉降区域、沉降发展曲线等均可提供有用参考。在相关工程的选取方面，要尽量把握关键指标的相似性，如填料性质、填土高度、原地基情况等。

4.2 高填方地基自身压缩量简化算法研究

传统的分层总和法多用于计算自重沉降稳定的地基在外界附加荷载作用下的沉降，该方法将地基分成若干层，先分别对基础中心点下的各个分层土的压缩变形量进行计算，然后将各个分层土的压缩量的总和视为地基的总沉降量。对于高填方填筑体的自身压缩而言，变形是由自重引起的，这不符合传统方法的使用条件。但通过对填筑体的施工过程分析可知，变形可视为由后填土层对先填土层的压力引起的，可以使用分层总和法的计算思想对高填筑体的压缩量进行计算。由此，本章提出了高填方填筑体压缩量计算方法。

4.2.1 算法简述

本章所提方法的核心是将整个填筑体的自身压缩看作一层层填土的压缩量的总和，每层填土的压缩是由其上部土体的填筑造成的，将上部土体视为荷载，不考虑下部土体。因此，整个填筑体在自重作用下产生沉降的过程可以看作一层层土体上部不断加载的过程，工后期自重沉降的稳定过程即为各层土体加载稳定的过程。

若某填方工程共填筑 n 层土，计算各层土体压缩量时，其上部荷载取值如下：

对于第 1 层填土，其土层厚度为 h_1，上部荷载为 $\Delta p_1 = \sum_{i=2}^{n} \gamma_i \cdot h_i$；

对于第 2 层填土，其土层厚度为 h_2，上部荷载为 $\Delta p_2 = \sum_{i=3}^{n} \gamma_i \cdot h_i$；

……

对于第 $n-1$ 层填土，其土层厚度为 h_{n-1}，上部荷载为 $\Delta p_{n-1} = \gamma_n \cdot h_n$；

对于第 n 层土，其上部不再有填土，忽略其沉降。

4.2.2 基于 $e\text{-}p$（$e\text{-}\log p$）曲线的压缩量计算

（1）填土初始孔隙比的确定

在地基沉降计算之中，由于无法保证原状土取样前后孔隙比不发生变化，故在单向压缩试验中多用原位压力作 p_1，对应孔隙比为 e_1，同时假设 e_1 即为土体沉降计算的初始孔

隙比 e_0。所以，目前关于填方土体自重沉降计算的许多研究中，多将土层平均自重应力视为 p_1，其对应的孔隙比视为初始孔隙比。但是，在高填方工程中，填土层是经过压实施工形成的，其并非在重力作用下到达其孔隙状态，所以通过土层平均自重应力确定其初始孔隙比是不合适的。研究[7,8]也表明，在初始孔隙比的选取上，试样的初始孔隙与经再压缩后其有效原位压力对应的孔隙比都是近似值，且误差难以估计。所以，根据高填方工程的具体情况，本节提出，将填土压实施工完毕后所取试样的孔隙比视为沉降计算时的初始孔隙比，此时其初始压力 p_1 取为 0。

（2）压缩量计算

首先需要进行室内侧限压缩试验，绘制压实填土的 e-p（e-$\log p$）曲线，注意在取土时，取填土层中部土体，且尽量避免扰动。其次，对于每一计算土层来讲，初始压力为 0，将其上部土体重力视为大面积连续均布荷载。

对于第 1 层填土来讲，

$$p_{11} = 0,$$

$$p_{12} = p_{11} + \Delta p_1 = \Delta p_1 = \sum_{i=2}^{n} \gamma_i \cdot h_i$$

由土层一维压缩变形量的基本计算公式可知，如 e-p 曲线已知，该土层的压缩变形量为：

$$s_1 = \frac{e_{11} - e_{12}}{1 + e_{11}} \cdot h_1 \tag{4.2-1}$$

其中，e_{11}、e_{12} 分别为 p_{11} 和 p_{12} 对应的孔隙比，由压缩曲线求得，h_i 为第 i 层土体厚度，γ_i 为第 i 层土体密度。

同理，第 m 层土体：

$$p_{m1} = 0,$$

$$p_{m2} = p_{m1} + \Delta p_m = \Delta p_m = \sum_{i=m+1}^{n} \gamma_i \cdot h_i$$

压缩量为：

$$s_m = \frac{e_{m1} - e_{m2}}{1 + e_{m1}} \cdot h_m \tag{4.2-2}$$

其中，e_{m1}、e_{m2} 分别为 p_{m1} 和 p_{m2} 对应的孔隙比，由压缩曲线求得。

如 e-$\lg p$ 曲线已知，第 1 层填土的压缩变形量为：

$$s_1 = C_{c1} \frac{h_1}{1 + e_{11}} \lg \frac{p_{12}}{p_{11}} \tag{4.2-3}$$

其中，C_{c1} 为第 1 层填土的压缩指数。

同理，第 m 层土体的压缩量为

$$s_m = C_{cm} \frac{h_m}{1 + e_{m1}} \lg \frac{p_{m2}}{p_{m1}} \tag{4.2-4}$$

其中，C_{cm} 为第 m 层填土的压缩指数。

最终的填筑体压缩量为

$$s = \sum_{i=1}^{n} s_i \qquad (4.2-5)$$

4.2.3　基于 e-p 曲线的压缩模型构建及应用

使用 e-p 曲线计算时，须根据曲线查取各压力对应的孔隙比，不可避免地要采用插值方法，人为误差大，不便于计算机处理。针对 e-p 曲线算法的缺点，曹文贵等[9]基于邓肯-张模型，推导了土的初始和再压缩曲线分析模型，用于分析土体压缩。文献[10-12]对压实黄土的侧限应变与垂直压力的关系进行了研究，这些工作奠定了压实黄土压缩模型构建的基础。通过压缩模型的构建，可以实现对高填方土体沉降量的公式化计算。

首先，通过已有研究成果，将压实黄土的侧限应变与垂直压力的关系用幂函数表示为

$$\varepsilon = kp^a \qquad (4.2-6)$$

式中，k、a 为试验拟合参数。

进行侧限压缩试验时，土颗粒通常被认为是不可压缩的，试样的体积变化被视为孔隙体积的变化，压缩量 s 与孔隙比 e 存在一一对应的关系。图 4.2-1 为土体试样压缩前后体积变化的三相草图，右侧表示试样的厚度和压缩量，左侧表示体积。

图 4.2-1　三相草图

荷载施加之前，试样的厚度为 H_0，孔隙比为 e_0，横截面积为 A，其土颗粒的体积为

$$V_s = \frac{1}{1+e_0} H_0 A$$

施加荷载 p 之后，试样的压缩量为 s，厚度为 $(H_0 - s)$，孔隙比为 e，横截面积为 A，其土颗粒的体积为

$$V'_s = \frac{1}{1+e}(H_0 - s)A$$

压缩前后的土颗粒体积不变，即：

$$V_s = V'_s$$

$$\frac{1}{1+e_0} H_0 A = \frac{1}{1+e}(H_0 - s)A$$

$$e = e_0 - (1+e_0)\frac{s}{H_0} \qquad (4.2-7)$$

由侧限应变的定义可知：

$$\varepsilon = \frac{s}{H_0} \tag{4.2-8}$$

将式（4.2-8）代入式（4.2-7），得：

$$e = e_0 - \varepsilon(1+e_0) \tag{4.2-9}$$

将式（4.2-6）代入式（4.2-9），得：

$$e = e_0 - kp^{a}(1+e_0) \tag{4.2-10}$$

式（4.2-10）即为压实黄土压缩模型。

使用该模型可推导得出黄土高填方土体自身压缩量计算公式。

对于第 1 层填土，$e_{11} = e_0$，$e_{12} = e_0 - k\left(\sum_{i=2}^{n}\gamma_i h_i\right)^{a}(1+e_0)$

则：

$$s_1 = \frac{e_{11}-e_{12}}{1+e_{11}}h_1 = kh_1\left(\sum_{i=2}^{n}\gamma_i h_i\right)^{a} \tag{4.2-11}$$

同理，对于第 m 层填土，$e_{m1} = e_0$，$e_{m2} = e_0 - k\left(\sum_{i=m+1}^{n}\gamma_i h_i\right)^{a}(1+e_0)$

则：

$$s_m = \frac{e_{m1}-e_{m2}}{1+e_{m1}}h_m = kh_m\left(\sum_{i=m+1}^{n}\gamma_i h_i\right)^{a} \tag{4.2-12}$$

故，填土总沉降为：

$$s = \sum_{i=1}^{n}s_i$$

$$= k\left[h_1\left(\sum_{i=2}^{n}\gamma_i h_i\right)^{a} + h_2\left(\sum_{i=3}^{n}\gamma_i h_i\right)^{a} + \cdots + h_m\left(\sum_{i=m+1}^{n}\gamma_i h_i\right)^{a} + \cdots + h_{n-1}(\gamma_n h_n)^{a}\right]$$

$$\tag{4.2-13}$$

若保证每层填土的厚度相同，在假定填土密度相同的情况下，公式可简化为：

$$s = k\gamma^{a}h^{a+1}\left[(n-1)^{a} + (n-2)^{a} + \cdots + 2^{a} + 1\right] \tag{4.2-14}$$

本节所提的高填方填筑体自身压缩量计算方法适用于各种形式的高填方工程，由压实黄土变形特性推导得到的简化公式仅适用于黄土高填方，且其填料压实结束后的侧限应变与垂直压力的关系应可用幂函数表示。

4.2.4　方法验证

为了验证所提方法的可行性，现根据收集到的实际项目监测数据进行验证分析。由于缺乏相关实测项目中填土的相关数据，如压实后填土的 $e\text{-}p$ 曲线、各层压实填土实际厚度等，无法精确计算填土压缩量，而且由于工程监测的影响因素众多，监测结果也无法精确反映填土的压缩量。基于现实情况，为尽可能减少参数缺乏对该方法验证的影响，本节将验证方案设计为对比分析，即将同一项目不同填土厚度处的测点数据进行对比分析，同时使用压缩模型公式进行计算。设某一项目中分别有测点 A，B，由式（4.2-14）可计算其总的压缩量分别为

$$s_{A} = k_{A} \gamma_{A}^{a_{A}} h_{A}^{a_{A}+1} \left[(n_{A}-1)^{a_{A}} + (n_{A}-2)^{a_{A}} + \cdots + 2^{a_{A}} + 1 \right]$$

$$s_{B} = k_{B} \gamma_{B}^{a_{B}} h_{B}^{a_{B}+1} \left[(n_{B}-1)^{a_{B}} + (n_{B}-2)^{a_{B}} + \cdots + 2^{a_{B}} + 1 \right]$$

对于同一项目而言，假设其填土性质相近，填土层厚度相同，即 $k_{A} = k_{B}$，$\gamma_{A} = \gamma_{B}$，$a_{A} = a_{B}$，$h_{A} = h_{B}$，则：

$$\frac{s_{A}}{s_{B}} = \frac{(n_{A}-1)^{a_{A}} + (n_{A}-2)^{a_{A}} + \cdots + 2^{a_{A}} + 1}{(n_{B}-1)^{a_{B}} + (n_{B}-2)^{a_{B}} + \cdots + 2^{a_{B}} + 1} \tag{4.2-15}$$

从式中可以看出，土体未知参数仅剩 a，为解决该参数的缺乏问题，选用文献［11］中压实度 93%，含水量 12.7% 下的参数值 $a = 0.5756$ 进行试算。选取 3.1.1 节中 3 个项目 C、D、E 的实测数据，如表 4.2-1 至表 4.2-3 所示，将各项目每层填土的厚度设为 0.5m，由此计算填土层数。

具体验证方法是以各项目填土高度最小的测点数据为基准，取其余各测点与基准点的沉降值之比作为实测值，由式（4.2-15）确定各点对应的计算值进行对比分析，结果见图 4.2-2。可以看出，项目各测点处的实测值与计算值并非十分接近，但是，计算值与实测值表现出了相同的发展规律，其各点的差异也较为接近。由于施工情况的复杂和监测的误差，计算值肯定会与实测值有差异，更何况该计算中采用的参数 a 并非项目填土的实测值，各项目填土层厚度也不一定为 0.5m，所以差异的存在是正常的。综合来看，本章所提算法可以反映实际沉降情况。从图 4.2-2(a) 中可以看出，C 项目的计算值和实测值十分接近，说明所取参数 a 的值比较符合该项目的实际情况，同时更加验证了所提方法的可行性。

从图 4.2-2 中还可看出，各项目测点沉降比的实测值与计算值随填土高度的变化具有很强的规律性，拟合可知，其十分符合线性规律，结果见表 4.2-4。因此，可得填筑体压缩量与填土高度的关系见式（4.2-16）。

C 项目各测点填筑体沉降值			表 4.2-1
	1 号	2 号	3 号
填土高度（m）	62	104	107
填土层数（层）	124	208	214
沉降量（m）	1.73	3.89	3.89

D 项目各测点填筑体沉降值　　　　　　　　　表 4.2-2

	1 号	2 号	3 号	4 号	5 号
填土高度（m）	23	29	43	49	54
填土层数（层）	46	58	86	98	108
沉降量（m）	0.16	0.29	0.82	0.96	0.93

E 项目各测点填筑体沉降值　　　　　　　　　表 4.2-3

	1 号	2 号	3 号	4 号	5 号	6 号
填土高度（m）	22	25	32	48	54	64
填土层数（层）	44	50	64	96	108	128
沉降量（m）	0.51	0.52	0.65	0.99	1.17	1.59

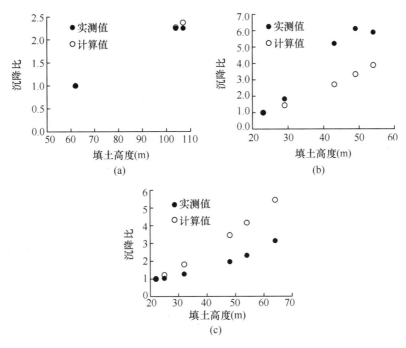

图 4.2-2　各项目沉降比的实测值与计算值

（a）C 项目沉降比的实测值与计算值；（b）D 项目沉降比的实测值与计算值；

（c）E 项目沉降比的实测值与计算值

各项目沉降比的实测值与计算值的数据拟合　　　　　　　　　表 4.2-4

项目名称	数据	拟合公式	相关指数 R^2
C	实测值	$y=0.0286x-0.7673$	0.9966
	计算值	$y=0.0303x-0.8788$	0.9999

项目名称	数据	拟合公式	相关指数 R^2
D	实测值	$y=0.1784x-3.0542$	0.9531
	计算值	$y=0.093x-1.2059$	0.9968
E	实测值	$y=0.049x-0.214$	0.9670
	计算值	$y=0.1048x-1.4296$	0.9948

$$\frac{s_{h_i+\Delta h}-s_{h_i}}{s_{\min}}=k\Delta h \qquad (4.2\text{-}16)$$

通过上述验证可知，本章所提方法的计算结果符合实测规律，可以用来计算高填方填筑体压缩量。

4.3 工程沉降动态控制方法及工后沉降计算

4.3.1 工程沉降实时控制

在实际工程的施工过程中，为控制每层填土压实后的厚度，会使用 GNSS 测量定位技术进行厚度检测，形成施工过程控制资料。依据这些厚度实测数据结合填土层数统计可以得到已填土体压缩前厚度与沉降量，分别见式（4.3-1）和式（4.3-2）：

$$H_n=\sum_{i=1}^{n}h_i \qquad (4.3\text{-}1)$$

式中，H_n 为已填土体（n 层）压缩前厚度；h_i 为每层填土实测厚度

$$s_n=H_n-H_n' \qquad (4.3\text{-}2)$$

式中，s_n 为测量时刻已填土体的沉降量；H_n' 为测量面与填土底面距离。

实际施工中，可实时计算已填土体沉降量，根据填土沉降的发展情况分析工程进展是否正常，施工质量是否合格等。由于沉降问题是高填方工程中的核心问题，且沉降的发生是工程各个因素综合作用的结果，用沉降的发展情况作为工程整体的控制依据可以反映工程实际，实现有效控制，可以成为高填方工程管理中的一项控制制度。

4.3.2 工后沉降计算

前节所提填土压缩量算法的计算结果为总沉降量，在实际工程中产生影响的主要是工后沉降，大家所关心的也是工后沉降的预测。本节拟从总沉降的计算入手，根据实际工程施工时的控制资料来计算工后沉降，具体如下：

（1）工程总沉降计算

可根据前节所提算法计算填土沉降，使用传统分层总和法计算原地基沉降，两种沉降之和即为总沉降。

（2）工后沉降计算

施工至设计标高后，可根据式（4.3-1）与式（4.3-2）计算出填筑体压缩前厚度与已有沉降量，然后根据前一章提出的工程总沉降计算方法得出总沉降计算值，由总沉降量减去已有沉降量即可得到工后沉降量的预测值。具体计算过程如下所示：

$$s_{总} = s_y + s_t$$

$$= s_y + k\left[h_1 \left(\sum_{i=2}^{n} \gamma_i h_i \right)^a + h_2 \left(\sum_{i=3}^{n} \gamma_i h_i \right)^a + \cdots \right.$$

$$\left. + h_m \left(\sum_{i=m+1}^{n} \gamma_i h_i \right)^a + \cdots + h_{n-1} \left(\gamma_n h_n \right)^a \right] \tag{4.3-3}$$

$$s_{工后} = s_{总} - s_n \tag{4.3-4}$$

其中，s_y 为原地基沉降，s_t 为填土沉降，$s_{工后}$ 为工后沉降。

若工程布设有原位监测，可直接使用总沉降计算值减去已有沉降监测值预测工后沉降。

4.4　高填方工程工后沉降时效模型

沉降预测时，不仅需要计算最终沉降量，也需掌握沉降随时间的发展规律，即时效模型，这样才能合理安排新填地基的使用，最大程度上减小沉降的影响。

4.4.1　高填筑体自身工后沉降时效模型

同高填筑体自身压缩量计算模型的建立思路相同，将填筑体分层进行时效特性分析。

对于第 1 层填土，$s_1(t) = \varepsilon_1(t) \cdot h_1$，上部荷载为 $\Delta p_1 = \sum_{i=2}^{n} \gamma_i \cdot h_i$；

对于第 2 层填土，$s_2(t) = \varepsilon_2(t) \cdot h_2$，上部荷载为 $\Delta p_2 = \sum_{i=3}^{n} \gamma_i \cdot h_i$；

……

对于第 $n-1$ 层填土，$s_{n-1}(t) = \varepsilon_{n-1}(t) \cdot h_{n-1}$，上部荷载为 $\Delta p_{n-1} = \gamma_n \cdot h_n$；

对于第 n 层土，其上部不再有填土，忽略其沉降。

则填筑体自身沉降的时效模型为：

$$s(t) = \sum_{i=1}^{n-1} s_i(t) \tag{4.4-1}$$

4.4.2　压实黄土时效变形模型的建立方法

从上述高填筑体自身工后沉降时效模型中可以看出，压实黄土的时效变形模型是核心要素。目前，对岩土体时效变形模型的研究多通过蠕变试验进行。岩土体蠕变试验主要包括原位试验与室内试验，同时也分为宏观试验与微观试验，就常规的蠕变模型的建立而言，多采用室内宏观试验，即一维固结蠕变试验。

目前，根据加载方案，一维固结蠕变试验可分为分别加载与分级加载。其中，分别加载是指当研究试样在某级荷载作用下的时效变形特性时，直接加载后，在荷载作用下观察其变形发展；分级加载是指将所需施加的最大荷载分为多级逐步施加，用同一试样获得多种荷载下的变形特性。由高填方工程的施工过程可知，分级加载更符合高填方工程的实际情况。

常规的分级加载试验中，每级荷载作用时间以试样变形稳定为标准，在高填方工程的实际施工中，填土是连续进行的，荷载以一定速度施加，到达最终荷载之前不会在某级荷载下稳定。常规试验与实际施工的主要差异体现在加载路径与加载速率，经过几位学者的研究可知，加载路径与加载速率会对压实黄土的蠕变特性产生影响[13, 14]。但是，从实际看，若满足工程实际的加载路径，需进行大量的试验，同时，完全模拟施工速度并不现实。由于岩土工程的不确定性较大，很难达到完全精确的模拟，因此，可根据常规试验结果建立的时效模型进行沉降预测，其误差可用实际的监测数据进行修正。通过对压实黄土时效变形资料的总结可知，其一维固结蠕变经验模型主要有双曲线模型、对数模型、Singh-Mitchell 修正模型等，元件模型主要有 Burgers 模型、Burgers＋Kelvin 模型及Hooke＋Kelvin＋幂函数模型等，见表 4.4-1。

压实黄土一维固结蠕变经验模型 表 4.4-1

经验模型	元件模型（半经验半元件）
$\varepsilon = \dfrac{t}{A + Bt}$	Burgers 模型
$\ln\varepsilon = a + b\ln\dfrac{t + t_1}{t_1}$	Burgers＋Kelvin 模型
$\lg\varepsilon(\sigma, t) - \lg\varepsilon(\sigma, t_0) = m(\lg t - \lg t_0) + a$	Hooke＋Kelvin＋ST. Ventant＋幂函数模型
$\ln(\varepsilon/t) = G + (\lambda - 1)\ln(t)$	Kelvin＋双曲线模型

4.4.3 工后沉降时效模型

原地基沉降时效模型可根据一维渗流固结理论建立，填筑体沉降时效模型根据前文所提方法建立，两者结合即为工后沉降时效模型，见式（4.4-2）。

$$s(t) = s_y(t) + s_t(t) = s_\infty \cdot U_t + \sum_{i=1}^{n-1} s_i(t) \qquad (4.4\text{-}2)$$

其中，$s_y(t)$ 为原地基变形时效模型，$s_t(t)$ 为填筑体变形时效模型。

实际施工中，各种条件与模型假定有较大差别，理论计算值与实际值会存在误差，较为理想的解决方案为布设原位监测仪器，利用实测数据不断修正理论计算模型。

4.5 工程验证

对本章所选工程案例进行沉降计算，计算结果可为工程提供参考。由于实际工程的规模较大，选取其中某一段进行分析。所选分析段见图 4.5-1，其最大填土厚度为 70m，实际施工中每层填土控制为 0.5m（压实）。关于计算参数的确定，原地基相关参数根据工程地质勘察报告确定，回填土的参数由相关研究文献［1］确定。

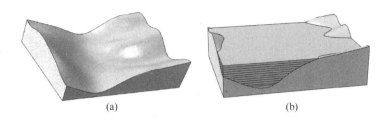

图 4.5-1　计算段原地基与施工后的工程概况图

（a）原地基；（b）填筑后

4.5.1　本文简化算法计算

根据所选计算段的工程实际，选择平均填土厚度最大的截面进行计算，如图 4.5-2 所示。在所选截面上选择 5 个计算点，其填土厚度和填土层数见表 4.5-1，原地基土体 e-p 曲线见图 4.5-3。分别计算原地基沉降与填筑体沉降，求和即为总沉降。

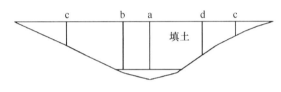

图 4.5-2　计算截面图

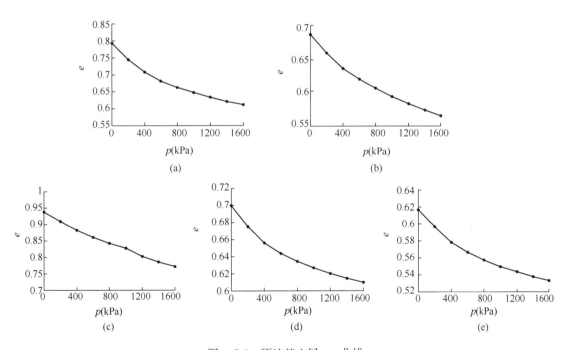

图 4.5-3　原地基土层 e-p 曲线

（a）沟谷区地基 1 层填土 e-p 曲线；（b）沟谷区地基 2 层黄土状土 e-p 曲线；（c）梁峁区 Q_3 黄土 e-p 曲线；

（d）梁峁区 Q_2 黄土 e-p 曲线；（e）梁峁区红黏土 e-p 曲线

计算点填土高度与层数 表 4.5-1

计算点	a	b	c	d	e
填土高度（m）	70	70	35	49	21
填土层数（层）	140	140	70	98	42

（1）原地基沉降计算

1）计算点 a

由勘察报告可知，该点的原地基的土层主要有填土（Q_4^{ml}）、黄土状土（Q_4^{al+pl}）和砂泥岩（J），主要压缩计算层为填土（Q_4^{ml}）和黄土状土（Q_4^{al+pl}），其中，填土层的重度为 $18kN/m^3$，厚 5m，黄土状土的重度为 $19.5kN/m^3$，厚 10m，地下水位为 $-4m$。计算时，填土荷载可视为大面积连续均布荷载，填土底部为柔性基础，则附加荷载为上部土重，原地基土层中附加应力沿深度为均匀分布，该点的填土厚度为 70m，填土重度为 $17kN/m^3$，可计算附加应力为：

$$\Delta\sigma = \gamma H_a = 17 \times 70 kPa = 1190 kPa$$

计算土层分为 15 层，每层厚 1m，计算其自重应力，结果见表 4.5-2。

计算点 a 自重应力计算结果 表 4.5-2

z (m)	0	1	2	3	4	5	6	7
σ_{sz} (kPa)	0	18	36	54	72	80	89.5	99
z (m)	8	9	10	11	12	13	14	15
σ_{sz} (kPa)	108.5	118	127.5	137	146.5	156	165.5	175

使用 e-p 曲线算法的计算过程及结果见表 4.5-3。

计算点 a 原地基沉降计算表 表 4.5-3

z (m)	自重应力平均值 $\bar{\sigma}_{sz}$ (kPa)	附加应力平均值 $\bar{\sigma}_z$ (kPa)	H_i (cm)	$\bar{\sigma}_{sz} + \bar{\sigma}_z$ (kPa)	e_1	e_2	$S_i = \dfrac{e_1 - e_2}{1 + e_1} H$ (cm)	$S = \sum S_i$ (cm)
0~1	9	1190	100	1199	0.790	0.634	8.8	
1~2	27	1190	100	1217	0.784	0.632	8.5	
2~3	45	1190	100	1235	0.780	0.631	8.4	
3~4	63	1190	100	1253	0.776	0.630	8.2	
4~5	76	1190	100	1266	0.773	0.629	8.1	93.2
5~6	84.75	1190	100	1274.75	0.676	0.587	5.3	
6~7	94.25	1190	100	1284.25	0.675	0.587	5.3	
7~8	103.75	1190	100	1293.75	0.671	0.586	5.2	

续表

z (m)	自重应力平均值 $\overline{\sigma}_{sz}$ (kPa)	附加应力平均值 $\overline{\sigma}_z$ (kPa)	H_i (cm)	$\overline{\sigma}_{sz}+\overline{\sigma}_z$ (kPa)	e_1	e_2	$S_i=\dfrac{e_1-e_2}{1+e_1}H$ (cm)	$S=\sum S_i$ (cm)
8～9	113.25	1190	100	1303.25	0.673	0.586	5.2	
9～10	122.75	1190	100	1312.75	0.672	0.585	5.2	
10～11	132.25	1190	100	1322.25	0.670	0.585	5.1	
11～12	141.75	1190	100	1331.75	0.669	0.585	5.1	93.2
12～13	151.25	1190	100	1341.25	0.668	0.584	5.0	
13～14	160.75	1190	100	1350.75	0.666	0.584	5.0	
14～15	170.25	1190	100	1360.25	0.666	0.583	4.9	

2）计算点 b

该测点原地基土层主要为填土（Q_4^{ml}）和砂泥岩（J），主要压缩计算层为填土（Q_4^{ml}），厚5m，上部填土高度70m，填土荷载为1190kPa。沉降计算见表4.5-4。

计算点 b 原地基沉降计算表　　　　　　　　　　表 4.5-4

z (m)	自重应力平均值 $\overline{\sigma}_{sz}$ (kPa)	附加应力平均值 $\overline{\sigma}_z$ (kPa)	H_i (cm)	$\overline{\sigma}_{sz}+\overline{\sigma}_z$ (kPa)	e_1	e_2	$S_i=\dfrac{e_1-e_2}{1+e_1}H$ (cm)	$S=\sum S_i$ (cm)
0～1	9	1190	100	1199	0.790	0.634	8.8	
1～2	27	1190	100	1217	0.784	0.632	8.5	
2～3	45	1190	100	1235	0.780	0.631	8.4	42.0
3～4	63	1190	100	1253	0.776	0.630	8.2	
4～5	76	1190	100	1266	0.773	0.629	8.1	

3）计算点 c

该测点填土底部为梁峁区，其主要压缩计算土层为黄土（Q_2^{eol+el}）和红黏土（N_2），其中，黄土的重度为16.95kN/m³，红黏土的重度为20kN/m³，由于底部为山梁，其压缩量计算与沟谷区不同。在计算山梁压缩量时，本节将山梁部分看作条形基础，将填土荷载看作作用在条形基础上的三角形分布荷载，见图4.5-4。其中，最大荷载强度为 P_t，可视

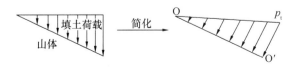

图 4.5-4　山梁填土荷载简化图

为填土重沿坡面垂直方向的分量。竖直三角形分布荷载作用于条形面积上的应力计算公式为式（4.5-1），其荷载分布形式见图4.5-5。

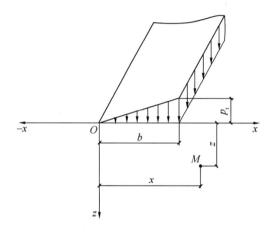

图 4.5-5　条形面积上竖直三角形分布荷载

M 点的应力计算公式：

$$\sigma_z = \frac{p_t}{\pi}\left\{m\left[\arctan\left(\frac{m}{n}\right) - \arctan\left(\frac{m-1}{n}\right)\right] - \frac{(m-1)n}{(m-1)^2+n^2}\right\} \tag{4.5-1}$$

其中，$m = \dfrac{x}{b}$，$n = \dfrac{z}{b}$

计算 c 测点处的计算参数值：

$$p_t = \gamma H_a \cos\alpha = 1190 \times 0.91\text{kPa} = 1083\text{kPa}$$

其中，α 为山坡与水平面夹角，约等于 25°。

$$m = \frac{x}{b} = \frac{85}{166} = 0.5120$$

对于山坡自身垂直于坡面的应力状态，用自重应力近似表示，根据式（4.5-1）计算由填土引起的垂直于山坡坡面的附加应力，沉降计算见表4.5-5。图4.5-6 为计算参数示意图。

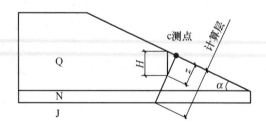

图 4.5-6　c 测点计算参数示意图

计算点 c 沉降计算表　　　　　　　　　　　表 4.5-5

z (m)	H (m)	σ_1 (kPa)	$\Delta\sigma$ (kPa)	z (m)	H_i (cm)	$\overline{\sigma}_1$ (kPa)	$\overline{\Delta\sigma}$ (kPa)	$\overline{\sigma}_2$ (kPa)	e_1	e_2	S_i (cm)
0	0	0	554.50	0～3	300	28.06	554.49	582.55	0.70	0.64	9.1
3	3.31	56.13	554.48	3～6	300	84.19	554.44	638.63	0.69	0.64	8.4
6	6.62	112.25	554.40	6～9	300	140.31	554.29	694.60	0.68	0.64	7.6
9	9.93	168.38	554.18	9～12	300	196.44	553.97	750.41	0.68	0.64	6.9
12	13.25	224.50	553.75	12～15	300	252.57	553.41	805.97	0.67	0.63	6.3
15	16.56	280.63	553.06	15～18	300	308.69	552.56	861.26	0.66	0.63	5.8
18	19.87	336.75	552.06	18～21	300	364.82	551.39	916.20	0.66	0.63	5.2
21	23.18	392.88	550.71	21～24	300	420.94	549.84	970.79	0.65	0.63	4.8
24	26.49	449.01	548.97	24～27	300	477.07	547.90	1024.97	0.65	0.63	4.6
27	29.80	505.13	546.83	27～30	300	533.20	545.55	1078.75	0.65	0.62	4.3
30	33.11	561.26	544.27	30～33	300	589.32	542.78	1132.10	0.64	0.62	3.9
33	36.42	617.38	541.29	33～36	300	650.50	539.60	1190.09	0.56	0.54	4.0
36	39.74	683.61	537.90	36～39	300	716.72	536.00	1252.73	0.56	0.54	3.7
39	43.05	749.83	534.11	39～42	300	782.95	532.02	1314.97	0.56	0.54	3.4
42	46.36	816.06	529.93								78.1

从上表可知，原山体沿垂直坡面方向位移为 78.1cm，其在竖直方向的分量为：

$$s_c = 78.1 \times \cos\alpha = 71.1cm$$

4）计算点 d

该测点填土底部为梁峁区，其主要压缩计算土层为黄土（Q_2^{eol+el}）和红黏土（N_2），其计算方法与 c 测点相同，主要计算参数如下：

$$p_t = \gamma H_a \cos\alpha = 1190 \times 0.89kPa = 1059kPa$$

其中，α 为山坡与水平面夹角，约等于 27°。

$$m = \frac{x}{b} = \frac{118}{153} = 0.7712$$

根据测点 c 算法，可计算测点 d 的原山体压缩，如表 4.5-6 所示。

计算点 d 沉降计算表　　　　　　　　　　　　　　表 4.5-6

z (m)	H (m)	σ_1 (kPa)	$\Delta\sigma$ (kPa)	z (m)	H_i (cm)	$\overline{\sigma_1}$ (kPa)	$\overline{\Delta\sigma}$ (kPa)	$\overline{\sigma_2}$ (kPa)	e_1	e_2	S_i (cm)
0	0	0	816.70	0～3	300	28.57	816.62	845.19	0.70	0.63	11.1
3	3.37	57.13	816.55	3～6	300	85.70	816.02	901.72	0.69	0.63	10.4
6	6.74	114.27	815.49	6～9	300	142.84	814.14	956.97	0.68	0.63	9.6
9	10.11	171.40	812.78	9～12	300	199.97	810.34	1010.32	0.68	0.63	8.8
12	13.48	228.54	807.90	12～15	300	257.11	804.26	1061.37	0.67	0.62	8.1
15	16.85	285.67	800.62	15～18	300	314.24	795.79	1110.04	0.66	0.62	7.4
18	20.22	342.81	790.96	18～21	300	376.52	785.06	1161.57	0.58	0.55	6.6
21	23.60	410.22	779.15	21～24	300	443.93	772.33	1216.26	0.58	0.54	6.1
24	26.97	477.64	765.51	24～27	300	511.35	757.98	1269.33	0.57	0.54	5.8
27	30.34	545.06	750.45	27～30	300	578.76	742.39	1321.16	0.57	0.54	5.3
30	33.71	612.47	734.34								79.2

从上表可知，原山体沿垂直坡面方向位移为 79.2cm，其在竖直方向的分量为

$$S_d = 79.2 \times \cos\alpha = 70.5\text{cm}$$

5）计算点 e

该测点填土底部为梁峁区，其主要压缩计算土层为黄土（Q_3^{eol+el}）、黄土（Q_2^{eol+el}）和红黏土（N_2），其计算方法与 c 测点相同，主要计算参数如下：

$$p_t = \gamma H_a \cos\alpha = 1190 \times 0.89\text{kPa} = 1059\text{kPa}$$

其中，α 为山坡与水平面夹角，约等于 $27°$。

$$m = \frac{x}{b} = \frac{62}{153} = 0.4052$$

根据测点 c 算法，可计算测点 e 的原山体压缩，如表 4.5-7 所示。

计算点 e 沉降计算表　　　　　　　　　　　　　　表 4.5-7

z (m)	H (m)	σ_1 (kPa)	$\Delta\sigma$ (kPa)	z (m)	H_i (cm)	$\overline{\sigma_1}$ (kPa)	$\overline{\Delta\sigma}$ (kPa)	$\overline{\sigma_2}$ (kPa)	e_1	e_2	S_i (cm)
0	0	0	429.11	0～3	300	28.57	429.10	457.67	0.93	0.88	8.8
3	3.37	57.13	429.10	3～6	300	85.70	429.08	514.79	0.92	0.87	8.7
6	6.74	114.27	429.06	6～9	300	142.84	429.01	571.85	0.92	0.86	8.5
9	10.11	171.40	428.97	9～12	300	199.97	428.87	628.84	0.68	0.64	6.0
12	13.48	228.54	428.77	12～15	300	257.11	428.62	685.72	0.67	0.64	5.4

z (m)	H (m)	σ_1 (kPa)	$\Delta\sigma$ (kPa)	z (m)	H_i (cm)	$\overline{\sigma_1}$ (kPa)	$\overline{\Delta\sigma}$ (kPa)	$\overline{\sigma_2}$ (kPa)	e_1	e_2	S_i (cm)
15	16.85	285.67	428.46	15～18	300	314.24	428.23	742.47	0.66	0.64	4.8
18	20.22	342.81	428.00	18～21	300	371.38	427.69	799.06	0.66	0.63	4.3
21	23.60	399.94	427.37	21～24	300	428.51	426.96	855.48	0.65	0.63	3.9
24	26.97	457.08	426.55	24～27	300	485.65	426.04	911.69	0.65	0.63	3.7
27	30.34	514.21	425.53	27～30	300	542.78	424.91	967.69	0.65	0.63	3.5
30	33.71	571.35	424.28	30～33	300	599.92	423.55	1023.46	0.64	0.63	3.3
33	37.08	628.48	422.81	33～36	300	657.05	421.95	1079.00	0.64	0.62	3.1
36	40.45	685.62	421.10	36～39	300	714.19	420.13	1134.31	0.64	0.62	3.0
39	43.82	742.75	419.15	39～42	300	771.32	418.06	1189.38	0.64	0.62	2.9
42	47.19	799.89	416.97	42～45	300	828.46	415.76	1244.22	0.63	0.62	2.7
45	50.56	857.02	414.56	45～48	300	885.59	413.24	1298.83	0.63	0.62	2.6
48	53.93	914.16	411.92	48～51	300	947.87	410.50	1358.36	0.55	0.54	2.4
51	57.30	981.57	409.07	51～54	300	1015.28	407.54	1422.82	0.55	0.54	2.3
54	60.67	1048.99	406.02	54～57	300	1082.70	404.40	1487.09	0.55	0.54	2.1
57	64.04	1116.40	402.77	57～60	300	1150.11	401.07	1551.18	0.55	0.53	2.0
60	67.42	1183.82	399.36								83.9

从上表可知，原山体沿垂直坡面方向位移为 83.9cm，其在竖直方向的分量为

$$S_d = 83.9 \times \cos\alpha = 74.7\text{cm}$$

5 个计算点处原地基沉降值见表 4.5-8。

计算点处原地基沉降值　　　　　　　　　　　　　　　　表 4.5-8

计算点	a	b	c	d	e
沉降量（cm）	93.2	42	71.1	70.5	74.7

（2）填筑体沉降计算

图 4.5-7 为黄土填料压实后的 e-p 曲线、e-$\log p$ 曲线与 ε-p 曲线，将 ε-p 曲线中数据使用公式 $\varepsilon = kp^a$ 拟合，其相关指数为 0.9969。

ε-p 关系式：

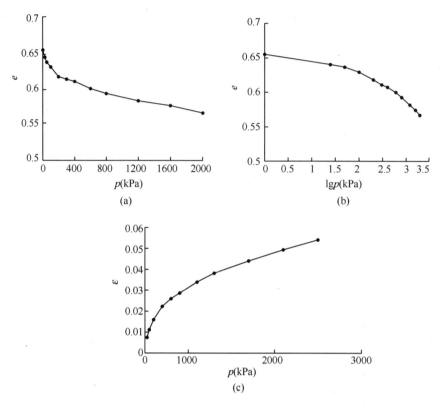

图 4.5-7 填料压缩性质

(a) $e\text{-}p$ 曲线；（b) $e\text{-}\log p$ 曲线；（c) $\varepsilon\text{-}p$ 曲线

$$\varepsilon = 0.00251p^{0.40517} \tag{4.5-2}$$

该填料的压缩特性能够使用公式 $\varepsilon = kp^{a}$ 表示，这样可直接使用本章推导的压缩体沉降公式进行计算，避免了使用 $e\text{-}p$（$e\text{-}\log p$）曲线时的量测误差，同时也极大地减小了计算量。

利用式（4.2-14）计算各点的填筑体沉降量，计算结果见表 4.5-9。

计算点处填筑体沉降值   表 4.5-9

计算点	a	b	c	d	e
沉降量（cm）	219.2	219.2	82.3	132.5	39.8

（3）总沉降量计算

将表与表中数据相加可得各计算点的总沉降量，见表 4.5-10。

计算点处总沉降值   表 4.5-10

计算点	a	b	c	d	e
沉降量（cm）	312.4	261.2	153.4	203	114.5

4.5.2　数值分析

（1）模型设置

根据所选择的实际工程计算段的原地形图，建立了有限元分析模型，见图 4.5-8，其中模型底部采用固定约束，侧面采用法向约束。依据地质勘察报告和文献 [1] 为模型各部分赋值，各土层的本构关系均选用 M-C 模型，具体取值见表 4.5-11。根据实际施工计划，设置实际工况的施工参数，见表 4.5-13。

(a)　　　　　　　　　　　　　　(b)

图 4.5-8　沉降计算模型

（a）原地基模型；（b）填土后模型

各土层参数取值　　　　　　　　　　　　表 4.5-11

土层名称	γ (kN/m³)	E (kPa)	λ	c (kPa)	φ (°)	k (m/d)	e	γ_w (kN/m³)
Q₃	15.4	10822	0.31	21	26.1			
Q₂	18.5	12460	0.35	35	25.1			
红黏土 N	20	22428	0.35	39	21.2			
基岩 J	22	275000	0.4	80	18			
地基土 1	18	10463	0.3	23	24.1	0.03	0.796	9.8
地基土 2	19.5	17806	0.3	37	23.4	0.03	0.688	9.8
填土	17		0.33	19	26.2			

为反映各层填土的变形模量的差异，根据各层的受力情况，分别赋予不同的变形模量值，见表 4.5-12。

填土变形模量取值　　　　　　　　　　　　表 4.5-12

填土	1	2	3	4	5	6	7	8	9	10
E (kPa)	17569	16439	15254	14002	12669	11232	9656	7879	5763	2927

施工工况

表 4.5-13

序号	名称	填土高度	时间	分析步类型	分析工况
0	Geostatic	0	1	geostatic	地应力平衡
1	fill-1	7	28	soil	原地基固结＋填土施工
2	fill-2	14	28	soil	原地基固结＋填土施工
3	fill-3	21	28	soil	原地基固结＋填土施工
4	fill-4	28	28	soil	原地基固结＋填土施工
5	fill-5	35	28	soil	原地基固结＋填土施工
6	fill-6	42	28	soil	原地基固结＋填土施工
7	fill-7	49	28	soil	原地基固结＋填土施工
8	fill-8	56	28	soil	原地基固结＋填土施工
9	fill-9	63	28	soil	原地基固结＋填土施工
10	fill-10	70	28	soil	原地基固结＋填土施工
11	con	70	300	soil	工后期

（2）计算结果分析

图 4.5-9 所示为各层填土施工后的沉降云图，可以看出，整体的沉降趋势依然受到原地形影响很大，沉降的整体分布相近于原地形，沟谷处沉降最大，向两侧逐渐减小。造成这个现象的原因是原地形的分布影响了填土高度的分布，由于沉降基本随填土高度的增加而增大，就使得沉降相似于原地形分布。取图所示的计算截面中各个测点的沉降数据，见表 4.5-14，其中 c 点由于原地基边界部分缺乏，导致沉降过大。

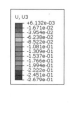

（a）

（b）

图 4.5-9　工程沉降计算云图（一）

（a）第一层填土；（b）第二层填土

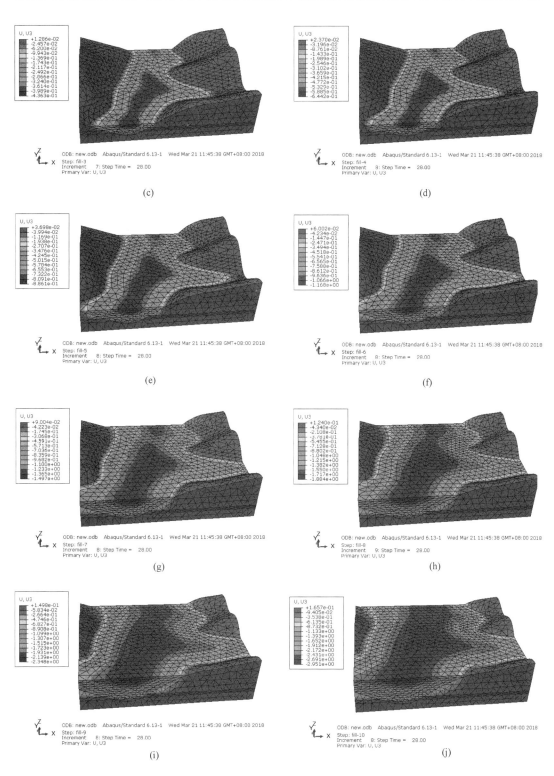

图 4.5-9　工程沉降计算云图（二）

（c）第三层填土；（d）第四层填土；（e）第五层填土；（f）第六层填土；（g）第七层填土；（h）第八层填土；

（i）第九层填土；（j）第十层填土

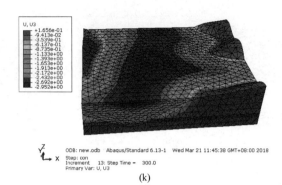

(k)

图 4.5-9　工程沉降计算云图（三）

(k) 沉降稳定

选定计算点沉降数据　　　　　表 4.5-14

计算点	a	b	c	d	e
总沉降量（cm）	−284.1	−262.0	−223.4	−239.6	−170.9

4.5.3　工程类比计算

根据相似工程的工程实测数据，可为该工程的沉降计算提供参考。本节收集了黄土高填方领域较有代表性的工程实例监测数据，根据填土高度和监测内容，在其中选取了与计算截面中测点情况相似的数据进行参考，见表 4.5-15。

工程实例监测数据　　　　　表 4.5-15

项目	C	C	C	D	D	D	D	D	E
填土高度（m）	62	104	107	23	29	43	49	54	46
沉降量（cm）	183	403	410	26	71	129	119	128	59
项目	E	E	E	E	F	F	F	F	F
填土高度（m）	52	54	64	71	20	23	24	45	56
沉降量（cm）	74	97	138	208	46	42	32	129	137

根据相似项目的沉降取值情况，可大致推测本节中计算截面上各个测点的总沉降，见表 4.5-16。

计算点工程类比值　　　　　表 4.5-16

项目	a	b	c	d	e
填土高度（m）	70	70	35	49	21
沉降量（cm）	200 以上	200 以上	70～130	120～130	25～50

4.5.4　经验公式估算

根据本章梳理的高填方相关领域的工后沉降估算公式，对测点 a 到 e 进行计算，计算结果见表 4.5-17。

计算点经验公式计算值　　　　　　　　　　　　　　表 4.5-17

沉降(m)　　　　测点 经验公式	a（70m）	b（70m）	c（35m）	d（49m）	e（21m）
劳顿-列斯特公式	0.59	0.59	0.21	0.34	0.10
德国和日本的算法	1.63	1.63	0.41	0.80	0.15
《路基》	0.70～1.40	0.70～1.40	0.35～0.70	0.49～0.98	0.21～0.42
中国铁道科研院西北所	0.65	0.65	0.33	0.46	0.21

4.5.5　计算结果对比与分析

将上述各种计算方法的计算结果对比分析，见表 4.5-18。从表中可以看出，总沉降方面，三种算法结果较为接近，其中有限元算法中的 c 点由于原地基边界部分缺乏，导致沉降过大。从工后沉降的经验公式计算值来看，各测点的工后沉降值均小于总沉降值。综合来看，所提算法和有限元计算均可合理反映沉降情况，该计算结果可为实际工程提供参考。实际工程施工结束后，根据施工过程资料和 4.3.2 节提出的工后沉降计算方法，可预测该计算段的工后沉降值。

计算点沉降计算值（多方法）　　　　　　　　　　　表 4.5-18

	计算点	a	b	c	d	e
总沉降	所提算法（m）	3.12	2.61	1.53	2.03	1.15
	有限元（m）	2.84	2.62	2.23	2.40	1.71
	工程类比（m）	2.00 以上	2.00 以上	0.70～1.30	1.20～1.30	0.25～0.50
工后沉降	劳顿-列斯特公式（m）	0.59	0.59	0.21	0.34	0.10
	德国和日本的算法（m）	1.63	1.63	0.41	0.80	0.15
	《路基》（m）	0.70～1.40	0.70～1.40	0.35～0.70	0.49～0.98	0.21～0.42
	中国铁道科研院西北所（m）	0.65	0.65	0.33	0.46	0.21

4.6　本章小结

本章梳理了现有的高填方沉降计算方法，分析了各个方法的适用性。基于分层总和的计算思想，结合高填方工程实际的施工过程提出了适用于高填方地基自身压缩量计算的简化算法，主要内容如下：

① 根据压实黄土的侧限应变与垂直压力的关系构建了压实黄土压缩模型，继而推导得出黄土高填方地基自身压缩量计算的简化公式，最后通过工程实测数据验证了方法的适用性，并提出不同填土高度处沉降值之间的关系式。

② 基于本章所提出的填筑体压缩简化算法，结合实际施工过程中的质量控制资料，提出了工后沉降的计算方法以及全过程沉降动态控制的管理思想。同时，提出了基于压实黄土时效变形模型的高填方工后时效变形的计算方法。

③ 使用本文所提算法、有限单元法、工程类比法和经验公式法对本章研究的工程实例中的某一段进行了沉降计算，计算结果可为实际工程提供参考。

参考文献

［1］　GB 50007—2011．建筑地基基础设计规范［S］．北京：中国建筑工业出版社，2011．

［2］　刘宏，李攀峰，张倬元．用人工神经网络模型预测高填方地基工后沉降［J］．成都理工大学学报（自科版），2005，32（3）：284-287．

［3］　吴大志，李夕兵，蒋卫东．灰色理论在高路堤沉降预测中的应用［J］．中南大学学报（自然科学版），2002，33（3）：230-233．

［4］　景宏君，苏如荣，苏霆．高路堤沉降变形预测模型研究［J］．岩土力学，2007，28（8）：1762-1766．

［5］　交通部第二公路勘察设计院．路基［M］．北京：人民交通出版社，1996．

［6］　谢春庆．山区机场高填方块碎石夯实地基性状及变形研究［D］．成都：成都理工大学，2001．

［7］　李广信．岩土工程 50 讲［M］．北京：人民交通出版社，2010．

［8］　周景星．也对地基沉降计算中的 e、a、Es 谈点看法［J］．岩土工程界，2006，9（4）：16-17．

［9］　曹文贵，李鹏，张超，等．土的初始和再压缩曲线分析模型［J］．岩石力学与工程学报，2015，34（1）：166-173．

［10］　陈开圣，沙爱民．压实黄土变形特性［J］．岩土力学，2010，31（4）：1023-1029．

［11］　胡长明，梅源，王雪艳．吕梁地区压实马兰黄土变形与抗剪强度特性［J］．工程力学，2013，30（10）：108-114．

［12］　黄雪峰，孔洋，李旭东，等．压实黄土变形特性研究与应用［J］．岩土力学，2014，35（s2）：37-44．

［13］　罗汀，陈栋，姚仰平，等．加载路径对重塑黄土一维蠕变特性的影响［J/OL］．岩土工程学报，2017-11-13．

［14］　崔彦平．连续加卸载条件下重塑黄土 K_0 固结特性研究［D］．西安：长安大学，2014．

［15］　黄雪峰，孔洋，李旭东，等．压实黄土变形特性研究与应用［J］．岩土力学，2014，35（s2）：37-44．

第 5 章　湿陷性黄土高填方地基变形施工控制

5.1　深厚湿陷性黄土地基处理技术的试验

　　高填方工程对下部原始地基的承载力及稳定性要求较高，如果处理不当，极有可能导致高填方边坡失稳破坏，给工程带来灾难性损失，采用何种工艺及施工参数处理地基，才能保证深厚湿陷性黄土原始地基在消除湿陷性的前提下，获得较高的承载力及稳定性是黄土高填方工程需要解决的关键性问题。

5.1.1　试验区概况

　　试验场区处于吕梁民用机场试验段 85m 黄土高填方所在位置，位于拟建场地中部南侧的火烧沟及其两侧，火烧沟总体呈近南北向，由东北向西南倾斜，沟谷纵坡降约7.1‰。试验段范围内沟长约 700m，宽度 10~50m，切割深度 50~100m。试验段内地形起伏较大，冲沟发育，纵横切割，沟谷下游横截面呈"U"形，上游横截面呈"V"字形，沟谷两侧边坡坡度为 40°~60°，部分地段边坡坡度可达 80°以上，地形总体呈北高南低，东西两侧高，中间低，地面标高为 1050~1198m，相对高差为 148m。本试验试验区位置及地形如图 5.1-1 所示，试验区天然地形见图 5.1-2 所示[1]。

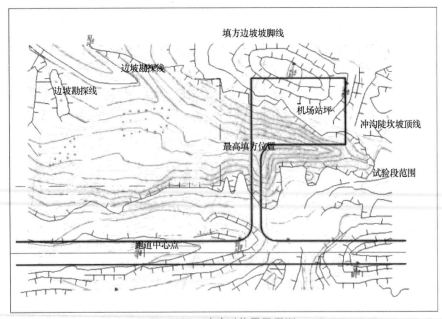

图 5.1-1　试验区位置示意图

图 5.1-2 试验区原地貌

(a) 俯视图；(b) 仰视图

该试验场区天然地基土自上而下可划分：①素填土（Q_4^{2ml}）：浅黄色，以粉土为主，结构松散，土质不均，层厚 0.30～1.60m，平均层厚 0.90m；②黄土状土（Q_4^{dl}）：淡黄～灰黄色，以粉土为主，夹粉质黏透镜体或薄层，稍湿、稍密状态，质地疏松，大孔隙发育，一般具中等～高压缩性，湿陷程度轻微。标准贯入试验实测击数 4.0～11.0 击，平均 7.0 击。层厚 4.60～10.20m，平均层厚 7.28m；③层粉质黏土（Q_2^{eol}）：红黄～褐红色，可塑～硬塑状态，大孔隙及垂直节理不明显，含云母，煤屑，夹灰白色钙质结核层（厚度 0.3～0.5m，呈棱角～次棱角状，可见粒径 5～15cm）。标准贯入试验实测击数 11.0～21.0 击，平均 14.0 击。层厚 2.20～4.90m，平均层厚 3.57m，层底埋深 12.10～12.80m，平均埋深 12.43m；④黏土（N_2）：深红～紫红色，硬塑～坚硬状态，含菌丝、铁锰质黑色斑点及钙质结核，一般具低压缩性。标准贯入试验实测击数 26.0～30.0 击，平均 28.2 击。主要物理性质指标见表 5.1-1。

试验场区土层主要物理性质指标　　　　　　　　　　　　　表 5.1-1

土层	湿密度（g·cm⁻³）	干密度（g·cm⁻³）	饱和度（%）	含水量（%）	孔隙比	塑限（%）	塑性指数	液性指数
①Q_4^{2ml} 素填土	1.86	1.65	70.6	19.3	0.644	16.7	10.4	0.37
②Q_4^{dl} 黄土状土	2.03	1.68	72.3	20.8	0.621	17.6	12.1	0.27
③Q_2^{eol} 层粉质黏土	2.02	1.67	72.4	21.4	0.636	17.9	13.0	0.28
④N_2 黏土	2.05	1.69	72.2	21.1	0.608	18.2	12.9	0.33

试验区内需要处理的地层主要为由马兰黄土和离石黄土，属自重湿陷性黄土场地，地基湿陷等级为 Ⅱ 级。根据室内湿陷性试验结果，湿陷土层为第①层素填土和第②层黄土状土，200kPa 浸水压力下的湿陷系数 δ_s 为 0.016～0.029；在 500kPa 浸水压力下湿陷系数 δ_s 为 0.017～0.031；在 1000kPa 浸水压力下湿陷系数 δ_s 均小于 0.015。湿陷起始压力随深度增加而增大，湿陷系数随深度增加而减小。场区湿陷性分区图见图 5.1-3。

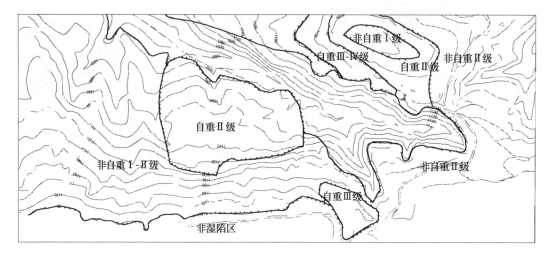

图 5.1-3　场区湿陷性分区图

本区属大陆性半干旱气候，四季分明，冬冷夏热，春季少雨，降雨多集中在 7～9 月份，约占年总降雨量的 60% 以上。年最大降雨量 744.8mm（1985），最小降雨量 245.0mm（1999），多年年平均降水量约 500mm（1970～2003）；日最大降水量为 90.6mm（1977.8.5）；小时最大降水量 49.3mm（1994.8.5 20：52～21：52）；十分钟最大降水量 28.6mm（1994.8.5 21：30～21：40）。年最大蒸发量为 2175.3mm，最小蒸发量为 1633.6mm，多年年平均蒸发量为 1837.9mm。年平均气温 8.8℃，极端最高温度 39.9℃，最低温度 −27.4℃，无霜期 150～200d。主导风向为北东，平均风速 2.6m/s，最大冻土深度 110cm。

本区属黄河流域三川河水系，根据勘察结果，地下水类型为孔隙承压水，勘察期间实测稳定水位埋深 0～23.30m，水位标高 1041.121～1131.26m，主要以大气降水入渗及径流补给为主。水位季节性变化幅度约 1.0～3.0m，勘察期间为平水期[2]。

5.1.2　素土挤密桩加固地基试验

通过试验及检测证实[2-8]：湿陷性黄土地基采用素土挤密桩加固处理，由于挤压和夯实作用，使桩间土得以挤密，素土桩体也更加密实，从而改善了地基土物理力学性质，大大降低地基土湿陷系数。同时，素土挤密性对提高桩间土承载力和复合地基承载力均有显著效果。采用素土挤密桩处理软土地基，经济高效，节能环保，在国内外多项工程中得到广泛应用，并取得了良好的效果。但是，少见对于山区高填方下深厚天然湿陷性黄土地基的采用素土挤密桩处理的有关文献，更无工程先例借鉴。本节以吕梁民用机场工程为背景，选取该机场拟建场区 85m 黄土高填方所在位置作为试验区，将该试验区划分为 2 个试验小区，分别采用不同参数的素土挤密桩各个小区湿陷性黄土地基，并采用桩体动力触探试验、桩间土室内土工试验及现场载荷试验对处理后的地基承载力及湿陷性消除程度进行检测和评价，为同类工程的设计与检测提供参考。

（1）试验方案

根据试验区土质情况及地形地貌特点，试验区原地基素土挤密桩试验采用沉管式打桩机，该打桩机配备 DD25 柴油桩锤 1 台、DW-75kW 型号轨道式桩架、DZ75KS 振动锤 1 台、350kg 电动卷扬机提升式夯实机 1 台及 250kW 发电机 2 台。考虑到工程采用此工艺处理湿陷性黄土地基的施工进度及造价，将试验区共分 2 个试验小区：T1、T2，各小区处理工艺及设计参数见表 5.1-2。为保证试验顺利进行，在进行小区试验之前，先在各小区进行试桩，以明确施工过程中可能出现的问题。试验后 T1 区采用载荷试验、桩体动力触探、桩间土标准贯入试验及室内土工试验等方法对处理后的单桩和复合地基进行检测，T2 区采用载荷试验、桩体标准贯入试验、桩间土室内土工试验等方法进行检测，根据检测结果评估各区原地基处理效果。

各试验小区处理工艺及参数　　　　表 5.1-2

试验小区	处理工艺	布桩方式	设计参数		
			桩径（m）	桩距（m）	桩长（m）
T1	素土挤密桩	正三角形	0.5	1.5	15.0
T2	素土挤密桩	正三角形	0.5	2.0	15.0

在试验前先进行试桩施工以保证正式试验顺利进行，试桩过程中，素土挤密桩先采用冲击沉管成桩，拔管时出现严重抱管现象，拔管困难，锤头钢丝绳被拔断，欲拔出桩管需在桩管中注水，拔管后塌孔现象比较严重，除此之外，试桩时还出现了配电箱接触器烧坏及桩机顶部滑轮支架弯曲变形等现象。换用振动沉管成桩后，依然出现了严重抱管现象，拔管难度同样大，成孔深度约为沉管深度的 1/3～1/2，塌孔现象比较严重，多次沉管时的塌孔现象类似。在全区试验过程中，通过更换设备和改进桩头和等措施，基本完成了各试验小区的试验。

T1 区按间距为 1.5m 的正三角形布桩进行素土挤密试验，成桩 16 根，平均桩长 8.7m，经 3～4 次逐渐挤密成桩。T2 区按间距为 2.0m 的正三角形布桩进行素土挤密试验，成桩 14 根，平均桩长 8.9m，经 2～3 次挤密后成桩。

（2）试验结果与分析

素土挤密桩在施工完成后 14 天，分别对两个试验区按试验方案进行检测。

1）桩间土室内土工试验

为对比试验区在采用素土挤密桩处理前后桩间土物理及力学性质的变化，分部在 T1 区及 T2 区三根桩中心位置分别布置了一个探井，深度为 3.0m。在 1.0m、2.0m、3.0m 深度处取土进行室内土工试验。素土挤密桩桩间土室内土工试验主要结果见表 5.1-3。

从表 5.1-3 中看出：原地基经素土挤密桩处理后桩间土的干密度为 1.37～1.50g/cm³，压缩模量为 6.0～7.8MPa，增幅不均，最小为 1.61%，最大为 97.22%。经检验，原地基经处理后湿陷性消除效果不理想。对比 T1 区及 T2 区的检测结果可以看出，素土挤密桩间距越小，地基土的处理效果越佳。

试验区处理前后桩间土主要物理及力学性质 表 5.1-3

试验小区	测试深度 (m)	干密度 (g·cm⁻³)			压缩模量 (MPa)		
		试验前平均	试验后	增幅	试验前平均	试验后	增幅
T1 区	1	1.37	1.49	8.76%	4.3	7.7	79.07%
	2	1.43	1.53	6.99%	4.4	7.8	77.27%
	3	1.50	1.57	4.67%	5.1	6.0	17.65%
T2 区	1	1.41	1.48	4.96%	3.8	7.2	89.47%
	2	1.42	1.50	5.63%	3.6	7.1	97.22%
	3	1.48	1.55	4.73%	6.2	6.3	1.61%

2) 现场载荷试验

为确定素土挤密桩处理后的湿陷性黄土地基承载力变化情况, 素土挤密桩试验小区内单桩复合地基载荷试验, 成果见表 5.1-4, 载荷试验 p-S 曲线见图 5.1-4。从表 5.1-4 中可以看出, 素土挤密桩单桩复合地基承载力特征值为 240kPa, 与本区黄土状土承载力特征值 140~160kPa 相比有较大提高。

载荷试验成果表 表 5.1-4

试验小区	试验类别	承载力特征值 (kPa)	变形模量 (MPa)
T1	处理前地基	140	6.35
	处理后单桩复合地基	240	12.5
T2	处理前地基	160	6.89
	处理后单桩复合地基	240	12.3

3) 桩体动力触探试验

采用重型动力触探 $N_{63.5}$ 进行桩体力触探试验, 在 T1 区及 T2 区分别进行了 2 个孔 (DTK1、DTK2) 的连续动力触探试验, 试验得到的动探曲线见图 5.1-4。从图 5.1-5 中可以看出, 检测深度范围内, T1 区桩体 $N_{63.5}$ 在 0.5m 以下为 25~50 击, 平均 38.41 击, T2 区桩体 $N_{63.5}$ 在 0.5m 以下为 25~48 击, 平均 37 击, 试验结果表明桩体密实情况良好。

通过采用现场试验及常规土工试验相结合的方式, 系统研究了采用素土挤密桩处理超高黄土填方下部深厚湿陷性黄土地基的工效, 为超高黄土填方工程的设计与施工提供参考。根据研究结果, 可以得到以下结论[9]:

① 采用素土挤密桩处理后湿陷性黄土地基土层桩体密实情况良好; 原地基经素土挤密桩处理后桩间土的湿陷性未完全消除, 干密度与处理前的平均参考值相比变化不大, 而压缩模量增幅大小不均。素土挤密桩桩间距越小, 地基土的处理效果越佳。单桩复合地基承载力特征值为 240kPa, 与本区黄土状土承载力特征值 140~160kPa 相比有较大提高。

② 采用冲击沉管或振动沉管工艺施工素土挤密桩, 抱管及塌孔现象严重, 工效不佳。

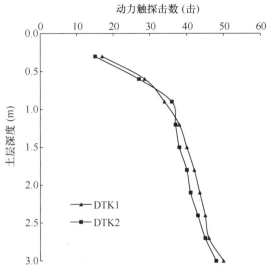

图 5.1-4　桩体动力触探曲线

综合考虑施工情况及试验结果可知：若素土挤密桩处理原始地基，需选择和制定科学的施工工艺及参数，才能同时满足地基承载力及施工工效的要求。

5.1.3　碎石桩加固地基试验

大量研究证实[10]：碎石桩可有效加固松软土体或地基。通过桩土的变形协调，将地基上部大部分荷载传递给强度高、刚度大的碎石桩体，从而大量减少土体上的负荷，复合地基的工程性能可以得到较好的改善。同时，碎石桩能增加黄土密实度，减少孔隙比，从而可以使土体湿陷性减少或消除，同时，提高抗震性能，减少压缩性和地基沉降与差异沉降，进而缩短地基沉降周期。软土地基采用碎石桩处理，不但经济高效，而且节能环保，该工艺已广泛应用在国内外多项工程，地基加固效果良好[11-13]。但是，少见对于沟壑区高填方下深厚天然湿陷性黄土地基的采用碎石桩处理的有关文献，更无工程先例借鉴。

本节选取该吕梁机场试验段工程中冲沟局部为试验区，并将该试验区划分为 3 个试验小区，分别采用不同参数碎石桩处理各个小区湿陷性黄土地基，并通过多种途径对处理后的地基承载力及桩间土湿陷性消除程度进行检测与评价，为同类工程的设计与检测提供参考。

（1）试验方案

试验选取三块面积约为 20m×20m 的试验小区（T1、T2、T3），分别进行 3 种不同置换率的碎石桩处理试验研究，试验参数如表 5.1-5 所示。为保证试验顺利进行，试验前，先在各小区进行试桩。试验后采用载荷试验、桩体动力触探、标准贯入试验及室内土工试验等方法检测对比碎石桩处理前和处理后湿陷性黄土地基的各种参数，通过沉降观测数据的分析验证碎石桩的加固效果[1]。

各小区试验参数   表 5.1-5

试验小区	桩径（m）	桩距（m）	桩长（m）	置换率（%）	布桩形式
T1	0.5	1.5	12	10.1	三角形
T2	0.5	1.8	12	7.0	三角形
T3	0.5	2.0	12	5.7	三角形

在试验前先进行了试桩试验以保证试验顺利进行，碎石桩试桩过程中，采用冲击沉管成桩时，拔管过程中出现抱管现象，桩管拔出比较困难，严重者出现锤头钢丝绳拔断现象，欲拔出桩管需在桩管中注水，拔管后塌孔现象比较严重。换用振动沉管成桩后，依然出现了严重的抱管现象，拔管难度大，塌孔现象依然严重，多次沉管时的塌孔现象类似，甚至出现多次振动锤钢柱断裂的情况。试验过程中采取更换设备和改进桩头等措施基本完成了各试验小区的试验施工[14]。

（2）试验结果与分析

碎石桩在施工完成后 14 天，分别对两个试验区按试验方案进行检测。

1）桩体密实度动力触探检验

动力触探试验采用重型动力触探（$N_{63.5}$），分别在各试验小区各进行 1 组（DT1、DT2、DT3）连续动力触探。动探击数曲线（修正后）如图 5.1-5 所示。

从图 5.1-5 中可以看出，T1 区碎石桩桩体 $N_{63.5}$ 多在 15～40 击，T2 区 $N_{63.5}$ 多在 15～33 击，T3 区 $N_{63.5}$ 多在 15～28 击。桩体均较为密实。各动探击数曲线趋势类似，随土质情况波动，土质较松软处桩身密实度相对较低，土质坚硬则桩身较密实[15]。同时，桩间距越小，同一深度的桩身密实度越高。从总体趋势上看，桩身密实度随深度增加而增加。

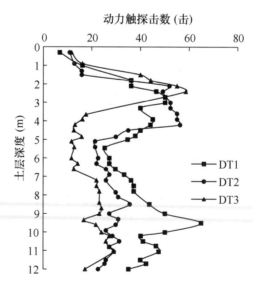

图 5.1-5　桩体动力触探曲线

2）桩间土标准贯入试验

各试验小区进行 1 组桩间土标准贯入试验（BG1、BG2、BG3）每个孔的深度为 12m，地基处理前后标贯击数 N 对比情况见图 5.1-6。

从图 5.1-6 中可知，碎石桩桩间土 1～3m 范围内的标贯击数为 8～15 击，平均 11.2 击，相对较高；3.0m 以下范围，桩间土的标贯击数为 3～7 击，平均 5.3 击，相对较低。标贯曲线表明：1.0～3.0m 内浅层桩间土土体的挤密效果较好，受重复挤密的作用大。由于本试验区地基土多为可塑～软塑状态，桩间土的结构首先受到振动沉管挤密破坏，由于检测时间歇的时间比较短（14 天），桩间土的强度尚不能充分恢复，从而导致该区桩间土标贯击数较低[14]。整体上桩间距越小，桩间土挤密效果越好，但各小区桩间土挤密效果没有表现出明显的差异，这表明桩间距对桩间的挤密效果影响不大。

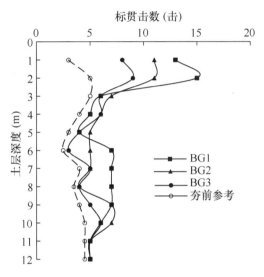

图 5.1-6　桩间土标准贯入度

3）桩间土室内土工试验

为对比试验区在采用碎石桩处理前后桩间土物理及力学性质的变化，试验在各小区内桩间（三角形形心）分别布置了一个探井[16]。由于桩间土在 1～3m 范围内受碎石桩挤密程度较大，因此，所有探井深度为 3.0m。在 1m、2m、3m 深度处取土进行室内土工试验，测定桩间土主要的物理及力学性质的变化情况。试验结果见表 5.1-6。

各试验区处理前后桩间土主要物理及力学性质　　　　　　　　　　　表 5.1-6

试验小区	测试深度（m）	干密度（g·cm⁻³）			压缩模量（MPa）		
		试验前平均	试验后	增幅	试验前平均	试验后	增幅
T1 区	1	1.37	1.41	2.92%	4.3	7.7	79.07%
	2	1.43	1.46	2.10%	4.4	9.9	125.00%
	3	1.50	1.50	0.00%	5.1	11.7	129.41%

试验小区	测试深度 (m)	干密度 （g·cm⁻³）			压缩模量 （MPa）		
		试验前平均	试验后	增幅	试验前平均	试验后	增幅
T2 区	1	1.41	1.42	0.71%	3.8	6.2	63.16%
	2	1.42	1.43	0.70%	3.6	9.1	152.78%
	3	1.48	1.49	0.68%	6.2	10.1	62.90%
T3 区	1	1.41	1.41	0	4.2	7.6	80.95%
	2	1.43	1.44	0.70%	4.5	8.9	97.78%
	3	1.45	1.46	0.69%	4.5	6.5	44.44%

从表 5.1-6 中看出：原地基经碎石桩处理后桩间土的干密度为 $1.41\sim1.50$g/cm³，压缩模量为 $6.2\sim11.7$MPa，压缩模量增幅在 $62.90\%\sim152.78\%$，增幅较大。经检验，原地基经处理后湿陷性基本消除。对比检测结果可以看出，碎石桩间距越小，地基土的处理效果越佳。

4）现场载荷试验

试验区地基经碎石桩处理后，在试验区内分别开展了系列载荷试验[17]，载荷试验成果见表 5.1-7。

载荷试验成果表 表 5.1-7

试验小区	试验类别	承载力特征值（kPa）	变形模量（MPa）
T1	处理前地基	140	6.35
	处理后单桩复合地基	250	14.3
T2	处理前地基	160	6.89
	处理后单桩复合地基	250	13.3
T3	处理前地基	150	7.43
	处理后单桩复合地基	240	13.1

从表 5.1-7 中可以看出，碎石桩的单桩复合地基承载力特征值较高，可达 $240\sim250$kPa，与本区黄土状土承载力特征值 $140\sim160$kPa 相比有较大提高[18-20]。处理后的单桩复合地基的变形模量相对处理前的地基提高幅度较大[16]。

从试验结果可以看出：

① 采用碎石桩处理后湿陷性黄土地基桩体密实性较好，但密实性沿深度变化大；$0\sim3$m 深度桩间土密实性较好，3m 以下较差；处理后地基压缩模量增幅较大；碎石桩的单桩复合地基承载力特征值 $240\sim250$kPa，与本区黄土状土承载力特征值 $140\sim160$kPa 相比有较大提高；同时，碎石桩桩间距越小，地基土的处理效果越佳。

② 采用冲击沉管或振动沉管工艺施工碎石桩，抱管及塌孔现象严重，工效不佳，施工工艺有待改进。综合考虑施工情况及试验结果可知：若采用碎石桩处理原始地基，需选择和制定科学的施工工艺及参数，才能同时满足地基承载力及施工工效的要求。

5.1.4　强夯加固地基试验

吕梁属于剥蚀堆积黄土丘陵地区，位于黄河东岸、吕梁山西麓。该地区黄土土层一般较深厚，且具有湿陷性。该地区的大型工程中常会出现高填方体，由于高填方对下部地基要求较高，这就使得高填方下深厚湿陷性黄土地基的处理技术问题显得极其突出，这类地基经处理后不仅要求具有较高的承载力和稳定性，而且要求消除地基土的湿陷性。

近年来，强夯法已广泛应用在湿陷性黄土地基处理中。很多学者深入研究了湿陷性黄土地基采用强夯处理的相关问题。吕秀杰[24] 提出了采用强夯处理粉土及湿陷性黄土质时的施工建议；贺为民[25] 建立了强夯地基承载力采用静力触探法评价的定量方法和标准；邢玉东[26] 确定了辽西湿陷性黄土路基试验路段强夯法处理技术的有关参数。詹金林[27] 详细地探讨了 3000～15000kN·m 高能级强夯加固湿陷性黄土的工艺，深入讨论了工程中各个环节所需要注意及可能存在问题，得出湿陷性黄土地基采用高能级强夯处理的有效加固深度，并提出相应的强夯法处理深度的经验公式，该公式能够适用于甘肃董志地区湿陷性黄土地基的设计与施工。黄雪峰[28] 论述了处理大厚度自重湿陷性黄土地基的基本原则，提出了采取剩余湿陷量和地基处理厚度的控制标准，分别用于不同厚度的自重湿陷性黄土地基。

上述大量的研究工作奠定了在湿陷性黄土地基处理中的广泛应用强夯法的坚实基础。但是，采用强夯法处理高填方下深厚天然湿陷性黄土地基，尚无资料借鉴，如何保证采用强夯法处理此类地基后，既能具有较好的承载力及稳定性，又能地基消除湿陷性，是需要深入研究的问题。本节针对吕梁地区深厚湿陷性黄土地基开展了系列强夯试验研究，分析了强夯加固参数及效果，对比研究了强夯前后各试验区土体主要物理力学指标的变化规律和平均夯沉量，并给出强夯加固的最优击数、夯点中心距、加固深度及停夯标准等主要施工参数，确定了吕梁地区湿陷性黄土地基强夯有效加固深度的估算方法及其经验系数。研究成果可为类似工程的设计与施工提供参考，也可为编制相关行业规范及标准提供可靠依据。

（1）试验方案

强夯试验共分三个能级，分别为 2000kN·m、3000kN·m、6000kN·m。将场区场地平整后，划分试验场地为 6 个试验小区，各小区先采用不同能级进行等间距点夯，点夯完毕推平后再根据情况分别在各试验小区进行满夯 3～6 击，满夯能级分别为 800kN·m、1000kN·m、1000kN·m，以处理试验区夯后出现的表层松土，所有试验区点夯夯点均按正方形布置，满夯夯点按 $d/4$ 搭接形布置（d 为夯锤直径）。各小区施工参数见表 5.1-8。

		试验小区施工参数		表 5.1-8
分区	能级（kN·m）	夯锤落距（m）	锤重（t）	夯点中心距（m）
T1-1	2000	11.2	18	3.5
T1-2	2000	11.2	18	4.0
T2-1	3000	16.6	18	4.0
T2-2	3000	16.6	18	4.5
T3-1	6000	19.4	31	4.5
T3-2	6000	19.4	31	5.0

正式试验前，先在每个试验小区选择两个夯点进行试夯，试夯施工参数与该小区试验参数保持一致，根据试夯结果确定各小区合理击数及停夯标准。各小区强夯施工过程中，需观测地面平均夯沉量，强夯完毕后在夯点击夯间取样进行常规土工试验，通过对比强夯前后各小区土体标贯击数的变化及土体主要物理指标的变化，判断不同能级强夯的有效加固深度及加固效果，并在此基础上给出强夯加固深度的估算方法。同时开展多组静载荷试验，根据试验结果分析各小区加固后地基的稳定性及承载力，最终给出不同能级强夯的主要施工参数。

（2）试验结果与分析

1）强夯最佳击数及停夯标准

试夯试验结束后，分别对各个夯点的累计夯沉量及单击夯沉量进行统计分析，得到强夯夯沉量与击数关系如图 5.1-7 所示。

试夯试验结果表明：各夯点随夯击次数增加，单击夯坑夯沉量增长幅度逐渐减少，土体逐渐密实，开夯前几击夯沉量较大，曲线呈陡降趋势，每击夯沉量随着夯击次数增加迅速变小，6~7 击以后每击夯沉量增量较小，曲线渐趋平缓，最后三击的每击夯沉量很小且变化不大，在 8~10 击后夯沉量与夯击次数的关系曲线开始收敛，经观测，试验过程中地面隆起量较小，表明地基土夯实效果较好。根据试验结果判断：2000kN·m、3000kN·m、6000kN·m 三个能级单点夯最优击数分别为 11 击、11 击及 10 击。停夯标准分别判定为 $S_{2000} \leqslant 5cm$、$S_{3000} \leqslant 5cm$ 及 $S_{3000} \leqslant 10cm$，其中，S 为不同能级每个夯点最后两击的平均夯沉量。

2）夯能及夯距对夯实效果的影响

按试验方案将各小区先点夯完毕后，将地面推平进行满夯。各小区地面总夯沉量及平均夯沉量统计结果见表 5.1-9。

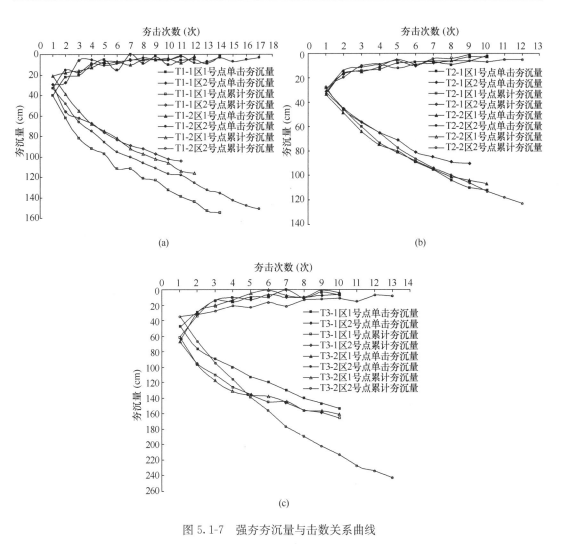

图 5.1-7　强夯夯沉量与击数关系曲线

（a）T1 区；（b）T2 区；（c）T3 区

试验夯沉量统计结果　　　　　　　　　　　　表 5.1-9

能级 （kN·m）	分区	总夯沉量（cm）	击数		平均夯沉量（cm）	
			点夯	满夯	点夯	满夯
2000	T1-1	60	10～12	3～5	45	15
	T1-2	58	10～12	3～5	45	13
3000	T2-1	68	10～12	3～5	51	17
	T2-2	56	10～12	3～5	38	18
6000	T3-1	69	10～12	4～6	42	27
	T3-2	69	10～12	4～6	49	20

从表 5.1-9 中可看出，各强夯试验区的地面总下沉量一般为 58.0～69.0cm，均比较大。总体上看，相同能级情况下，地面夯沉量越大，夯点中心距越小，但夯点中心距变化对地面总夯沉量的影响较小。强夯能级越大，地面平均下沉量越大，可见，夯距对本地区湿陷性黄土夯实效果影响较小，土层有效夯实效果的决定性因素是强夯能级，在合理范围内调整夯点中心距不会造成土体夯实效果的较大变化。

3）强夯前后地基土主要物理力学指标的变化

由于试验区地基土具有较高的含水率，采用强夯夯击后，土体需要一定时间恢复强度，为保证室内土工试验结果能够反映强夯后地基土的真实状态，在强夯完毕 10 天后，在各小区钻孔取样及探井取样的方法采集不同深度的原状土样，其中，探井采用人工井下刻取原状样，钻孔采用薄壁静压取样，为避免原状样扰动，试验要求原状样取样尺寸应尽可能地大，原状样取得后采用纱布包裹、蜡封，然后采用胶带固定运至试验室进行室内常规土工试验[29,30]。强夯前后地基土主要物理力学指标统计见表 5.1-10～表 5.1-12。

各试验区强夯前后土体干密度统计　　　　　　表 5.1-10

测试深度 （m）	夯前平均 （g·cm^{-3}）	小区土体强夯后平均干密度（g·cm^{-3}）					
		T1-1 区	T1-2 区	T2-1 区	T2-2 区	T3-1 区	T3-2 区
1	1.47	1.68	1.73	1.70	1.63	1.71	1.84
2	1.47	1.54	1.77	1.56	1.68	1.64	1.77
3	1.50	1.63	1.75	1.67	1.65	1.66	1.67
4	1.55	1.75	1.67	1.63	1.57	1.64	1.65
5	1.56	1.59	1.66	1.58	1.65	1.60	1.72
6	1.55	1.63	1.70	1.56	1.54	1.63	1.72
7	1.54	—	—	1.54	1.66	1.66	1.72
8	1.55	—	—	1.59	1.55	1.79	1.74
9	1.54	—	—	1.64	—	1.69	1.74
10	1.60	—	—	—	—	—	1.71

各试验区强夯前后土体孔隙比统计　　　　　　表 5.1-11

测试深度 （m）	夯前平均	小区土体强夯后平均空隙比					
		T1-1 区	T1-2 区	T2-1 区	T2-2 区	T3-1 区	T3-2 区
1	0.84	0.59	0.55	0.59	0.65	0.58	0.47
2	0.83	0.76	0.52	0.74	0.61	0.64	0.52
3	0.81	0.65	0.54	0.62	0.63	0.61	0.62
4	0.74	0.53	0.61	0.65	0.72	0.64	0.63

续表

测试深度 （m）	夯前平均	小区土体强夯后平均空隙比					
		T1-1 区	T1-2 区	T2-1 区	T2-2 区	T3-1 区	T3-2 区
5	0.73	0.71	0.61	0.71	0.64	0.68	0.57
6	0.74	0.67	0.59	0.73	0.76	0.65	0.58
7	0.75	—	—	0.75	0.63	0.62	0.57
8	0.74	—	—	0.69	0.74	0.50	0.55
9	0.77	—	—	0.64	—	0.59	0.55
10	0.70	—	—	—	—	—	0.58

各试验区强夯前后土体压缩模量统计　　　　　　　表 5.1-12

测试深度 （m）	夯前平均 （MPa）	小区土体强夯后平均压缩模量（MPa）					
		T1-1 区	T1-2 区	T2-1 区	T2-2 区	T3-1 区	T3-2 区
1	3.2	19.8	19.1	10.0	10.6	23.5	23.4
2	4.7	9.1	17.8	6.5	15.5	24.0	16.1
3	3.8	19.6	17.2	15.5	14.5	19.8	8.3
4	3.3	16.7	11.7	14.1	19.6	20.3	7.5
5	4.3	6.8	18.0	9.5	8.7	16.3	16.0
6	4.4	8.2	9.6	10.0	11.8	10.2	9.0
7	5.1	—	—	9.40	8.4	18.3	14.3
8	3.8	—	—	7.60	12.3	8.9	15.1
9	2.6	—	—	7.40	—	17.6	30.8
10	6.2	—	—	—	—	—	17.7

从表 5.1-10～表 5.1-12 中可以看出：强夯后检测深度范围内的干密度最大增幅达 25.17%，一般为 1.54～1.84g/cm³，各试验区土体干密度 2m 范围内提高 4%～25%，2～4m 提高 6%～16%，4m 以下提高 2%～15%；各试验区土体孔隙比 2m 范围内降低 8%～40%，2～4m 范围降低 12%～30%，4m 以下范围降低 3%～30%，各试验区孔隙比一般为 0.50～0.76，夯后比夯前最大可减少 44.05%；处理后地基土的压缩模量提高幅度较大，各试验区土体压缩模量一般为 6.5～30.8MPa，由中等～高压缩性变为中等～低压缩性，各试验区土体压缩模量 2m 范围内提高 220%～630%，2～4m 范围内提高 120%～510%，4m 以下范围提高 100%～300%。极个别土样夯后压缩模量比夯前增加量最大可达 1084.62%。由此可见，强夯后与强夯前相比，土体孔隙比、干密度及压缩模量等指标深层变化小、浅层变化大。强夯加固试验区湿陷性黄土地基效果较好。从强夯前后地基

土孔隙比、干密度及压缩模量的变化规律可以判断 2000kN·m、3000kN·m、6000kN·m 三个能级强夯有效加固深度（从起夯面标高算起）分别为：6.6m、8.7m 及 10.7m。同时经湿陷试验验证，各小区强夯后在 300kPa 压力下地基土湿陷性的消除范围（从起夯面标高算起）分别为 4.6m、5.7m 及 9.7m。

4）强夯前后地基土标贯击数的变化

为分析强夯前后地基土标贯击数变化，在强夯试验前分别进行了 3 组标贯试验[31]，并取不同深度的平均值作为夯前参考指标，地基土在 0～5m 范围内夯前击数为 7～8 击；5～7m 范围内夯前标贯击数为 7～15 击；7～9m 范围内，夯前标贯击数为 7～22 击。强夯试验完毕 14 天后，分别在各个小区再次进行标贯试验。试验结果统计见图 5.1-8。

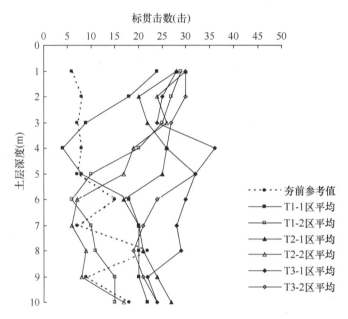

图 5.1-8　各小区强夯前后土体标贯击数

分析试验结果可知：T1-1 区地基土深度 1～2m 范围内标贯击数提高 29%～300%，加固效果比较明显，土层 3～5m 范围内含水量情况异常，处于饱和状态，标贯击数只有 4～9 击，明显偏低。其原因主要是由于该试验区受到东侧滑坡体下部滞水层的影响，地基土 5m 以下基本没有提高。T1-2 区地基土 0～5m 范围内夯后标贯击数为 10～29 击，比夯前提高 43%～383%，标贯击数的提高幅度较明显。5m 以下基本没有提高。T2-1 区地基 0～7m 范围内标贯击数比夯前提高 150%～367%，提高幅度较明显，7m 以下基本没有变化。T2-2 区地基土 0～5m 范围内标贯击数夯后提高 137%～400%，提高幅度较明显，5m 以下没有提高。T3-1 区地基土 0～9m 范围内标贯击数夯后比夯前提高 100%～367%，提高幅度较明显，9m 以下基本没有提高。T3-2 区地基土 0～7m 范围内标贯击数夯后比夯前提高 60%～400%，提高幅度较明显，7m 以下变化不明显。

由试验结果可以判定：T1、T2 及 T3 区强夯最佳夯点中心距可分别认定为：4.0m、4.0m 及 4.5m。

5）强夯加固后地基的承载力

试验区强夯完毕 14 天后，为检验地基承载力及稳定性，在强夯试验区共开展了 9 组载荷试验，静载荷试验严格按规范[8] 要求进行，最大压力均为 600kPa，承载板均采用 1.0m×1.0m 方形板，并以沉降标准取值。载荷试验成果见表 5.1-13，各强夯试验小区载荷试验 p-S 曲线见图 5.1-9。

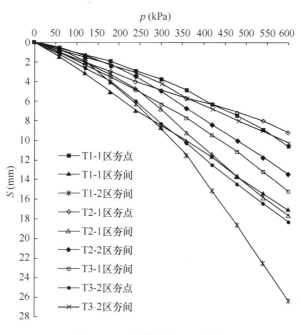

图 5.1-9   载荷试验 p-S 曲线

从表 5.1-13 中可以发现：试验区经强夯处理后，各试验小区的地基承载力特征值 f_{ak} 均大于 300kPa，各区夯点下的地基承载力特征值比夯点间的地基承载力高 10% ～20%，均可达到 400kPa 以上，且土体变形模量大于 25MPa，湿陷性黄土地基采用强夯加固处理，效果明显，加固后的地基稳定性好、承载力高。

载荷试验成果统计表   表 5.1-13

试验位置	f_{ak}（kPa）	f_{ak} 对应沉降量（mm）	土体变形模量 E_0（MPa）
T1-1 区夯点	420	6.3	51.7
T1-1 区夯间	380	10.0	29.7
T1-2 区夯间	310	9.2	26.7
T2-1 区夯点	450	10.0	37.7
T2-1 区夯间	330	9.3	29.2
T2-2 区夯间	320	9.0	29.3
T3-1 区夯间	360	7.7	38.2
T3-2 区夯点	420	6.8	50.9
T3-2 区夯间	360	8.4	35.4

6) 强夯有效加固深度及处理参数建议

目前，地基强夯加固有效深度的定义尚不统一，有的文献称为"加固深度""影响深度"等。钱家欢[32]提出"有效深度"应根据土类不同特点给出的概念，对于黏土以消除有害沉降可能性、黄土以消除湿陷可能性为标准。孔位学[33]认为地基土的控制指标满足设计要求的深度即为强夯有效加固深度；詹金林[27]认为对于以处理湿陷性黄土为主的强夯地基处理，其强夯有效加固深度应以所消除湿陷性土层厚度为标准进行判定；李晓静[34]认为在正常的强夯施工条件下地基土的控制指标满足设计要求的深度可认为是强夯的有效加固深度。结合本节试验情况，参考上述观点，本节将强夯有效加固深度理解为经过强夯加固后土体各种强度指标能够满足设计要求的深度[35]。根据强夯加固后地基土各指标分别判定的各能级条件下的强夯有效加固深度（从起夯面算起）见表 5.1-14。

不同能级强夯有效加固深度　　　　　　　　　　　　表 5.1-14

强夯能级（kN·m）	判定依据	有效加固深度（m）
2000	干密度、孔隙比及压缩模量	6.6
	土体湿陷湿陷性消除深度	4.6
	标贯击数	5.6
3000	干密度、孔隙比及压缩模量	8.7
	土体湿陷湿陷性消除程度	5.7
	标贯击数	6.7
6000	干密度、孔隙比及压缩模量	10.7
	土体湿陷湿陷性消除深度	9.7
	标贯击数	8.7

结合试验情况，根据表 5.1-14 结果，可以判定类似于试验场区的深厚湿陷性黄土地基 2000kN·m、3000kN·m 或 6000kN·m 能级强夯有效加固深度（从起夯面标高算起）可分别取为：5.0m、6.0m 及 9.0m。

7) 数值分析

本节利用有限元软件 ABAQUS 分析了湿陷性黄土地基强夯的有效加固深度；此外，还研究了强夯能级对有效加固深度的影响。

① 理论模型

在本数值模拟中，考虑几何非线性因素，建立了包含动力接触的显式有限元分析模型。计算时将地基视为理想弹塑性体；为简便起见，采用莫尔-库仑模型。

模型参数　　　　　　　　　　　　表 5.1-15

弹性模量	泊松比	密度（kg/m³）	黏聚力	摩擦角（°）	剪胀角（°）
1.25×10^6	0.35	1600	28.5×10^3	22.5	5

② 几何模型及参数

首先，建立地基和夯锤的三维数值模型，如图 5.1-10 所示。地基尺寸控制在半径为 15 m，高度为 25 m，夯锤尺寸如表 5.1-16 所示。ABAQUS 中土体单元采用 C3D8R 单元。模型中地基土网格单元数为 11388，夯锤网格单元数为 406。地基底面采用完全固定边界，地基边缘采用无限单元边界。

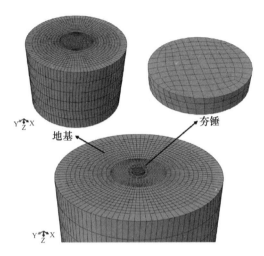

图 5.1-10　三维数值模型

夯锤参数　　　　　　　　　　　　　　　　表 5.1-16

能级 (kN·m)	材料	形状	直径 (m)	底面积 (m^2)	质量 (T)	夯锤下落距离 (m)	静压力 (kPa)
2000	铸铁	圆柱	2.42	4.60	18.10	11.2	39.4
3000	铸铁	圆柱	2.42	4.60	18.10	16.6	39.4
6000	铸铁	圆柱	2.50	4.91	31.30	19.4	63.8

模型的主要参数为摩擦角、剪胀角和黏聚力。对原状黄土进行取样，并在实验室依据《土工试验方法标准》GB/T 50123—2019 的指定方法进行试验。土的物理力学参数见表 5.1-15。除此以外，数值模拟中强夯加固区土体弹性模量的大小应随着夯击次数的增加而增加，并遵循钱家欢等[36]提出的经验公式：

$$E = E_0 N^{0.12} \tag{5.1-1}$$

式中，E 为 N 次夯击后加固区土的弹性模量；E_0 为初始弹性模量；N 为夯击次数。在整个模拟过程中，采用式（5.1-1）不断调整强夯加固区土体的弹性模量。

有研究表明，夯锤接触地面时的冲击应力在时域上为单峰函数，动力持续时间为 0.04~0.2s。吴铭炳和王钟琦[37]用三角形或半正弦来描述强夯瞬时冲击荷载。因此，在模拟中给夯锤施加一个三角形形式的冲击载荷（图 5.1-11）。利用式（5.1-2）、式（5.1-3）计算出不同能级荷载参数。

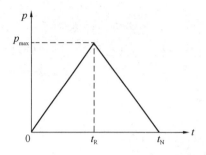

图 5.1-11　冲击载荷示意图

$$p_{\max} = \frac{v_0\sqrt{mS}}{\pi r^2} = \frac{\sqrt{2gh}\sqrt{mS}}{\pi r^2} \qquad (5.1\text{-}2)$$

$$t_{\mathrm{N}} = \pi\sqrt{\frac{m}{S}} \qquad (5.1\text{-}3)$$

$$t_{\mathrm{R}} = \left(\frac{1}{4} \sim \frac{1}{2}\right)t_{\mathrm{N}} \qquad (5.1\text{-}4)$$

$$S = \frac{2rE}{1-\mu^2} \qquad (5.1\text{-}5)$$

式中，v_0 为夯锤速度；g 为重力加速度；h 为夯锤下落距离；m 为夯锤质量；S 为弹性常数；r 为夯锤半径；E 为弹性模量；μ 为泊松比；$P_{\max}$ 为峰值荷载；t_{N} 为动荷载持续时间；t_{R} 为峰值荷载对应的时间。冲击载荷参数见表 5.1-17。

冲击载荷参数　　　　　　　　　　　　表 5.1-17

能级（kN·m）	$P_{\max}$	t_{R}（s）	t_{N}（s）
2000	2.6×10^6	0.036	0.072
3000	3.1×10^6	0.036	0.072
6000	4.2×10^6	0.046	0.093

③ 数值模拟结果与分析

与现场试验相对应，数值模拟中能级分别取 2000、3000、6000kN·m，每个能级夯击 10 次。图 5.1-12 为 3000kN·m 能级强夯后地基土的累计夯沉量。从图 5.1-12 可以看出，最大夯沉量发生在夯锤和地基的接触界面。随着地基深度的增加，夯沉量逐渐减少。随着夯击次数的增加，强夯的影响范围逐渐扩大并且趋于稳定。此外，夯锤边缘的土体有隆起的现象。

图 5.1-13（a）显示了不同能级下的累计夯沉量随夯击次数的变化情况。在 2000、3000、6000kN·m 这 3 种能级下，随着夯击次数的增加，累计夯沉量增大，说明强夯作用下地基土体逐渐致密化。然而，夯沉量的增量趋于下降。此外，比较不同能级下的夯沉量，能级越高，累计夯沉量越大，说明能级是强夯设计的主要参数。

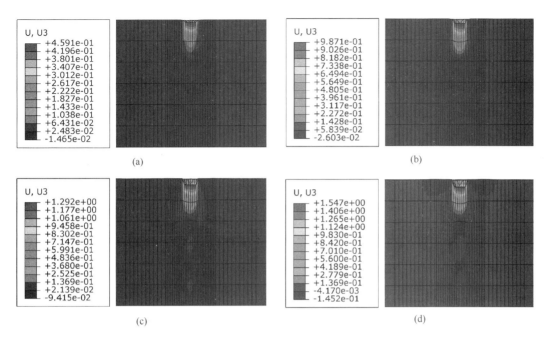

图 5.1-12　3000kN·m 能级下累计夯沉量分布

(a) 夯击一次；(b) 夯击四次；(c) 夯击七次；(d) 夯击十次

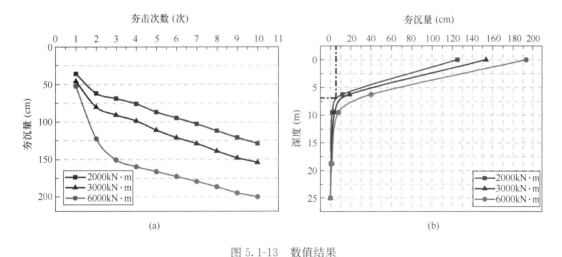

图 5.1-13　数值结果

(a) 累计夯沉量随夯击次数的变化；(b) 地基中不同深度处累计夯沉量的变化

　　参考王铁宏等[38]提出的准则：有效加固深度可定义为竖向变形为地表变形 5% 处的深度。因此，本文采用该准则来确定数值模拟后的有效加固深度。10 次夯击后累计夯沉量与地基深度的关系如图 5.1-13 (b) 所示。在较大深度处，夯沉量显著减小，但夯沉量衰减速率逐渐减小。在 10m 深度处，夯沉量趋于稳定。此外，从图 5.1-13 (b) 还可以看出，在深度大于 10m 时，不同能级的累计夯沉量基本相同，说明能级对累计夯沉量的影响有限。采用上述准则，可确定 2000、3000、6000kN·m 对应的有效加固深度分别为

6.9m、7.5m、8.8m。

如图5.1-14所示，通过对比数值模拟和现场试验的夯沉量，可以看出两种结果的累计夯沉量比较接近，变化趋势也大致相同。结果表明，数值模型的建立和参数的选择是合

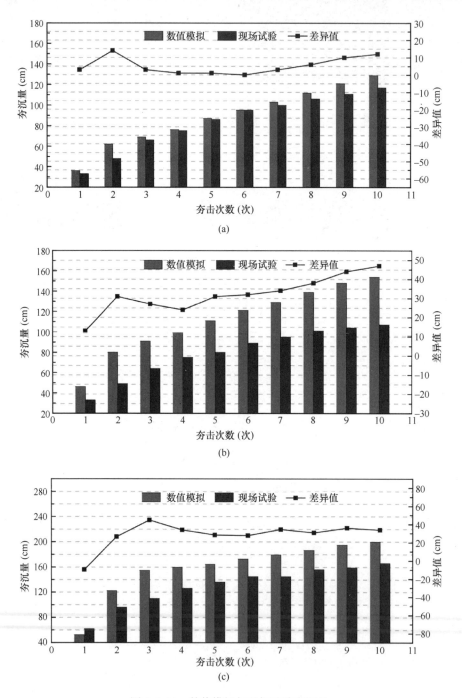

图5.1-14 数值模拟与现场试验夯沉量

(a) 2000kN·m；(b) 3000kN·m；(c) 3000kN·m

理的，计算结果能够较好地反映湿陷性黄土强夯的一般规律。

随着能级的增加，数值模拟的误差逐渐增大，说明不能用同一公式计算不同能级下土体参数的变化。因此，在利用 ABAQUS 进行建模计算时，还需要进一步研究土体参数随夯击次数的变化规律。

强夯最初由 Ménard 和 Broise[39] 提出，用于砂砾土等非黏性土地基的处理，后来扩展到各种黏性土地基，如湿陷性黄土地基。Menard 还提出了估算强夯影响深度的 Menard 公式，但该公式没有考虑地基的基本性质和施工因素。根据试验结果和工程实践，一些学者提出了修正的 Menard 公式，旨在估算有效改进深度：

$$H = \alpha \sqrt{Wh} \qquad\qquad (5.1\text{-}6)$$

式中　H——强夯有效加固深度，m；

　　　α——修正系数，可取 0.3～0.8；

　　　W——夯锤重量，t；

　　　h——夯锤落距，m。

根据现场试验结果，采用修正的 Menard 公式估算了湿陷性黄土地基的强夯有效加固深度，将现场试验相关参数代入公式，得到吕梁市湿陷性黄土地区修正 Menard 公式的修正系数范围为 0.35 ～ 0.37。

结合湿陷性黄土地基处理工程经验及本次试验结果，表 5.1-18 给出了对于采用不同能级强夯处理类似地区湿陷性黄土地基的主要参数建议值。

强夯工艺参数建议

表 5.1-18

能级（kN·m）	夯点中心距（m）	最佳击数（m）	停夯标准（cm）	有效加固深度（m）
2000	4.0	11	≤5	5.0
3000	4.0	10	≤5	6.0
6000	4.5	10	≤10	9.0

通过本次系列强夯能级的地基处理施工和夯后检测，可以得到以下结论[40]：

① 强夯能够有效加固深厚湿陷性黄土地基，经加固后的地基承载力高、稳定性好。经 2000kN·m、3000kN·m 或 6000kN·m 能级强夯处理后的地基有效加固深度内湿陷性基本消除，承载力特征值不低于 300kPa，且变形模量大于 25 MPa。

② 类似试验场区的地区，湿陷性黄土地基采用强夯处理时，其施工参数参考本章的表 5.1-17 中的建议参数。对深厚湿陷性黄土而言，夯能是地基夯实效果的决定性因素，在合理范围内调整夯点中心距，对夯实效果不会造成较大影响。

③ 采用 6000kN·m 及其以下能级强夯处理类似地区深厚湿陷性黄土地基时，可采用修正 Menard 公式估算强夯有效加固深度，公式修正系数可取 0.35～0.37。

④ 所提出的数值分析方法可作为类似工程初步设计阶段的参考方法。

5.2 黄土填料压实填筑工艺的试验研究

5.2.1 击实试验

黄土山区工程建设过程中常采用覆于梁、峁上部的马兰黄土对拟建工程场区沟壑进行填筑，马兰黄土是一种结构性较强的土，其柱状节理和大孔隙结构使其具有特殊的工程力学性质，马兰黄土填筑地基的不均匀沉降控制、边坡稳定性等工程核心问题，都不可避免地涉及马兰黄土的压实处理。目前，此类工程建设过程中多依赖于经验，常因填筑体压实效果不佳而导致工后变形过大，工程寿命短暂。

近年来，国内学者针对马兰黄土的特性开展了比较广泛的研究。李保雄等[41, 42]研究了兰州马兰黄土的水敏感性特征及马兰黄土的物理力学特性；王念秦等[43]探索了马兰黄土动强度及其微结构的变化，探析了马兰黄土体破坏的内在原因；耿兴福[44]确定了马兰黄土的松弛时间和黏滞系数，揭示了马兰黄土在直接剪切试验条件下的松弛特性；何青峰[45]研究了西安地区马兰黄土含水量及围压对其结构强度的影响；朱才辉[46]研究压实马兰黄土的蠕变特性。这些研究成果为马兰黄土压实工艺的研究工作奠定了良好的基础，但研究内容多限于理论研究，仍不能直接指导马兰黄土填筑地基的设计与施工。

针对上述问题，本节针对马兰黄土的压实工艺开展了击实试验及系列现场压实试验研究，分析了含水量对压实效果的影响和单项工艺及新型组合工艺的压实工效，给出了压实马兰黄土主要物理力学性质的、填筑地基承载力特征值及土体变形模量设计与施工参考值。研究成果可为同类工程的设计与施工提供参考，也可为编制相关行业规范及标准提供可靠依据。

（1）原状马兰黄土主要物理性质

黄土山区黄土梁、峁上广泛分布第四系上更新统马兰黄土（Q_3^{eol}），马兰黄土是组成黄土丘陵顶部主要地层，岩性以粉土为主，辅以少量粉质黏土，垂直节理发育，结构疏松具大孔隙，韧性及干强度低，稍密～中密，中下部常含有钙质结核，粒径一般小于$5cm^{[47]}$。试验采用的马兰黄土土样的主要物理性质指标见表 5.2-1。

原状马兰黄土主要物理指标　　　　　　　　　　　　　　　表 5.2-1

含水量 ω（%）	土粒相对密度 G_S	干密度 ρ_d（g·cm^{-3}）	饱和度 S_r（%）	孔隙比 e	液限 W_L（%）	塑限 W_P（%）
11.2	2.78	1.41	33.7	0.924	25.3	16.2

（2）击实试验结果与分析

由于马兰黄土为低液限粉土，进行击实试验时，含水量较小，则土容易从击实筒挤出；土样含水量较高时，则容易从击实筒的底部渍水。当含水量至最优含水量后继续增加时，土样干密度迅速卜降，类似于黏土。土样含水量与干密度关系曲线在含水量大的一侧比较陡，表明马兰黄土对含水量比较敏感。试验结果表明：土样干密度随含水量的增加呈先增加后减小的规律，土样最优含水量为 12.3％～14.2％，最大干密度为 1.85～1.89g/cm³，土样典型的含水量与干密度关系曲线见图 5.2-1。

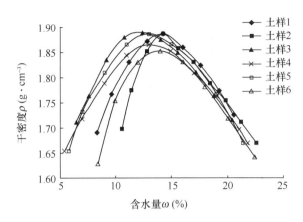

图 5.2-1　土样含水量与干密度关系典型曲线

含水量过小时，马兰黄土土颗粒间的摩阻力大，颗粒分散，人工压实时，机具挤压作用下不易将相邻土颗粒挤紧，导致压实时土体出现表面松散现象，达不到密实的目的。含水量过大，土颗粒间的空隙被水分所占据，碾压功能被水消散和承担，而水一般不被外力所压缩，并无法排出土体，在碾压过程中土体产生流动，同样达不到压实的目的。因此，现场压实过程中需严格控制土体含水量，根据试验结果，考虑施工时土体含水量的散失，现场压实施工的土体含水量控制范围可取为 12％～14％。除此之外，还需保持土质的均匀性。同时，由于粉土土料具有表面水分散失比较快的特点。如果松铺太厚，含水量过大时翻晒困难，含水量过小时，补洒水后水分不易分布均匀。因此，施工过程中还需选择合适的松铺厚度。

5.2.2　现场填筑试验

（1）振动碾压与冲击碾压试验

振动碾压试验共分四个面积（20m×20m）相等的矩形试验小区（A1、A2、A3、A4），每个小区均采用 50t 振动压路机（走速 3km/h）对填筑体进行压实，其中，A1 小区填筑体松铺厚度为 30cm，A2 小区填筑体松铺厚度为 40cm，A3 小区填筑体松铺厚度为 50cm，A4 填筑体小区松铺厚度为 60cm，每个小区在振动碾压 4、6、8、10 遍后分别进行厚度及压实系数检测。

冲击碾压试验分三个面积相等（20m×20m）的矩形试验小区（B1、B2、B3），每个小区均采用 28t 冲击压路机（走速 10km/h）对填筑体进行压实，其中，B1 小区填筑体松铺厚度为 70cm，B2 小区填筑体松铺厚度为 80cm，B3 小区填筑体松铺厚度为 90cm。每个小区分别在冲压 10、15、20、25 遍后分别进行厚度与压实系数检测（土体最大干密度取 1.89g/cm³），填筑体压实过程中控制土体含水量保持在最优范围（12％～14％）。填筑体厚度与压实遍数的关系如图 5.2-2、图 5.2-3 所示。压实系数与压实遍数关系曲线如图 5.2-4、图 5.2-5 所示。

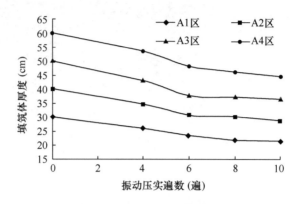

图 5.2-2　试验 A 区填筑体厚度
与压实遍数的关系曲线

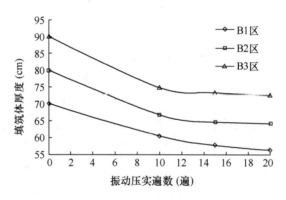

图 5.2-3　试验 B 区填筑体厚度与
压实遍数的关系曲线

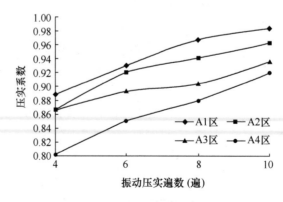

图 5.2-4　试验 A 区填筑体压实系
数与压实遍数的关系曲线

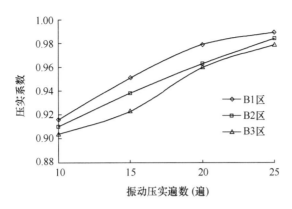

图 5.2-5　试验 B 区填筑体压实系数与
压实遍数的关系曲线

从图 5.2-2～图 5.2-5 可知，松铺厚度一定时，压实施工初期地面下沉快，后期下沉慢；在压实遍数一定情况下，松铺厚度越厚，地面下沉量越大，但相对下沉量越小，表明松铺厚度越厚，压实效果越差。松铺厚度一定时，压实系数随着碾压遍数的增加而增大，其增长速率随着碾压遍数的增加而减小，且厚度越薄，增长速率衰减越快。这个规律表明了土料被逐步压实的过程。相同碾压遍数时，松铺厚度越厚，相应的压实系数越小。厚度越薄，初期压实越快，后期增长越不明显。比较可知：对于马兰黄土冲击碾压效果优于振动碾压较好，含水量是马兰黄土压实效果的主导因素，但现场含水量控制较困难。

（2）振动冲击组合压实试验

由于马兰黄土天然含水量低，振动碾压难于满足填方沉降控制的压实系数要求，冲击碾压虽能达到压实系数要求，但每层填筑厚度受限，工程进度不能满足要求，在含水量控制困难的情况下，如果在实际施工过程中，先采用振动碾压进行压实，在土体达到一定的压实系数后，再采用冲击碾压进行补强压实，将可能使土体压实系数提高到满足工程要求的水平[48]。此种组合压实方法的试验设计如下：

根据单项填筑压实试验成果，振动冲击组合压实试验填筑体每层松铺厚度为 40cm，每层振动碾压 10 遍，共填筑 4 层，填筑完成后要求压实系数达到 0.93 以上，在振动碾压土层填筑完成后进行冲击碾压，分别在冲压 10、15、20、25 遍后进行填筑体厚度与压实系数检测（土体最大干密度取 $1.89g/cm^3$），填筑土体压实过程中控制土体含水量保持在最优范围（12%～14%）。试验结果统计见表 5.2-2。

振动冲击组合压实试验检测结果　　　　　　　　　　表 5.2-2

检测时间	含水量 ω（%）	压实系数	填筑体总压沉量（cm）
填筑完成	13.1	0.949	10.0
冲压 10 遍	13.4	0.956	13.8
冲压 15 遍	13.5	0.960	14.6

续表

检测时间	含水量 ω（%）	压实系数	填筑体总压沉量（cm）
冲压 20 遍	13.8	0.969	14.8
冲压 25 遍	13.8	0.986	14.9

由于含水量控制得当，振动碾压的压实效果较好，测得的填筑完成后压实系数比要求值高约 2.0%。冲压补强后，地面平均下沉 4.9cm，相当于填土的平均压实系数可提高 3.3%。与压实系数的检测结果基本一致。冲压 10 遍后，压实系数提高了 0.7%，15 遍后提高 1.1%，20 遍后提高 2.0%，25 遍后提高 3.7%，冲压完成后最后的压实系数可达到 0.98 以上。表明冲压补强压实的效果良好，此种组合式压实方法较适宜于对马兰黄土填筑体压实系数有较高要求且工期较短的工程。

(3) 振碾强夯组合压实试验

由于沟壑区施工场地往往限制了冲击碾压工效因此，当单项工艺无法满足填筑体设计压实系数且振动冲击组合碾压受限时，可考虑采用振动强夯组合压实方法进行压实，与振动冲击组合类似，也是先采用振动碾压进行填筑压实，在达到一定的压实系数后，再采用强夯的方法进行补强夯实，将填土压实系数提高到满足工程要求的压实系数[49]。为明确此种组合压实方法的压实效果，试验设计如下：

根据单项填筑压实试验成果，振碾强夯组合压实试验填筑体每层松铺厚度为 40cm，填筑完成后采用振动碾压压实，每层碾压 10 遍，共分 20 层填筑，完成后要求填筑体压实系数达到 0.93 以上，填筑完毕后，分两个小区（C1、C2）开展强夯试验，其中，C1 小区的强夯能级为 2000kN·m，C2 小区强夯能级为 3000kN·m，各小区点夯夯击遍数控制在 10～12 击，满夯夯击遍数控制在 3～5 击，停夯标准按每个点位最后两击平均夯沉量控制，各能级强夯单点夯采用正三角形布点，夯点中心距 4.0m，点夯完毕后采用 1000kN·m 能级 $d/4$ 搭接满夯，其中，点夯停夯标准为 $S≤5cm$，满夯停夯标准为 $S≤3cm$（S 为不同能级每个点位最后两击的平均夯沉量）。强夯完毕后进行填筑体厚度与压实系数检测（土体最大干密度取 1.89g/cm³），填筑土体压实过程中控制土体含水量保持在最优范围（12%～14%）。试验结果见表 5.2-3。

振碾强夯组合压实试验检测结果　　　　　　表 5.2-3

试验区	检测时间	含水量 ω（%）	压实系数	填筑体总压沉量（cm）
C1	填筑完成	13.2	0.945	20.0
	强夯完成	13.5	0.979	38.6
C2	填筑完成	13.2	0.945	20.0
	强夯完成	13.6	0.996	50.5

同振动冲击组合碾压试验类似，本项试验由于含水量控制得当，振动碾压的压实效果较好，测得的填筑完成后压实系数比要求值高约 1.5%。2000kN·m 强夯后，C1 区土体平均压沉量为 18.6cm，按压沉量全部发生在 6.0m 填筑层中考虑，相当于填筑体的压实系数平均提高了 3.1%，与压实系数检测基本一致，强夯后填筑体可接近于 0.980。3000kN·m 强夯后，C2 地面平均压沉量为 30.5cm，相当于填筑体的压实系数平均提高了 5.1%，与压实系数检测结果（0.996）一致。上述情况表明填筑体强夯压实比较均匀。现场观测 C1 区点夯最后 2 击的平均夯沉量为 2.90cm，满夯为 2.7cm，表明马兰黄土采用强夯夯实容易取得较好效果。

试验结果表明：马兰黄土采用振碾强夯组合压实，效果非常显著，该组合式压实工艺同时具有施工速度快、受限制小等特点，可较好的应用于沟壑区马兰黄土的填筑施工。因此，推荐采用此项工艺对马兰黄土进行压实。

为进一步研究振碾强夯组合压实工艺的压实后效果，试验强夯 14 天后，在 C1 区和 C2 区的夯点下和夯点间，各布置了 1 个钻孔，孔深 8.0m，每隔 1.0m 取样进行室内土工试验。室内土工试验统计结果见表 5.2-4。同时，强夯后共进行了 4 点载荷试验，在 C1 区和 C2 区的夯点和夯间，分别进行了 1 组载荷试验。承载板余均采用 1.0 m×1.0 m 方形板。载荷试验 $P \sim S$ 曲线详见图 5.2-6。载荷试验成果列于表 5.2-5 中，从表中可以看出：振碾强夯处理后，地基承载力特征值可达到 350kPa，夯点下的地基承载力特征值均可达到 360kPa，振碾强夯组合压实效果良好。

压实马兰黄土主要物理力学性质统计指标　　　　　　表 5.2-4

试验区	深度（m）	平均孔隙比	平均干密度（g·cm⁻³）	平均黏聚力（kPa）	平均内摩擦角（°）
C1	1	0.49	1.81	100.2	28.3
	2	0.56	1.73	95.3	27.6
	3	0.56	1.73	84.6	25.1
	4	0.59	1.70	83.1	25.0
	5	0.51	1.79	72.5	25.6
C2	1	0.49	1.80	109.7	29.1
	2	0.47	1.84	104.7	28.6
	3	0.58	1.70	81.6	27.3
	4	0.58	1.70	103.0	29.7
	5	0.54	1.75	100.7	29.4

载荷试验成果统计   表 5.2-5

试验小区	试验位置	最大荷载 （kN）	承载力特征值 （kPa）	特征值对应沉降 （mm）	变形模量 （MPa）
C1	夯点	600	360	10.0	28.0
	夯间	600	350	10.0	28.1
C2	夯点	600	360	10.0	28.0
	夯间	600	360	9.5	29.6

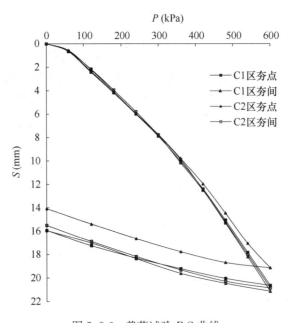

图 5.2-6 载荷试验 P-S 曲线

5.2.3 压实马兰黄土物理力学指标设计建议值

为给设计与施工提供参数，试验过程中，针对最优含水量状态下的压实马兰黄土在不同压实系数条件下物理力学指标进行了统计分析，根据统计结果，考虑现场施工不均匀性的影响，本节估算了不同压实系数条件下马兰黄土填筑地基的承载力特征值及土体变形模量，试验结果见表 5.2-6。工程设计时，在缺乏可靠的试验数据的情况下，马兰黄土压实填筑的设计与施工所需要的压实马兰黄土主要物理力学指标、填筑地基承载力特征值及土体变形模量可参考表 5.2-6 酌情选取[50]。（土样最大干密度取 1.89g/cm³）。

土样物理力学指标、填筑地基承载力特征值及土体变形模量均随压实系数的增加而一般呈现规律性变化，实际工程中可根据设计对土体物理力学指标、填筑地基承载力特征值及土体变形模量的要求估算需要的土体压实系数，并选择相应的压实工艺与参数。

压实马兰黄土的物理力学性质参考指标　　　　表 5.2-6

压实系数	孔隙比	干密度 ($g \cdot cm^{-3}$)	黏聚力 (kPa)	内摩擦角 (°)	填筑地基承载力 特征值（kPa）	变形模量 (MPa)
0.90	0.59	1.70	43.0	26.0	300	28.0
0.91	0.58	1.72	45.0	26.5	300	28.0
0.92	0.56	1.73	50.5	26.5	300	28.0
0.93	0.54	1.76	53.0	27.0	330	29.0
0.94	0.51	1.78	57.5	27.5	330	29.0
0.95	0.49	1.79	63.5	27.5	330	29.0
0.96	0.49	1.81	66.0	28.0	360	30.0
0.97	0.47	1.84	70.0	28.5	360	30.0
0.98	0.46	1.86	72.5	29.0	360	30.0

5.3　本章小结

通过本章的试验研究，可以得到以下结论：

① 采用素土挤密桩处理后湿陷性黄土地基土层桩体密实情况良好；试验场区原地基经素土挤密桩处理后桩间土的湿陷性消除效果不佳，干密度与处理前的平均参考值相比变化不大，而压缩模量增幅大小不均。素土挤密桩桩间距越小，地基土的处理效果越佳；素土挤密桩单桩复合地基承载力特征值为 240kPa，与本区黄土状土承载力特征值 140～160kPa 相比有较大提高。采用冲击沉管或振动沉管工艺施工素土挤密桩，抱管及塌孔现象严重，工效不佳。综合考虑施工情况及试验结果可知：若素土挤密桩处理试验场区原始地基，需选择和制定科学的施工工艺及参数，才能同时满足地基承载力及施工工效的要求。

② 采用碎石桩处理后试验场区湿陷性黄土地基桩体密实性较好，但密实性沿深度变化大；0～3m 深度桩间土密实性较好，3m 以下较差；处理后的土层湿陷性基本消除，干密度与处理前的平均参考值相比，基本没有变化，而压缩模量增幅较大；碎石桩单桩复合地基承载力特征值 240～250kPa，与本区黄土状土承载力特征值 140～160kPa 相比有较大提高；同时，碎石桩桩间距越小，地基土的处理效果越佳。采用冲击沉管或振动沉管工艺施工碎石桩，抱管及塌孔现象严重，工效不佳，施工工艺有待改进。综合考虑施工情况及试验结果可知：若采用碎石桩处理原始地基，需选择和制定科学的施工工艺及参数，才能同时满足地基承载力及施工工效的要求。

③ 强夯能够有效加固试验场区深厚湿陷性黄土地基，经加固后的地基承载力高、稳定性好。经 2000kN·m、3000kN·m 或 6000kN·m 能级强夯处理后的地基有效加固深

度内湿陷性基本消除，承载力特征值不低于 300kPa，且变形模量大于 25MPa。类似试验场区的地区，湿陷性黄土地基采用强夯处理时，其施工参数参考本章的表 5.1-17 中的建议参数。对深厚湿陷性黄土而言，夯能是地基夯实效果的决定性因素，在合理范围内调整夯点中心距，对夯实效果不会造成较大影响。采用 6000kN·m 及其以下能级强夯处理类似试验场区的深厚湿陷性黄土地基时，可采用修正 Menard 公式估算强夯有效加固深度，公式修正系数可取 0.35～0.37。

④ 吕梁机场试验场区马兰黄土具有很强的水敏感性，作为填料进行填筑施工时，必须严格控制土体含水量，压实系数要求达到 0.93 以上的现场施工土体含水量控制范围可取为 12%～14%，最大干密度可取 1.85～1.89g/cm³。

⑤ 吕梁机场试验场区马兰黄土压实可首选振碾强夯组合压实技术，马兰黄土采用该技术压实，效果非常显著，该技术具有施工速度快、受限制小等特点，可较好的应用于沟壑填筑施工，施工参数可参考本章的试验设计参数。

⑥ 吕梁机场试验场区冲击碾压马兰黄土效果优于振动碾压，含水量是压实效果优劣的主导因素，但现场含水量控制较困难。振动碾压后，再采用冲压补强压实的效果良好，此种组合式压实方法较适宜于对马兰黄土填筑体压实系数有较高要求且工期较短的工程。

⑦ 工程设计时，在缺乏可靠的试验数据的情况下，类似吕梁机场试验场区的马兰黄土压实填筑的设计与施工所需要的压实马兰黄土主要物理力学指标、填筑地基承载力特征值及土体变形模量可参考本章表 5.2-6 酌情选取。

参考文献

［1］　梅源．黄土山区高填方沉降变形控制技术试验研究［D］．西安建筑科技大学，2010．

［2］　胡孟卿．山西吕梁民用机场工程岩土工程勘察报告［R］．太原：山西省勘察设计研究院，2009．

［3］　牛绍卿，李汇丽，魏建明．素土挤密桩处理湿陷性黄土地基效果检验［J］．工程勘察，2007，（11）：22-25．

［4］　彭辉，张中印．土挤密桩地基处理技术在南水北调工程中的应用［J］．华北水利水电学院学报，2011，（3）：102-103．

［5］　陈从兴，铁生年．灰土和土挤密桩在湿陷性黄土地基中的设计与应用［J］．建筑技术，2009，（3）：221-225．

［6］　姜有生．土挤密桩在湿陷性黄土地基中的设计与检测［J］．青海大学学报（自然科学版），2006，（4）：48-52．

［7］　梁珠擎．超厚强湿陷黄土地基（灰）土挤密桩桩周土体密实度变化规律的试验研究［J］．2005，（10）：77-79．

［8］　邢玉东，王常明，张立新，等．阜新—朝阳高速公路段湿陷性黄土路基处理方法及效果［J］．吉林大学学报（地球科学版），2008，（1）：98-105．

［9］　胡长明，梅源，王雪艳，张文萃，等．素土挤密桩处理超高填方下深厚湿陷性黄土地基的试验研究［J］．安全与环境学报，2012，（05）：201-203．

［10］　文松霖，任佳丽，姜志全等．碎石桩红黏土复合地基的实例分析［J］．岩土工程学报，2010，（S2）：302-305．

［11］　陈建峰，韩杰．夯扩碎石桩群桩承载性状研究［J］．中国公路学报，2010，（1）：26-31．

［12］　崔溦，张志耕，闫澍旺．碎石桩联合土工格栅复合地基处理湿地软基的机制研究［J］．岩土力学，2009，（6）：1764-1768．

［13］　严聪，张红，周旭荣．振冲碎石桩与充水预压联合处理地震区深厚软土地基［J］．中南大学学报（自然科学版），2009，（3）：822-827．

［14］　朱志铎，刘义怀．碎石变形特征及挤密碎石桩复合地基效果评价［J］．岩土力学，2006，（7）：1153-1157．

［15］　高海，艾英钵，张坤勇．垃圾土地基静力触探特性及碎石桩加固［J］．深圳大学学报（理工版），2010，（4）：464-469．

［16］　南京水利科学研究院．土工试验技术手册［M］．北京：人民交通出版社，2003．

［17］　宋焱勋，王治军，李喜安等．毛乌素沙漠风积砂地层碎石桩载荷试验研究［J］．工程地质学报，2011，19（4）：601-605．

［18］　肖星球．碎石桩复合地基承载力探讨［J］．铁道工程学报，2010，（6）：51-54．

［19］　赖紫辉．碎石桩极限承载力计算的几种方法［J］．铁道工程学报，2010，（6）：

48-51.

[20] 杨振甲，齐鹏，王士杰．碎石桩加固油罐软基的试验研究[J]．河北农业大学学报，2010，33（2），119-123.

[21] 赵明华，陈庆，张玲等．加筋碎石桩承载力计算[J]．公路交通科技，2011，28（8）：7-12.

[22] 高海，施建勇，王蕊．用于垃圾土地基加固的碎石桩承载力[J]．重庆大学学报，2011，34（2）：113-120.

[23] 余震，张玉成，张玉平．振冲碎石桩加固软土地基试验研究[J]．重庆建筑大学学报，2007，29（6）：57-62.

[24] 吕秀杰，龚晓南，李建国．强夯法施工参数的分析研究[J]．岩土力学，2006，27（9）：1628-1633.

[25] 贺为民，范建．强夯法处理湿陷性黄土地基评价[J]．岩石力学与工程学报，2007，26（S2）：4095-4101.

[26] 邢玉东，王常明，张立新．强夯法处理辽西湿陷性黄土路基的效果分析[J]．辽宁工程技术大学学报（自然科学版），2008，27（3）：371-373.

[27] 詹金林，水伟厚．高能级强夯法在石油化工项目处理湿陷性黄土中的应用[J]．岩土力学，2009，30（S2）：469-473.

[28] 黄雪峰，陈正汉，方祥位等．大厚度自重湿陷性黄土地基处理厚度与处理方法研究[J]．岩石力学与工程学报，2007，26（S2）：4332-4338.

[29] 胡长明，梅源，魏弋锋等．一种大尺寸非饱和结构性原状土样的取样方法：中国，ZL 2010 1 0291904.6 [P]．2011-05-02.

[30] 胡长明，梅源，魏弋锋等．一种大尺寸非饱和结构性原状土样的保存方法：中国，ZL 2010 1 0291902.7 [P]．2012-02-01.

[31] 南京水利科学研究院．SL237-1999 土工试验规程[S]．北京：中国水利水电出版社，1999.

[32] 钱家欢，钱学德，赵维炳．动力固结的理论与实践[J]．岩土工程学报，1986，8（6）：1-17.

[33] 孔位学，陆新，郑颖人．强夯有效加固深度的模糊预估[J]．岩土力学，2002，23（6）：807-809.

[34] 李晓静，李术才，姚凯等．黄泛区路基强夯时超孔隙水压力变化规律试验研究[J]．岩土力学，2011，32（9）：2815-2820.

[35] 周健，张思峰，贾敏才等．强夯理论的研究现状及最新技术进展[J]．地下空间与工程学报，2006，2（3）：510-517.

[36] 钱家欢，钱学德，赵维炳，帅方生．动力固结的理论与实践[J]．岩土工程学报，1986，（06）：1-17.

[37] 吴铭炳，王钟琦．强夯机理的数值分析[J]．工程勘察，1989，（03）：1-5.

[38] 王铁宏，水伟厚，王亚凌，吴延炜．强夯法有效加固深度的确定方法与判定标准

[J]. 工程建设标准化, 2005, (03): 27-38.

[39] L. Ménard, Y. Broise. Theoretical and practical aspect of dynamic consolidation [J]. Géotechnique, 1975, 25(1):

[40] 胡长明, 梅源, 王雪艳. 离石地区湿陷性黄土地基强夯参数的试验研究[J]. 岩土力学, 2012, 33(10): 2903-2909.

[41] 李保雄, 牛永红, 苗天德. 兰州马兰黄土的水敏感性特征[J]. 岩土工程学报, 2007, 29(2): 294-299.

[42] 李保雄, 牛永红, 苗天德. 兰州马兰黄土的物理力学特性[J]. 岩土力学, 2007, 28(6): 1077-1083.

[43] 王念秦, 罗东海, 姚勇等. 马兰黄土动强度及其微结构变化实验[J]. 工程地质学报, 2011, 19(4): 467-472.

[44] 耿兴福, 李保雄, 苗天德. 马兰黄土剪应力松弛特性研究[J]. 西北地震学报, 2011, 32(1): 36-42.

[45] 何青峰, 林斌, 赵法锁. 西安地区马兰黄土的结构强度研究[J]. 水文地质工程地质, 2007, (5): 21-25.

[46] 朱才辉, 李宁, 刘俊平. 压实 Q_3 马兰黄土蠕变规律研究[J]. 西安理工大学学报, 2011, 27(4): 392-400.

[47] 梅源. 黄土山区高填方沉降变形控制技术试验研究[D]. 西安: 西安建筑科技大学, 2010.

[48] 胡长明, 梅源, 魏弋锋等. 振动碾压与冲击碾压联合压实黄土高填方体的施工方法 [P]. 中国发明专利: 201110115355.1, 2011.

[49] 胡长明, 梅源, 魏弋锋等. 振动碾压与强夯联合压实黄土高填方体的施工方法 [P]. 中国发明专利: 201110115352.8.

[50] 胡长明, 梅源, 王雪艳, 崔耀, 张文萃. 马兰黄土压实工艺的试验研究[J]. 工业建筑, 2012, (11): 78-81.

第6章　湿陷性黄土高填方地基工程实例

6.1　吕梁机场场区工程地质分析与综合评价

6.1.1　场区概况

吕梁机场位于某黄土地区的黄土梁上，距市中心直线距离约 20.5km，距城市规划边缘约 9km。航站楼与省道之间直线距离约 1km，高差约 130m。跑道长 2600m，宽 45m，道肩宽 1.5m，总宽 48m。站坪机位数为 4 个，平面尺寸为 192m×125 m。升降带宽 300m，长 2720m，跑道端安全区自升降带端向外延伸 240m，机场总平面图见图 6.1-1。

机场用地约 2023.5 亩，其中飞行区用地约 1804.5 亩，航站区用地约 219 亩。机场场外用地约 115.5 亩。机场平面布置见图 6.1-1。场区内地形起伏大，地面标高为 1090～1250m。最大填方高度超过 80m，填方量约 $1.9\times10^7\,\mathrm{m}^3$，挖方量约 $3.2\times10^7\ \mathrm{m}^3$（含净空处理至内水平面）。土方工程具体情况见表 6.1-1。

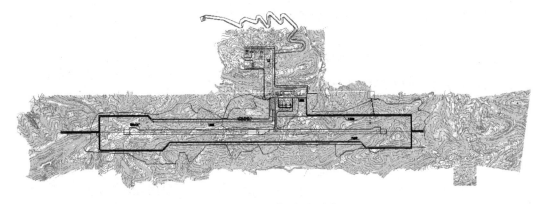

图 6.1-1　机场总平面图

场区地貌类型属于剥蚀堆积黄土丘陵区。场地冲沟发育，纵横切割，由黄土梁、峁组成丘陵地貌，见图 6.1-2。工程地质条件复杂，湿陷性黄土具有特殊的岩土结构特征和工程特性，同时又具有超高填方、大土方量、施工难度大、工程环境复杂等特点，见图 6.1-3～图 6.1-5，使得吕梁机场的岩土工程技术问题极其突出。

湿陷量与自重湿陷量的计算结果　　　　表 6.1-1

钻孔编号	自重湿陷量	湿陷量	湿陷类型	湿陷等级	钻孔编号	自重湿陷量	湿陷量	湿陷类型	湿陷等级
1	531.60	833.1	自重	Ⅳ级	29	114.0	440.8	自重	Ⅱ级
2	24.0	18.0	非自重	Ⅰ级	30	237.6	435.6	自重	Ⅱ级
3	55.2	468.6	非自重	Ⅱ级	31	0.0	92.5	非自重	Ⅰ级
4	106.8	886.8	自重	Ⅲ级	32	435.6	897.1	自重	Ⅳ级
5	106.8	446.0	自重	Ⅱ级	33	174.0	415.6	自重	Ⅱ级
6	0.0	200.3	非自重	Ⅰ级	34	0.0	144.0	非自重	Ⅰ级
7	120.0	299.3	自重	Ⅱ级	35	249.0	608.7	自重	Ⅱ级
8	147.6	424.2	自重	Ⅱ级	36	82.8	449.1	自重	Ⅱ级
9	154.8	625.2	自重	Ⅱ级	37	324.0	626.3	自重	Ⅱ级
10	45.6	396.6	非自重	Ⅱ级	38	438.0	907.8	自重	Ⅳ级
11	187.2	536.4	自重	Ⅱ级	39	58.8	342.5	非自重	Ⅱ级
12	0.0	223.1	非自重	Ⅰ级	40	750	1195.8	自重	Ⅳ级
13	559.7	500.6	自重	Ⅲ级	41	283.2	284.0	自重	Ⅱ级
14	0.0	332.4	非自重	Ⅱ级	42	27.0	220.8	非自重	Ⅱ级
15	357.6	366.2	自重	Ⅲ级	43	61.2	449.2	非自重	Ⅱ级
16	21.6	64.5	非自重	Ⅰ级	44	450.0	588.2	自重	Ⅲ级
17	206.4	746.6	自重	Ⅲ级	45	104.4	282.0	自重	Ⅱ级
18	160.8	339.6	自重	Ⅱ级	46	21.6	254.0	非自重	Ⅱ级
19	264.0	513.5	自重	Ⅱ级	47	27.0	220.8	非自重	Ⅰ级
20	422.4	652.8	自重	Ⅱ级	48	33.6	0.0	非自重	Ⅰ级
21	129.6	642.6	自重	Ⅱ级	49	232.8	420.0	自重	Ⅱ级
22	271.2	341.5	自重	Ⅱ级	50	198.6	323.4	自重	Ⅱ级
23	1068.0	1264.2	自重	Ⅳ级	51	75.6	161.5	自重	Ⅱ级
24	323.4	256.2	自重	Ⅱ级	52	79.2	199.5	自重	Ⅱ级
25	0.0	88.5	非自重	Ⅰ级	53	144.4	174.0	自重	Ⅱ级
26	94.8	63.0	自重	Ⅱ级	54	145.2	704.3	自重	Ⅲ级
27	0.0	62.4	非自重	Ⅰ级	55	0	0	不湿陷	
28	0.0	149.5	非自重	Ⅰ级	56	0	121.2	非自重	Ⅰ级

图 6.1-2　机场场区三维地形图

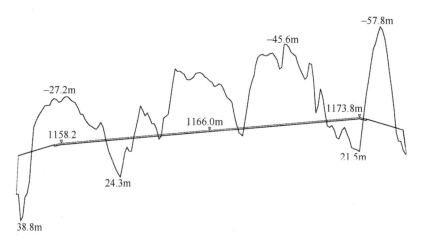

图 6.1-3　跑道中心线断面图

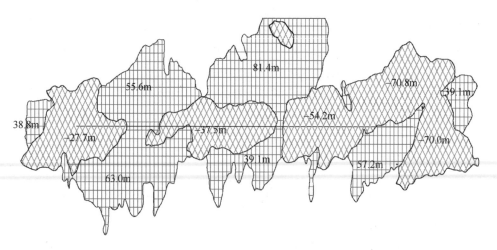

图 6.1-4　飞行区挖、填方界面图

图 6.1-5　挖、填方三维图

6.1.2　场区工程地质条件及工程地质问题

（1）场区地形、地貌

场区位于晋西北黄土高原，属吕梁山中段西侧的中低山区，地形起伏较大，以跑道中心线的梁峁区为局部分水岭，两侧发育有近 20 条枝状冲沟发育，纵横切割，切割深度为 20～100m，沟谷横截面上游多呈"V"字形，个别沟谷下游呈"U"形，沟谷两侧坡度为 20°～60°，局部地段可达 80°以上，总体地势呈中间高，东西两侧低；北高南低。最高点为场地西北侧黄土峁顶部，高程 1237.29m，最低点为场地西南侧冲沟底部，高程为 1018.09m，相对高差 219.20m。

拟建机场地处晋西北黄土高原，属吕梁山中段西侧的中低山区，地貌单元以侵蚀堆积黄土丘陵区为主，根据不同的形态特征场地内微地貌单元可分为黄土沟谷地貌、黄土沟间地貌、黄土潜蚀地貌。地貌单元及特征如下：

1）黄土沟谷地貌

根据沟谷形成的部位、发育阶段及形态特征场地内沟谷地貌包括：①纹沟，主要分布于黄土的坡面上，受片状水流的侵蚀形成细小的纹沟，这些细小的纹沟彼此穿插，相互交织在一起。②细沟，主要分布于黄土的坡面部位，受股流的侵蚀形成大致平行的细沟，细沟的宽度一般不超过 0.5m，深度为 0.1～0.4m，长数米到数十米，横剖面呈宽浅的"V"字形，如图 6.1-6 所示。③切沟，由细沟进一步发展，下切加深形成切沟，切沟的深度和宽度均可达 1～2m，长度可超过几十米，沟床多陡坎，横剖面有明显的谷缘，如图 6.1-7 所示。④冲沟：切沟进一步下切侵蚀形成规模较大、长度可达数公里，深度达数十米、数百米的冲沟，其沟头、沟壁都较陡，两侧沟壁常发性崩塌，如图 6.1-8 所示。

2）黄土沟间地貌

场地内黄土沟间地貌包括：①黄土梁：呈长条形分布，顶面宽 50m 左右，横剖面呈

图 6.1-6　细沟微地貌单元示意图

图 6.1-7　切沟微地貌单元示意图

图 6.1-8　冲沟微地貌单元示意图

明显的穿形，沿分水线有较大的起伏。展布方向以近南北向为主如图 6.1-9 所示。②黄土
峁：是一种孤立的黄土丘，平面呈椭圆或圆形，峁顶地形呈圆穹形，峁与峁之间为地势稍
凹下的宽浅分水鞍部，若干峁连接起来形成和缓起伏的梁峁组成黄土丘陵，如图 6.1-10
所示。

图 6.1-9　黄土梁地貌单元示意图

图 6.1-10　黄土峁地貌单元示意图

3) 黄土潜蚀地貌

由于地表水沿黄土中的孔隙下渗，对黄土进行冲蚀、溶蚀和侵蚀，形成黄土潜蚀地
貌，主要包括：①黄土碟：主要分布于平缓的黄土地面上，由于地表水下渗浸湿后，黄土
在重力作用下发生压缩或沉陷使地面陷落而成，深数米，直径可达 10～20m，如图 6.1-
11 所示。②黄土洞穴：常发育在地表水容易汇集的沟间地或谷坡上部和梁峁的边缘地带，
由于地表水下渗进行潜蚀作用使黄土陷落而成，按形态可分为竖井状、漏斗状、水平状
等，局部地段黄土洞穴呈串珠状或蜂窝状分布，下部常以暗穴相连，如图 6.1-12 所示。
③黄土柱：主要是沟边的黄土由流水沿黄土垂直节理潜蚀和崩塌共同作用下形成的柱状黄

土体，如图 6.1-13 所示。④黄土桥：在两个黄土洞穴之间或从沟顶洞穴到沟壁之间，由于地下水作用使它们沟通，并不断扩大其间的地下孔道，在洞穴或洞穴到沟床间地面顶部的残留土体形似土桥的微地貌单元，如图 6.1-14 所示。

图 6.1-11 黄土碟地貌单元示意图

图 6.1-12 黄土洞穴微地貌单元示意图

图 6.1-13 黄土柱微地貌单元示意图

图 6.1-14　黄土桥微地貌单元示意图

（2）地基土构成及岩性特征

根据野外钻探、原位测试及室内土工试验结果，场地地基土可分为 7 层：

第①₁层：素填土（Q_4^{2ml}）

该层主要为分布于火烧沟的底部，浅黄～褐黄色，岩性主要为粉土，含云母、氧化铁、氧化铝，稍密状态，韧性及干强度低。试验段区域火烧沟施工时，局部形成素填土堆积。

第①₂层：黄土状土（Q_4^{dl}）

该层主要分布于 H1、H2 滑坡体上，浅黄～褐黄色，岩性主要为粉土，结构疏松，具大孔隙，含钙质结核，含云母、氧化铁、氧化铝，稍密状态，摇振反应中等，韧性及干强度低。标准贯入试验实测击数 3.0～10.0 击，平均 5.4 击。

第②层：第四系上更新统风积相马兰组黄土（Q_3^{eol}）

根据浸水压力为 200kPa 下的湿陷性可分为：

第②₁层：湿陷性粉土（Q_3^{eol}）

褐黄～褐色，广泛分布于场址梁、峁上，是组成黄土丘陵顶部主要地层，结构疏松，具大孔隙，垂直节理发育，含钙质结核、云母、氧化铁、氧化铝，稍密～中密状态，摇振反应中等，韧性及干强度低，具中～高压缩性，具轻微～强烈湿陷性。标准贯入试验实测击数 4.0～21.0 击，平均 10.57 击。

第②₂层：粉土（Q_3^{eol}）

褐黄～褐色，结构疏松，具大孔隙，垂直节理发育，含钙质结核，含云母、氧化铁、氧化铝，局部夹棕红色、褐红色古土壤层，其岩性为粉质黏土，中密状态，韧性及干强度低，具中～低压缩性。标准贯入试验实测击数 6.0～39.0 击，平均 19.37 击。

第③层：第四系中更新统风积相离石组黄土（Q_2^{eol}）

该层主要出露于试验段内深切沟谷中，褐红～棕红色，含钙质结核或夹钙质结核层，夹数层棕红色条带状古土壤层，含云母、氧化铁、氧化铝，硬塑，摇振反应中等，韧性及干强度中等，标准贯入试验实测击数 12.0～48.0 击，平均 28.29 击。

第④₁层：第三系上新统湖积相保德组粉质黏土（N₂ᵇ）

该层主要出露于火烧沟深切沟谷中，在沟谷底部钻孔揭露该层，紫红～棕红色，夹钙质结核层及泥质、钙质胶结的砾岩，砾岩的砾石母岩成分以灰岩为主，富含铁锰质，含云母、氧化铁、氧化铝，在天然状态下为坚硬～硬塑，受水浸湿后呈软塑状态，无摇振反应，切面光滑，韧性高，干强度高，标准贯入试验实测击数 19.0～56.0 击，平均 32.82 击。

第④₂层：第三系上新统湖积相保德组粉质黏土（N₂ᵇ）

该层主要出露于火烧沟深切沟谷中，在沟谷底部钻孔揭露该层，紫红～棕红色，富含铁锰质，含云母、氧化铁、氧化铝，在天然状态下为坚硬～硬塑，受水浸湿后呈软塑状态，无摇振反应，切面光滑，韧性高，干强度高，标准贯入试验实测击数 39.0～68.0 击，平均 50.6 击。

第⑤层：石炭系中统本溪组砂页岩（C₂ᵇ）

砂岩灰色～灰绿色，中风化，矿物成分以石英、长石为主，多呈砂状结构，层状构造，局部夹页岩薄层或透镜体，岩芯呈短柱状，柱长 8～30cm，属较软岩～较硬岩，质量基本等级为Ⅳ级，*RQD* 为 60～90。

页岩：紫红色，全～强风化，矿物成分以黏土矿物为主，泥质结构，层状薄层理构造，岩芯多呈碎片～短柱状，局部页理发育，遇水后软化，在空气中脱水后极易风化成碎片，属极软岩～软岩，破碎，质量基本等级为Ⅴ级，*RQD* 在 40 左右。

第⑥层：石炭系中统本溪组泥岩（C₂ᵇ）

暗灰色，矿物成分以黏土为主，多呈泥质结构，层状构造，极软岩，中等～强风化，岩芯呈短柱状，柱长 10～15cm，质量基本等级为Ⅳ级，*RQD* 为 50～60。遇水表面有软化、崩解现象，软化系数为 0.02～0.08。

第⑦层：奥陶系中统上马家沟组（O₂ˢ）

灰色～深灰色，矿物成分以方解石、白云石为主，多呈粒屑或晶粒结构，块状构造，较硬岩，岩芯呈短柱状，柱长 5～15cm，局部夹有强风化碎块。较硬岩，质量基本等级为Ⅳ级，*RQD* 在 70 左右。

（3）不良地质作用

根据外业调查及勘察结果，试验段范围内的不良地质作用主要有以下三种：滑坡、崩塌、黄土洞穴。根据外业调查，拟建机场范围内发现滑坡 2 处、崩塌 22 处、不完全统计在整个场地内共发现黄土洞穴 1004 个，其中黄土陷穴 828 个，黄土暗穴 176 个。其中，黄土陷穴主要以竖井状为主，其次为漏斗状；断面形状主要以圆形、椭圆形为主，其次为不规则状。黄土暗穴断面主要以拱形为主，其次为不规则状。如图 6.1-15 所示。

（4）场区分区主要工程地质问题

1）挖方区（Ⅰ区）

Ⅰ₁区位于场地南侧中部，Ⅰ₂区位于场地中部跑道中心周围，Ⅰ₃区位于场地北侧中部，以上各区地貌单元为黄土梁峁区，地层主要为第②₁层湿陷性黄土、第②₂层粉土、第③层离石黄土，勘探深度范围内未见地下水。Ⅰ₁区最大挖方厚度为 29.92m；Ⅰ₂区最大

(a)　　　　　　　　　　　　　　　(b)

图 6.1-15　滑坡崩塌示意图
(a) 滑坡地形地貌；(b) 崩塌示意图

挖方厚度为 39.81m；Ⅰ₃区最大挖方厚度为 72.44m。主要工程地质问题表现为：(1) 稳定性问题：主要为场地挖方后形成的人工边坡稳定性问题；(2) 黄土洞穴的处理问题。

2) 填方区 (Ⅱ区)

Ⅱ₁区位于场地南侧中部，Ⅱ₂区位于场地中部东侧，Ⅱ₃区位于场地中部西侧试验段周围，Ⅱ₄区位于场地北部东侧，以上各区地貌单元为黄土冲沟区，局部地段为黄土梁峁区，地层主要为第②₂层粉土、第③层离石黄土，沟谷底部为第④层上第三系黏性土，勘探深度范围内未见地下水。Ⅱ₁区最大填方高度为 72.3m；Ⅱ₂区最大填方高度 44.5m；Ⅱ₃区 (试验段区域) 最大填方高度 82.4m；Ⅱ₄区最大填方高度 76.1m，以上各区主要工程地质问题表现为：高填方区的边坡稳定性问题、变形与差异沉降问题、黄土洞穴的处理问题。

3) 航站区 (Ⅲ区)

Ⅲ区 (航站区) 位于场地东部，地貌单元为黄土梁峁区，地层主要为第②₁层湿陷性黄土、第②₂层粉土、第③层离石黄土，勘探深度范围内未见地下水。主要工程地质问题表现为地基土的湿陷性问题及黄土洞穴的处理问题。

综上可知：由于场地地形起伏较大，最大高差约 150m，地貌单元种类多，深挖高填区域多，最大填方高度为 82m 左右的地段就位于试验段内，上部马兰黄土厚度变化较大，场地湿陷类型及地基湿陷等级种类多，各种不良地质作用发育，以及工后高填方地段的地基变形等问题相对突出，根据场地工程地质条件，目前试验段乃至整个机场存在的工程地质问题主要包括以下几个方面：

(1) 黄土湿陷性

由于场地位于典型的晋西黄土高原区，主要的地层为马兰黄土、离石黄土，尤其是位于梁峁区的马兰黄土其厚度变化较大，地基土湿陷程度为轻微～强烈，场地湿陷类型及地基湿陷等级种类多，为地基处理带来一定的难度。

（2）不良地质作用发育

场地内黄土洞穴极为发育，崩塌较为发育。黄土洞穴不但直接造成土壤物质的流失，而且对塬畔、梁峁分割蚕食，加剧了沟蚀发展，且因其发育常伴随重力作用，造成严重的水土流失和地质环境的改变。此外黄土洞穴也是塑造黄土高原地貌的一种外部营力作用，它不仅以独特的方式改变着黄土的地质地貌环境，而且也对黄土区的各种工程设施形成巨大的潜在危害。

（3）地基的沉降变形

该问题主要集中于高填方地段，地基沉降包括：① 在填筑体上部巨大的附加荷载作用下天然地基产生的沉降变形；② 填筑体在自重应力下的压缩变形和沉降；③ 由于填方的应力重分布（拱效应等）将使填筑体产生水平变形。

（4）地基稳定性

由于场地内的深挖高填将不可避免的产生一些天然地基、人工地基的稳定性问题，其中主要为高填方地段天然地基的边坡稳定性问题。

6.1.3 场地工程地质分析与评价

（1）湿陷性评价

根据室内试验结果，场地内的湿陷土层主要为马兰黄土（Q_3），其次为滑坡体上部的黄土状土，主要位于黄土梁峁区的顶部，主要以粉土为主，大孔隙、垂直节理发育，厚 $0.0 \sim 22.0$m，自重湿陷系数 δ_{zs} 为 $0.015 \sim 0.108$，湿陷系数 δ_s 为 $0.015 \sim 0.135$，湿陷起始压力介于 $11 \sim 308$kPa，具轻微～强烈湿陷性。

1）湿陷系数与深度的关系

根据本次勘察各探井的室内试验结果，各级压力条件下代表性探井的湿陷系数与深度关系如图 6.1-16 所示。

根据以上典型探井的湿陷系数与深度关系图、室内土工试验资料分析，一般在地表以下 $2.0 \sim 3.0$m 范围内受大气降水等因素影响含水量较大而导致湿陷系数较小，在 $3.0 \sim 5.0$m 范围湿陷系数达到最大，再向下除个别土样外湿陷系数总体上随深度的增加总体呈减小趋势。

2）湿陷系数与压力的关系

根据本次勘察 T51、T54 探井的室内试验结果，不同埋深的土样在各级浸水压力下的湿陷系数与压力关系如图 6.1-17 所示。

由上图、土工试验总表可见湿陷系数在 $200 \sim 600$kPa 范围内随压力增加而增加，增加至一定压力时（一般为 $600 \sim 800$kPa）湿陷系数达到最大，压力再增大时湿陷系数反而呈减小趋势，曲线呈单峰曲线形态。

3）湿陷量与自重湿陷量的计算

根据本次勘察探井土样室内土工试验结果，按《湿陷性黄土地区建筑标准》GB 50025—2018 对其进行湿陷性评价，计算时湿陷量计算值及自重湿陷量计算值均自场地设计标高算起。选取 56 个典型钻孔进行湿陷性评价，结果见表 6.1-1。

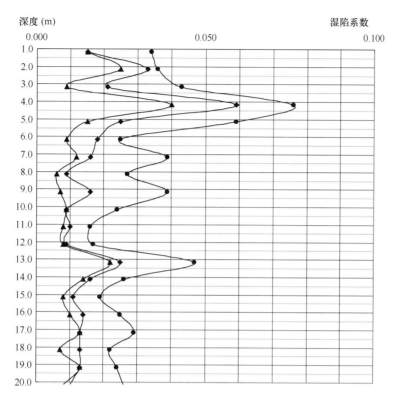

图 6.1-16　典型探井湿陷系数随深度变化图

注：▲：100kPa；◆：200kPa；●：1200kPa

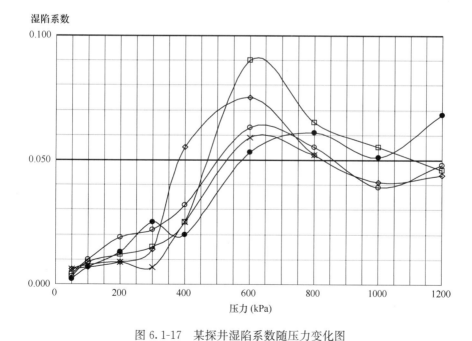

图 6.1-17　某探井湿陷系数随压力变化图

注：○：11.15m；□：12.15m；●：14.15m；◇：16.15m；×：18.15m

4）湿陷性分区与评价

根据上表计算结果综合评价，按不同填方、挖方后的设计标高及实际压力计算，拟建场地 I_1 区属于非湿陷场地～自重湿陷性场地，地基湿陷等级为 I 级（轻微）～Ⅲ级（严重）；I_2 区属于非湿陷场地；I_3 区属于非湿陷场地～非自重湿陷场地，地基湿陷等级为Ⅱ级（中等）；$Ⅱ_1$ 区属于自重湿陷场地，地基湿陷等级为Ⅱ级（中等）～Ⅳ级（很严重）；$Ⅱ_2$ 区属于自重湿陷场地，地基湿陷等级为Ⅱ级（中等）～Ⅲ级（严重）；$Ⅱ_3$ 区Ⅲ级属于非自重湿陷场地，地基湿陷等级为 I 级（轻微）～Ⅱ级（中等）；$Ⅱ_4$ 区非湿陷场地～自重湿陷场地，地基湿陷等级为 I 级（轻微）～Ⅳ级（很严重）；Ⅲ区属于非自重～自重湿陷性场地，地基湿陷等级为 I 级（轻微）～Ⅱ级（中等）。

（2）不良地质作用评价

根据外业调查，机场范围内的不良地质作用主要有以下三种：滑坡、崩塌、黄土洞穴，分述如下：

1）滑坡

拟建场地内共发现滑坡 2 处，其中 H1 滑坡位于试验段内，该滑坡属于老滑坡，在天然状态下处于稳定状态，勘察时滑体前缘部分已被人工挖除，整个滑坡体已被清除并进行了地基处理试验工作，综合考虑对本工程的影响较小。

H2 滑坡位于拟建机场主跑道左侧约 180m。该滑坡为一老滑坡，该滑坡天然状态下处于稳定状态。该滑坡对机场边坡稳定性有较大的影响。

2）崩塌

拟建场地内存在的 22 处崩塌大部分位于填方区的沟谷中，崩塌的规模小，均为小型崩塌，组成岩性多为马兰黄土，仅有 B1、B2 组成岩性为离石黄土，由于大部分位于沟谷中，对工程的影响主要表现为崩积物结构较为混乱，土质疏松，承载力特征值小，沉降大，为了消除不均匀沉降和总沉降量可在回填的过程中可全部挖除后再分层回填或可采用强夯法进行地基处理。

3）黄土洞穴

根据外业地质调查挖方区一般位于黄土梁峁区地势较高的地段，黄土洞穴不发育或发育程度较低，局部地段发育各类黄土陷穴、黄土暗穴，综合考虑这部分黄土洞穴对工程影响较小。在填方区对于发育深度较浅的黄土暗穴、各类黄土陷穴由于其埋深浅并且易于发现、易于处理，综合这部分黄土洞穴对工程影响较小。对于发育深度较大，不易被发现的黄土暗穴对由于其隐蔽性强，对本工程的危害较大。

（3）高填方体地基沉降变形分析

1）计算方法与说明

对于原地基沉降计算，由于上部高填方路堤厚度不一，加之地形条件复杂，且高填方路堤为柔性基底，因而原地基中附加应力的精确计算是十分复杂和困难的。为便于分析和简化计算，假定高填方地基为不变形的刚性基础，基础宽度按大型墩桩基础（取 $B=10m$）来计算原地基中附加应力，在此基础上，按《建筑地基基础设计规范》GB 50007—2011 采用"分层总和法"来计算原地基的沉降变形量。

　　根据实际地形和填方体的高度综合考虑，Ⅱ₁区选择 4 个典型钻孔、Ⅱ₂区选择 2 个典型钻孔、Ⅱ₃区（试验段）选择 8 个典型钻孔、Ⅱ₄区选择 2 个典型钻孔作为计算点进行计算，计算结果见表 6.1-2。计算过程中作如下处理：

填方区地基沉降变形量计算成果表

表 6.1-2

区段	钻孔编号	填筑高度（m）	计算深度（m）	素填土厚度（m）/沉降量（m）	马兰土厚度（m）/沉降量（m）	离石土厚度（m）/沉降量（m）	第三系土厚度（m）/沉降量（m）	总沉降量（m）
Ⅱ₁	95	35.13	30.0		21.4/0.115	8.6/0.078		0.193
	98	31.70	25.0	3.7/0.270	4.6/0.046	16.7/0.183		0.499
	10	36.67	30.0		20.2/0.108	9.8/0.093		0.201
	27	65.04	20.0	3.5/0.280		16.5/0.145		0.425
Ⅱ₂	17	29.14	30.0		7.9/0.024	22.1/0.305		0.329
	26	44.03	30.0		23.1/0.125		6.9/0.031	0.156
Ⅱ₃	1	2.26	20.0		15.0/0.043			0.043
	13	17.27	30.0		23.5/0.130	6.5/0.005		0.135
	39	77.32	30.0	4.8/0.310	—	7.8/0.180		0.490
	41	70.44	34.0	3.4/0.183		13.8/0.295		0.524
	43	60.23	30.0			11.7/0.445		0.445
	44	64.44	30.0	5.1/0.277		16.5/0.181		0.479
	50	5.28	16.0			16.0/0.026		0.026
	52	16.85	12.0		12.0/0.091			0.091
Ⅱ₄	23	76.02	25.0	2.3/0.342			22.7/0.084	0.426
	24	58.91	20.0	3.5/0.251			16.5/0.025	0.276

　　① 地基压缩层分层及岩性以剖面图和钻孔柱状图为依据。

　　② 各层地基土不同压力下的孔隙比进行了钻孔分层绘制综合压缩（e-p）曲线，以便地基变形计算时根据实际压力在曲线中查找其对应的孔隙比并计算相应的压缩系数及压缩模量。实际计算时压缩模量 E_s 值为 e-p 曲线按实际压力确定并结合土层的原位测试结果综合确定，对于原位测试孔参考周围同一层位的试验值为依据。

　　③ 计算深度主要根据填筑体的不同高度以进入相对稳定的第三系黏性土一定深度为界，满足规范的要求。

　　2）高填方体地基沉降变形的综合评价

　　高填方地段地基土主要为第四系松散层，在其上的填筑体，虽然在沉降计算中为简化边界条件起见，将其视为刚性体，而实际上仍是可压缩的松散体，本次计算未包括填筑体自身的沉降变形量，这里计算的沉降变形量，则只是天然地基的沉降变形量。

根据勘察揭露的地层资料，填方区的压缩层主要由中压缩性土组成，考虑到随着深度增加附加应力减小，地基土的强度增加压缩变小，从表 6.1-2 数据分析，在同等高度填筑体下，素填土和马兰黄土的变形比明显大于离石黄土的变形，第三系黏性土的变形非常小，能满足变形控制条件要求。

根据以上变形估算，建议在高填方施工前对表层—填土和马兰黄土进行夯实，通过加快对地基土的固结，改善压缩性从而达到减小地基变形的目的，加快地基土的主固结—压缩沉降量，可在填方体施工过程中完成地更充分。建议在填筑到预定高程后，进行长期观测，待其达到基本沉降稳定，对其沉降部分作补充填筑后，再铺设场道面。

(4) 场地边坡稳定性评价

1）分析方法与参数选择

边坡的稳定性分析主要依据《建筑边坡工程技术规范》GB 50330—2013；《公路路基设计规范》JTG D30—2015 中的有关规定，根据现场调查的自然边坡现状及现场测量的边坡形态建立计算模型，抗剪强度指标在室内试验提供指标的基础上经反复验算并结合现有边坡存在的形态综合分析确定，坡体的重度采用室内试验指标。对自然边坡采用圆弧滑动法（瑞典条分法、简化 Bishop 法）计算边坡的稳定性系数。

机场自然边坡均为近南北走向，以机场跑道中心为界分为东西两个边坡。根据钻探揭露的地层资料及地质调查结果，坡体地层主要为马兰黄土、离石黄土及第三系黏性土，土质较纯，岩性主要为粉土和粉质黏土，属于土质边坡。场地黄土冲沟发育，切割较深，沟谷两侧边坡较为陡峭，自然坡面表层分布的草甸层、季节性冻土层较为松散，孔隙较大，雨水易入渗，降雨时表层土体饱和后抗剪强度降低，加上冲沟边坡较为陡峭，造成冲沟两侧边坡表层普遍存在塌滑现象，边坡坡面稳定性较差。自然边坡表层的塌滑体一般较薄，大都小于 2.0m，容易处理，对机场边坡稳定性的影响不大。

现选择 12 个具有代表性自然边坡进行稳定性分析和评价。本地区抗震设防烈度为Ⅵ度，考虑到工程的重要性，稳定性计算时从不考虑地震力的影响和考虑地震力影响两个方面考虑，考虑地震力影响时，地震烈度提高Ⅰ度按Ⅶ度考虑，地震的水平地震系数 $K_H = 0.1$，地震作用综合性系数取 0.25，地震作用重要性系数取 1.1。由于场地地处黄土地貌单元，边坡马兰黄土、离石黄土遇水后强度降低，因此，边坡稳定性计算时，边坡土体按天然含水量和饱和含水量两种状态考虑。自然边坡稳定性计算参数见表 6.1-3。

自然边坡稳定性计算参数表 表 6.1-3

岩土层名称	天然重度（kN/m³）	饱和重度（kN/m³）	（天然/饱和）黏聚力 c（kPa）	内摩擦角 Φ（°）
Q₄黄土状土	15.7	18.7	30.0/20.0	20.0/17.0
Q₃湿陷性黄土	15.7	18.7	35.0/25.0	23.0/21.0
Q₃非湿陷性黄土	17.0	18.9	40.0/26.0	24.0/22.0
Q₂黄土	19.6	20.2	55.0/32.0	26.0/23.0
N₂粉质黏土	20.1	20.5	70.0/35.0	23.0/22.0

2）场地自然边坡稳定性评价

自然边坡稳定性计算结果见表 6.1-4。根据计算结果可知，计算的自然边坡天然状态下均处于稳定状态，边坡土体处于饱水状态时多处于不稳定状态，少部分剖面部位在天然含水量状态或饱水状态下（不考虑地震力作用）处于稳定状态。一般的降雨不会造成整个边坡土体饱水，现有的科研资料表明，强降雨 48h，黄土边坡坡面入渗深度一般不超过 2.0m，表层土体饱水后抗剪强度降低，加上动水压力的作用，容易发生滑塌，这与场地边坡表层普遍存在塌滑现象，而少见边坡整体失稳（仅 2 处滑坡）是吻合的。机场挖填方后，建议对机场周边的天然边坡做好坡面防护和防排水措施，以保证天然边坡的稳定性。

自然边坡稳定性计算结果表　　　　　　　　　　　　　表 6.1-4

计算剖面	天然含水量状态边坡稳定性系数 F_s				饱水状态边坡稳定性系数 F_s			
	瑞典条分法		简化 Bishop 法		瑞典条分法		简化 Bishop 法	
	不考虑地震力	考虑地震力	不考虑地震力	考虑地震力	不考虑地震力	考虑地震力	不考虑地震力	考虑地震力
1-1	1.11	1.07	1.14	1.08	0.78	0.75	0.80	0.76
2-2	1.17	1.12	1.24	1.17	0.84	0.81	0.87	0.82
3-3	1.51	1.41	1.63	1.51	1.20	1.13	1.24	1.15
4-4	1.07	1.03	1.10	1.04	0.80	0.77	0.82	0.78
5-5	1.28	1.22	1.31	1.24	0.93	0.89	0.98	0.92
6-6	1.22	1.16	1.29	1.21	0.92	0.88	0.98	0.92
7-7	1.49	1.41	1.54	1.44	1.06	1.01	1.11	1.05
8-8	1.23	1.16	1.27	1.18	1.00	0.94	1.02	0.97
9-9	1.23	1.16	1.30	1.21	1.00	0.94	1.04	0.97
10-10	1.15	1.09	1.18	1.11	0.84	0.80	0.87	0.82
11-11	1.21	1.14	1.27	1.19	0.97	0.92	1.02	0.96
12-12	1.26	1.19	1.34	1.26	1.03	0.98	1.10	1.03

6.2　机场场区高边坡稳定性数值分析

填方边坡、挖方边坡的稳定分析是岩土分析中常见的分析内容。边坡的自重、孔隙水压、附加荷载、地震作用、波动水压力荷载对边坡的稳定影响很大。当自重和外力作用下的边坡内部的剪切应力大于边坡岩土所具有的剪切强度时，边坡将发生破坏。通过剪切应力和剪切强度的分析来计算边坡的稳定性的分析叫作边坡稳定分析。

以往的边坡稳定分析没有考虑变形的过程（Duncan，1984；Huang，1983；Brunsden 等，1984）。但是边坡的破坏一般都是变形在逐渐增大最后在局部区域发生较大位移，所以变形和破坏是不可分离的，是变形逐渐发展的过程（Chowdhury，1978；Griffiths，1993）。所以边坡稳定分析需要分析从初始的变形到破坏的整个过程。常用的边坡稳定分析方法包括：① 基于极限平衡理论的整体法（mass procedure）和条分法（slice method）；② 基于强度理论的极限分析法（limit theory）；③ 基于弹性理论的有限元法（finite element method）。

对边坡进行稳定分析不仅要清楚边坡的最小安全系数，而且需要对边坡的破坏形态进行分析，这样才能在适当的位置设置监测点从而获取有价值的监测信息。有限元法可以提供所需数据，而且可以分析边坡的破坏过程（Anderson 等，1987，Duncan，1996）。本节在进行数值计算过程中，使用大型有限元软件 MIDAS/GTS 对机场场区高边坡进行基于有限元法的强度折减法的稳定性分析。

6.2.1 强度折减有限元法原理

(1) 边坡安全系数的定义

在边坡工程中，安全系数是衡量土体稳定的定量指标。瑞典人彼得森（1916）最早提出的边坡稳定条分法，以后经过不断改进形成了瑞典圆弧法，采用滑动面上全部抗滑力矩与滑动力矩之比来定义土坡稳定的安全系数，其表达式为：

$$F_S = \frac{M_f}{M} \tag{6.2-1}$$

最早的边坡稳定分析方法将边坡滑动面假定为圆弧（圆柱面），但对于任意形状的滑动面上述定义便不易求得安全系数。随着土力学学科的发展，不少学者对条分法进行了研究并加以改进。Bishop（1955）提出了新的安全系数的定义，即边坡的安全系数等于沿整个滑动面的抗剪强度与实际产生的剪应力之比。Bishop 的安全系数定义使安全系数的物理意义更加明确，而且应用范围也更加广泛，沿用至今。Bishop 定义的安全系数可以表示为：

$$F_S = \frac{\tau_f}{\tau} \tag{6.2-2}$$

此安全系数定义可认为是滑动面上的一点的安全系数，只要将滑动面上的抗剪强度与实际产生抗剪强度沿整个滑动面积分便可得整体安全系数，这样对于任意滑动面都可以求得安全系数。

上述两种安全系数定义针对的都是极限平衡法，需要对多组滑动面进行试算而求出最小的一个安全系数作为边坡的稳定系数。采用有限元法进行边坡稳定分析时，安全系数的概念在工程界主要有两种不同的定义方式，一是基于强度储备定义的，通常的做法是将材料的强度除以 F，并将 F 逐渐增大（也可以减小），直到有限元计算结果表明结构已达到临界状态，对应的 F 即为结构的安全系数。另一种是将荷载乘以 F，确定对应于结构处

于极限状态的 F 值，即为结构的超载安全系数，实际上是求结构的极限荷载；对于同一体系，这两种不同概念的安全系数是不同的。对于土体，目前多趋向于采用强度储备意义的安全系数。Duncan 指出安全系数可以定义为使土体刚好达到临界破坏状态时，对土体剪切强度进行折减的程度。采用基于强度储备的安全系数定义主要是基于以下两个原因：①土体自重往往是最主要的荷载，但自重既产生下滑力，也产生阻滑力，采用荷载加大法来确定安全系数概念不明确；②土体上作用的外荷载较为明确，而材料强度的变化较大且不易精确确定。设计中保留安全系数的主要原因亦基于此。

Zienkiewicz 等于 1975 年在土工弹塑性有限元数值分析中提出了抗剪强度折减系数的概念，由此确定的强度储备安全系数与 Bishop 在极限平衡法中所给出的稳定安全系数在概念上是一致的。按照 Bishop 的定义，边坡整体安全系数可表示为：

$$F_s = \frac{\int_0^l (c + \sigma\tan\varphi)\mathrm{d}l}{\int_0^l \tau\mathrm{d}l} \tag{6.2-3}$$

将式（6.2-3）两边同除以 F_s，则式（6.2-3）变为：

$$1 = \frac{\int_0^l \left(\frac{c}{F_s} + \sigma\frac{\tan\varphi}{F_s}\right)\mathrm{d}l}{\int_0^l \tau\mathrm{d}l} = \frac{\int_0^l (c' + \sigma\tan\varphi')\mathrm{d}l}{\int_0^l \tau\mathrm{d}l} \tag{6.2-4}$$

式中，$c' = \frac{c}{F_s}$，$\tan\varphi' = \frac{\tan\varphi}{F_s}$。

式（6.2-4）中左边为 1，即当原边坡在强度参数为变为 c'、$\tan\varphi'$ 时边坡的安全系数为 1，边坡达到极限平衡状态。由此可以看出 zienkiewicz 的强度储备安全系数在概念上与 Bishop 的定义是一致的，这就使弹塑性有限元计算的边坡稳定安全系数在概念上能够与传统的方法很好的衔接上。另外，用强度折减法也比较符合工程实际，许多边坡的发生事故常常是由于外界因素引起岩土体强度降低而导致的岩土体滑坡。

（2）强度折减原理

如上文所述，在强度折减法中，安全系数的定义在本质上与传统极限平衡法是一致的。基于有限元强度折减法的边坡稳定分析的基本原理就是将边坡强度参数黏聚力 c' 和内摩擦角 $\tan\varphi'$ 同时除以一个折减系数 F，得到一组新的强度参数值 c' 和 $\tan\varphi'$。然后作为新的材料参数输入，再进行试算，直至边坡达到极限平衡状态，发生剪切破坏，同时得到临界滑动面，此时对应的折减系数 F 即为最小安全系数。经过折减后的剪切强度参数 c' 和 φ' 为：

$$c' = \frac{c}{F}, \varphi' = \arctan\varphi/F \tag{6.2-5}$$

以 Mohr 应力圆来阐述这一强度变化过程，如图 6.2-1 所示，在 σ-τ 坐标系中，有四条直线 A、B、C 及 D，分别表示土的实际强度包线（A）、强度指标折减后所得到的强度包线（B 和 C）和极限平衡即剪切破坏时的极限强度包线（D），图中 Mohr 圆表示一点的

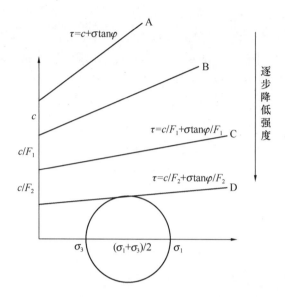

图 6.2-1　强度折减过程示意图

实际应力状态。此时 Mohr 圆的所有部分都处于实际强度包线 A 之内，表明该点没有发生剪切破坏。随着折减系数 F 的增大，Mohr 圆与强度指标折减后所得到的实际发挥强度包线（如图中直线 B 和 C）逐渐靠近。当折减系数 F 增大至某一特定值时，Mohr 圆将与此时强度指标折减后所得到的实际发挥强度包线相切（如图中直线 D），表明此时所发挥的抗剪强度与实际剪应力达到临界平衡，表明实际土坡中该点土体在给定的安全系数 F_s 条件下达到极限平衡状态。因此在土工弹塑性有限元数值分析中应用强度折减系数概念时必须合理地评判临界状态并确定与之相应的安全系数。

通过对图 6.2-1 的分析不难看出，强度折减技术就是从直线 A 到直线 D 逐渐增加折减系数 F 使得强度线与 Mohr 应力圆相切的过程，刚好相切时的折减系数就称为该点的安全系数。

（3）本构模型及强度准则

1）本构模型

边坡稳定分析主要关心的是力和强度问题，而不是位移和变形问题，因而对于本构关系的选择不必十分严格，在运用 MIDAS 软件分析时可采用理想弹塑性模型。MIDAS 的弹塑性模型是弹性—完全塑性的本构关系，其典型的应力—应变曲线如图 6.2-2 所示。

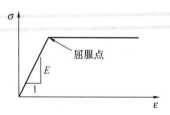

图 6.2-2　弹塑性模型应力应变曲线

弹塑性模型可以克服上述非线性弹性模型中塑性变形随意的缺点，它把总的变形分成弹性变形和塑性变形两部分，用虎克定律计算弹性变形部分，用塑性理论解释塑性变形部分，弹塑性材料进入塑性的特征是当载荷卸去后存在不可恢复的永久变形，因而在涉及卸载的情况时，应力应变之间不再存在唯一的对应关系，这是区别非线性弹性材料的基本属性。

尽管在有限元分析中可以考虑更加复杂的本构模型，但目前在工程分析中最普遍的还是理想弹塑性模型，因为理想弹塑性的结果与工程师们熟悉的极限平衡法的结果最具可比性。另外，对一般的边坡和地下工程，边坡的稳定分析主要关心的是力和强度问题，选择理想弹塑性本构模型已能够满足边坡稳定分析的需要。因而边坡工程用理想弹塑性模型是比较好的选择，计算结果能较好地反映土体实际的工作性态。本节对边坡算例的分析，采用理想弹塑性模型。

2) 强度准则

本节计算过程所选取的强度准则为 Mohr-Coulomb 强度准则，该准则是土力学的经典强度准则，认为土体的破坏是剪切破坏，即在破坏面上法向应力与剪应力的关系为：

$$\tau_n = c + \sigma_n \tan\varphi \tag{6.2-6}$$

用主应力表示为：

$$\frac{1}{2}(\sigma_1 - \sigma_3) = \frac{1}{2}(\sigma_1 + \sigma_3)\sin\varphi + c\cos\varphi \tag{6.2-7}$$

对于理想弹塑性模型来说，屈服就意味着破坏，将 Mohr-Coulomb 强度准则作为屈服准则便得到了 Mohr-Coulomb 屈服条件，一般情况下可表示为：

$$f = \frac{1}{3}I_1(\sigma_{ij})\sin\varphi - \left(\cos\theta_\sigma + \frac{1}{\sqrt{3}}\sin\theta_\sigma\sin\varphi\right)\sqrt{I_2(S_{ij})} + c\sin\varphi = 0 \tag{6.2-8}$$

其中，θ_σ 氏为应力罗德角。Mohr-Coulomb 屈服条件在主应力空间的两平面上的轨迹为一不规则的六棱锥面。试验研究表明，Mohr-Coulomb 屈服准则可以较好地符合岩土材料的屈服和破坏特性。

（4）边坡滑裂面的确定及失稳判据

在传统的有限元边坡稳定分析中，滑移面的确定主要是通过运用各种优化方法对其在一定范围内进行搜索，使得安全系数为最小。而有限元强度折减法中滑面的确定更直观，通过对强度参数的不断折减，到临界状态时，从计算区域的内部应力应变分析得出的等值线图上可明显观察到滑面的大概位置，如位移增量等值线图上可见比较密的等值线带，或广义剪应变增量等值线图上以最大幅值等值线的连线为中心，向两侧近似对称地扩展，形成了一个近乎圆弧形的带状区域，在带状区的中心位置，应变增量的数值最大，这些最大值点的连线自坡底向上贯通，构成了一个弧形的曲线，这条线所在位置就是滑面的位置。此外，通过对计算结果的后处理还可得到塑性区图或塑性应变等值线图，从这些图上也可直观地反映出滑面位置。

强度折减法中边坡失稳的判据如何确定非常重要。如何在不断降低岩土体强度参数的基础上判断边坡是否达到临界破坏状态,这是数值模拟计算时经常遇到的一个难以解决的问题。目前边坡稳定性分析中判断破坏的判据主要有以下几种:

① 以力或者位移的迭代不收敛性作为边坡失稳的标志采用计算的不收敛性作为破坏标准,若在指定的收敛准则下算法不能收敛,则表示应力分布不能满足土体的屈服准则和总体平衡,意味着边坡出现破坏。

② 塑性区贯通判据:以广义塑性应变或者等效塑性应变从坡底到坡顶贯通作为边坡整体失稳的标志,因为土体的塑性破坏主要和塑性区的出现、开展以及重分布紧密相关,而塑性应变能够记忆和描绘塑性区发展与破坏的过程,所以可以采用塑性应变作为失稳评判指标,根据塑性区内的范围及其连通状态确定潜在滑动面及其相应的安全系数。

③ 位移突变判据:以特征点的位移突变作为边坡整体失稳的标志因为当土的强度参数降低到某值时,位移会突然持续增大,结构也自然会趋于破坏。

从以上破坏判据可以看出,边坡的破坏与计算的收敛性、塑性区的范围以及特征点的位移都是有联系的。当边坡处于临界破坏状态时,应力应变已经不能满足摩尔—库仑破坏准则,致使计算不能收敛,从而计算得到的特征点位移会不断地增加,因此特征点位移或者特征点位移增量会突然增加。同时在破坏时滑面上的各点已经处于塑性状态,即塑性区从坡脚至坡顶贯通。所以以上各种破坏标准都是从某一个方面反映了斜坡即将发生破坏,各种判别标准之间并不矛盾,在分析边坡破坏时,可以联合考虑以上三种判据。本节采用数值计算的不收敛性作为边坡整体失稳的判据,然后利用位移图和剪切应变图确定边坡破坏时的临界滑动面。

6.2.2　场区边坡稳定计算及分析

(1) 边坡稳定计算模型与参数

1) 计算模型

本节选取 14 个断面边坡进行稳定分析,模型断面来自于勘察报告及初步设计结果,各断面所处实际位置如图 6.2-3 所示,各个断面边坡有限元计算模型见图 6.2-4。

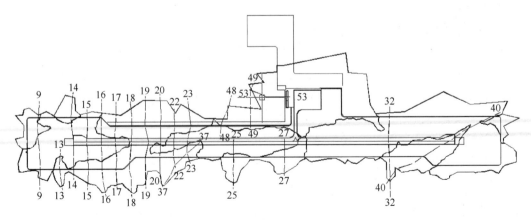

图 6.2-3　计算坡面位置图

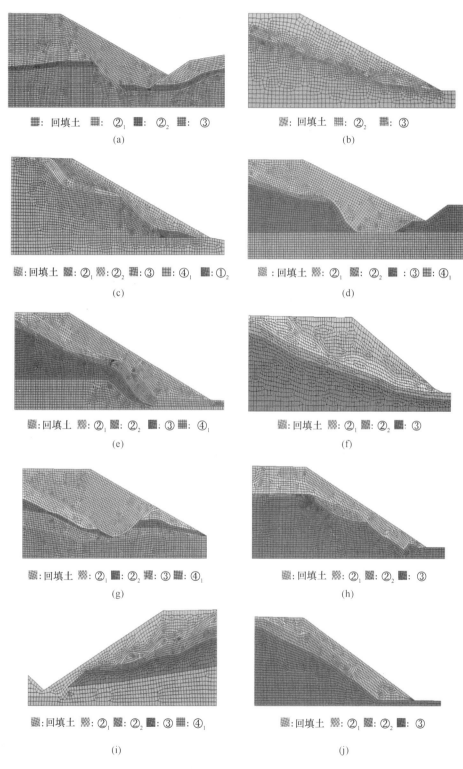

图 6.2-4　计算坡面有限元计算模型（一）

(a) 9-9 断面东坡；(b) 13-13 断面东坡；(c) 14-14 断面东坡；(d) 15-15 断面东坡；(e) 16-16 断面东坡；

(f) 17-17 断面东坡；(g) 18-18 断面东坡；(h) 19-19 断面东坡；(i) 20-20 断面西坡；(j) 23-23 断面东坡

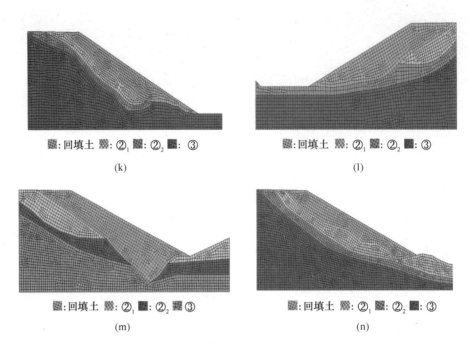

图 6.2-4　计算坡面有限元计算模型（二）

(k) 25-25 断面东坡；(l) 27-27 断面西坡；(m) 32-32 断面东坡；(n) 48-48 断面东坡

2）计算参数

为使得有限元计算有较高的精度，建模过程中以勘探报告为依据，并结合经验定义各个土层参数，各土层参数见表 6.2-1。

各土层有限元计算参数　　　　　　　　　　表 6.2-1

土层	弹性模量 (kPa)	泊松比	密度 (kN/m³)	饱和重度 (kN/m³)	黏聚力 (kPa)	内摩擦角 (°)
回填土	30000	0.3	19	19	38.34	25.3
②₁	28000	0.35	15.5	15.5	28.8	22.4
②₂	30000	0.35	16.6	16.6	28.3	22.5
③	28000	0.35	19.8	19.8	38.6	14.1
④₁	27000	0.35	19.5	19.5	98.2	20.66
①₂	27000	0.35	15	15	29.1	23.3

（2）边坡稳定计算结果与分析

根据上述有限元模型及土层参数，使用大型有限元软件 MIDAS/GTS 进行计算可得各边坡稳定计算结果如图 6.2-5 所示，各个边坡的稳定系数见表 6.2-2。

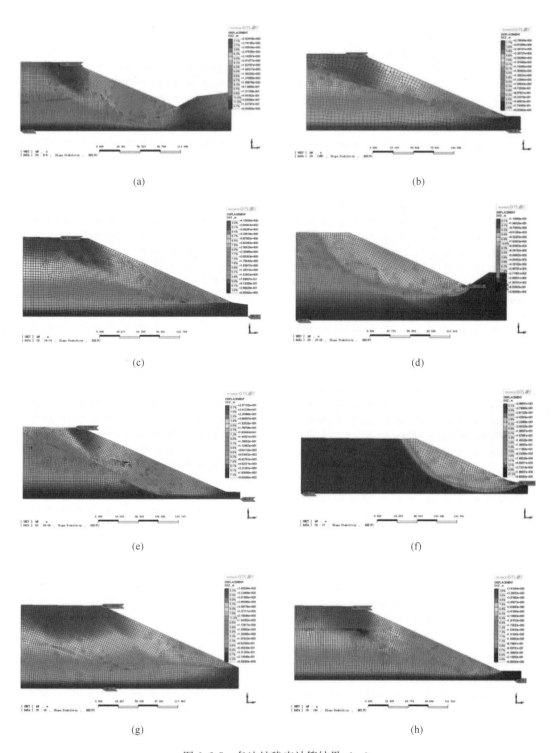

图 6.2-5　各边坡稳定计算结果（一）

(a) 9-9 断面东坡；（b）13-13 断面东坡；（c）14-14 断面东坡；（d）15-15 断面东坡；
(e) 16-16 断面东坡；（f）17-17 断面东坡；（g）18-18 断面东坡；（h）19-19 断面东坡

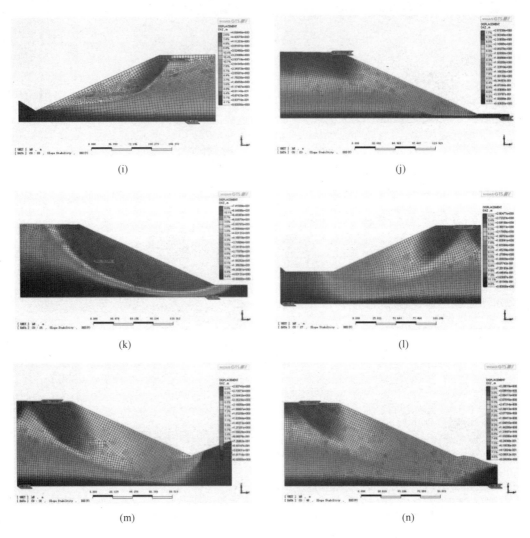

图 6.2-5　各边坡稳定计算结果（二）

(i) 20-20 断面西坡；(j) 23-23 断面东坡；(k) 25-25 断面东坡；

(l) 27-27 断面西坡；(m) 32-32 断面东坡；(n) 48-48 断面东坡

边坡稳定系数计算结果

表 6.2-2

边坡截面	边坡稳定系数	边坡截面	边坡稳定系数
9-9	1.2875	19-19	0.9125
13-13	0.8625	20-20	1.0875
14-14	1.0375	23-23	0.8875
15-15	1.3875	25-25	1.3125
16-16	1.3125	27-27	1.2375
17-17	1.1375	32-32	1.3625
18-18	1.1625	48-48	1.1375

通过以上强度折减有限元法计算和分析可以看出，该工程的高边坡稳定性可综合分析如下：除 13-13、19-19、23-23 断面外，其他断面边坡在天然状态下是稳定的，但安全储备尚有欠缺。破坏潜在滑面为填方体与原地基土接触部位。13-13、19-19、23-23 断面边坡在天然状态下是不稳定的，这是由于此三个断面边坡坡脚处没有天然约束，坡脚处容易滑动，从而造成整个边坡失稳。边坡破坏时坡顶与坡脚的位移量一般随填方高度和厚度的增加而增大。其安全系数也相应降低，但这种规律不明显，这是由于边坡天然地基的坡度及其对填筑体的约束情况不同。

本工程边坡不稳定部位主要集中在跑道南端，施工时在此部位应采取相应措施加固处理，防止滑坡事故的发生。同时，在整个工程施工过程中应做好护坡及监测工作，随时根据监测结果进行进一步分析，预先采取措施防止工程事故的发生。

6.3　本章小结

本章 6.1 节对吕梁机场拟建场区工程地质分析与综合评价，主要有以下结论：

① 场区地貌类型属于剥蚀堆积黄土丘陵区。场地冲沟发育，纵横切割，由黄土梁、峁组成丘陵地貌。工程地质条件复杂，湿陷性黄土具有特殊的岩土结构特征和工程特性，同时又具有超高填方、大土方量、施工难度大、工程环境复杂等特点，使得吕梁机场的岩土工程技术问题极其突出。在设计和施工过程中必须处理好高填方工程中的关键技术，防止工程事故的发生。

② 该工程场区微地貌单元可分为黄土沟谷地貌、黄土沟间地貌、黄土潜蚀地貌。场地地基土可分为 6 层，具体包括：素填土（Q_4^{2ml}）、黄土状土（Q_4^{dl}）、湿陷性粉土（Q_3^{eol}）、粉土（Q_3^{eol}）、离石组黄土（Q_2^{eol}）、粉质黏土（N_2^b）等，地质构造复杂，处理难度较大。

③ 场区范围内的不良地质作用主要有以下三种：滑坡、崩塌、黄土洞穴。根据外业调查，拟建机场范围内发现滑坡 2 处、崩塌 22 处、不完全统计在整个场地内共发现黄土洞穴 1004 个，其中黄土陷穴 828 个，黄土暗穴 176 个。这些不良地质成为本工程地基处理中的难题。

④ 场区按工程需要可分为三个区，即：挖方区（Ⅰ区）、填方区（Ⅱ区）及航站区（Ⅲ区）。其中Ⅰ区的主要工程地质问题为：人工边坡稳定性问题及黄土洞穴的处理问题；Ⅱ区的主要工程地质问题为：高填方区的边坡稳定性问题、变形与差异沉降问题及黄土洞穴的处理问题；Ⅲ区主要工程地质问题为：地基土的湿陷性问题及黄土洞穴的处理问题。因此在具体设计和施工过程中，必须区别对待，有的放矢。根据场地工程地质条件，目前场区存在且需要处理的工程地质问题主要包括：黄土湿陷性、不良地质作用发育、地基的沉降变形及地基稳定性等。

⑤ 拟建场地Ⅰ₁区属于非湿陷场地～自重湿陷性场地，地基湿陷等级为Ⅰ级（轻微）～Ⅲ级（严重）；Ⅰ₂区属于非湿陷场地；Ⅰ₃区属于非湿陷场地～非自重湿陷场地，地基湿陷等级为Ⅱ级（中等）；Ⅱ₁区属于自重湿陷场地，地基湿陷等级为Ⅱ级（中等）～Ⅳ级（很严重）；Ⅱ₂区属于自重湿陷场地，地基湿陷等级为Ⅱ级（中等）～Ⅲ级（严重）；Ⅱ₃区Ⅲ

级属于非自重湿陷场地，地基湿陷等级为Ⅰ级（轻微）～Ⅱ级（中等）；Ⅱ₄区非湿陷场地～自重湿陷场地，地基湿陷等级为Ⅰ级（轻微）～Ⅳ级（很严重）；Ⅲ区属于非自重～自重湿陷性场地，地基湿陷等级为Ⅰ级（轻微）～Ⅱ级（中等）。

⑥ 机场范围内 H1 滑坡对本工程的影响较小，H2 滑坡对机场边坡稳定性有较大的影响；拟建场地内存在的崩塌可全部挖除后再分层回填或可采用强夯法进行地基处理，未成为主要工程地质问题；填方区对于发育深度较浅的黄土暗穴、各类黄土陷穴对工程影响较小，发育深度较大，不易被发现的黄土暗穴对本工程的危害较大。

⑦ 在同等高度填筑体下，素填土和马兰黄土的变形比明显大于离石黄土的变形，第三系黏性土的变形非常小，能满足变形控制条件要求。建议在高填方施工前对表层—填土和马兰黄土进行夯实，并在填筑到预定高程后，进行长期观测，待其达到基本沉降稳定，对其沉降部分作补充填筑后，再铺设场道面。

⑧ 自然边坡天然状态下处于稳定状态，边坡土体处于饱水状态时多处于不稳定状态，少部分剖面部位在天然含水量状态或饱水状态下（不考虑地震力作用）处于稳定状态。机场挖填方后，建议对机场周边的天然边坡做好坡面防护和防排水措施，以保证天然边坡的稳定性。

本章 6.2 节从高填方边坡地质条件、地基特性出发，采用强度折减有限元法，选用理想弹塑性模型，运用 MIDAS/GTS 软件对场区边坡进行数值模拟分析，其结果表明：

① 除少量边坡外，场区边坡在自然条件下整体是稳定的，但安全储备尚有欠缺。

② 在高填方作用下，研究区边坡稳定性较为复杂。通过数值模拟可知，该场区复杂地基条件下高填方边坡的变形与原地基形态、地基刚度及其填筑高度具有相关性。研究区填筑体表面变形模式主要以竖向变形为主，并伴随一定向坡外的位移，且越靠近坡顶竖向分量越大。

③ 填方后剪应变增量主要集中在填筑体与天然地基接触面上，特别是填方厚度大的部位，其次是坡顶部位。主要失稳模式为坡顶表层局部失稳且填筑体与天然地基接触面成为一个潜在的滑动面可能性较大。

④ 由于边坡天然地基的坡度及其对填筑体的约束情况不同。边坡破坏时坡顶与坡脚的位移量一般随填方高度和厚度的增加而增大。其安全系数也相应降低，但这种规律不明显。本工程边坡不稳定部位主要集中在跑道南端，施工时在此部位应采取相应措施加固处理，防止滑坡事故的发生。

第7章 结 论 与 展 望

7.1 结论

7.1.1 压实黄土物理力学特性

(1) 压实马兰黄土变形与抗剪强度特性

① 随着初始压实度的增大及初始含水率的降低，压实马兰黄土黏聚力及内摩擦角均会增加，但初始含水率及初始压实度对黏聚力的影响程度远大于对内摩擦角的影响，黏聚力及内摩擦角与初始含水率及初始压实度具有线性关系。

② 压实马兰黄土初始压实度越大，侧限压缩应变越小，初始压实度对压缩变形的影响程度随初始含水率水平的提高而增大；初始含水率越高，侧限压缩应变越大，初始含水率对压缩变形的影响程度随初始压实度水平的提高而减小。不考虑初始压实度及初始含水率的影响时，压实马兰黄土的 $\varepsilon \sim p$ 关系符合幂函数的形式，即：$\varepsilon = kp^n$。

③ 压实马兰黄土初始压实度及初始含水率发生变化时，可采用本书式（2.2-7）对压实马兰黄土填筑地基变形计算结果进行修正。

(2) 干湿循环作用下压实黄土强度劣化规律

① 干湿循环过程会对压实黄土的强度造成明显的劣化作用，但对应力-应变曲线的形式无明显影响。随着干湿循环次数的增加，强度逐渐劣化并趋于稳定。压实黄土干密度提升引起的孔隙特性改变及更紧密的颗粒接触，导致了其对干湿循环劣化作用的抵抗能力提高。对于黏聚力而言，当干密度从 $1.4g/cm^3$ 提升至 $1.7g/cm^3$ 时，其的最终劣化度从 88.34% 减小到了 36.01%，且劣化速率亦有明显减小。对于内摩擦角而言，干密度的提升对其最终劣化度以及劣化速率均无明显影响。

② 当保持干湿循环下限含水量不变时，随着干湿循环幅度的增加，黏聚力与内摩擦角的最终劣化度均线性增大，而劣化度的发展速率线性减小。当保持干湿循环幅度不变而增加下限含水量时，黏聚力的最终劣化度与劣化度发展速率均随之线性减小，而内摩擦角的最终劣化度 a_φ 与劣化度发展速率均保持不变。

③ 黏聚力的劣化度是干湿循环次数、干密度、干湿循环幅度、下限含水量的函数，而内摩擦角的劣化度仅是干湿循环幅度以及干湿循环次数的函数。

(3) 干湿循环作用下压实黄土的微观结构变化规律

① 干湿循环前较高干密度的压实黄土的定向角度分布曲线趋向于平缓，而干密度较小时则更加陡峭，说明干密度较高的土体孔隙分布偏向均匀，而干密度较小的情况下孔隙

定向性更强。干湿循环作用使孔隙的定向性减弱，孔隙的分布趋于混乱。

② 原始状态下干密度较高的压实黄土圆形度偏低，孔隙更扁，干密度较低的压实黄土孔隙则更偏向圆形。干湿循环后的情况则相反，干密度越小孔隙分布越偏向于扁长，说明干湿循环对孔隙圆形度的影响与压实黄土干密度有关，且干密度越大这种影响越小。对于不同的干密度而言，干湿循环均会导致压实黄土孔隙更偏扁长。随着干湿循环次数的增加，较大直径占比在逐渐增加。同时干湿循环对压实黄土孔隙在较大尺寸方向的影响大于较小尺寸方向，较大尺寸的发展速度更快。干湿循环前后不同干密度压实黄土孔隙中狭长与近圆的孔隙占比较小，绝大多数孔隙为扁圆形。干密度对孔隙的形态影响不大，对孔隙圆度、直径分布以及丰度分布情况的分析均显示干湿循环有使压实黄土孔隙变"狭长"的趋势。

③ 干密度越低压实黄土孔隙越发育。干湿循环后不同干密度压实黄土孔隙分形维数在保持原有规律的同时均有不同程度的增加，说明干湿循环使得压实黄土孔隙更加发育。前 3 次干湿循环对分形维数的影响最大，3 次干湿循环后分形维数基本不再变化，说明干湿循环 3 次后孔隙已经发育完全，后续干湿循环过程将不会对孔隙的复杂程度造成显著影响。

7.1.2 湿陷性黄土高填方地基稳定性

(1) 黄土高填方工后沉降规律及影响因素

① 工后地表沉降在竣工初期速率较大，随着时间的推移，速率降低，最终趋于稳定。通过对数据的拟合，可用对数函数描述地表工后沉降发展规律，表达式为：$s = a\ln(t) + b$。

② 工后地表沉降的发展主要受填土高度和原地基性状的影响，填土高度越高，沉降量越大，速率越快，原地基性状越好，沉降量越小。

③ 累计沉降随着填土的进行而增加，施工期内沉降速率较高，停工期内沉降发展较为缓慢。已填土体的累计沉降速率会随上部填土的不断加载而降低。对不同测点或不同项目而言，累计沉降与填土高度基本呈正相关。

④ 原地基沉降在总沉降中所占比例在填土起始时很大，随着填土施工的进行，填筑体沉降占比增加，原地基占比下降，在施工后期和工后期两者趋于稳定值。原地基处理情况对两种沉降的分配以及沉降量与沉降速率有较大影响，施工时应注意改善原地基性状，达到设计要求。

⑤ 在原地基的处理中，变形模量、渗透系数的提高都有利于减小沉降，多层土体同步改善的效果优于改善单一土层，同时，改善原地基土体渗透性时需注意合理布置排水路径。

⑥ 压实度的提高、含水量的减小和施工速度的降低都有利于减小沉降，说明在实际工程中必须严格执行压实度控制标准，且在工期允许情况下可减缓施工速度。

⑦ 填土中心处沉降最大，向两侧逐渐减小，随着坡度的增加，各点沉降量减小，从中心向两侧的沉降变化速率增大，不均匀沉降表现得更为明显。

（2）湿陷性黄土高贴坡变形模式和稳定性

① 湿陷性黄土高贴坡在天然含水量状态下稳定性较好，工后变形量及变形速率前期较大，后期较小，贴坡体的变形是导致整个边坡变形的主要因素，贴坡体厚度与对应位置工后沉降呈线性关系。

② 土体饱和时，湿陷性黄土高贴坡将发生沉降变形，贴坡体固结及湿陷性土层湿陷共同导致高贴坡的沉降变形，若变形过大，坡体可能沿水分浸入时形成的软弱带开裂破坏。

③ 湿陷性土层的强度决定了湿陷性黄土高贴坡的稳定性，坡体破坏时滑裂面将通过湿陷性土层，其位置取决于湿陷性黄土层与其相邻土层的强度差异，当强度差异较大导致湿陷性黄土层与相邻土层的接触面形成软弱夹层时，则接触面必为滑裂面的一部分，且强度相对较小的接触面首先破坏，滑裂面上部土层表现出比较典型的平移滑动模式，反之，滑裂面近似圆弧，且与接触面之间存在一定厚度的过渡层。

（3）湿陷性黄土高贴坡的合理坡度

① 模型边坡填筑体坡度达到 1：2.25 时，其稳定系数为 1.4875，基本满足规范要求的取值上限。在饱和状态下，当坡比达到 1：2.4 以上时，模型边坡稳定系数才能满足规范要求的取值下限，且所有坡度的模型边坡在饱水状态下稳定系数均不能达到规范要求的取值上限。

② 模型在不同坡比情况下潜在的滑裂面一般开始于边坡边缘处，结束于填筑体坡脚处，且穿过湿陷性黄土层（Q_3^{eol}），与湿陷性黄土层和填筑体接触面相割。

③ 随着填筑体坡比不断减小（坡度减缓），模型边坡稳定系数大致呈线性增加趋势，且天然状态下和饱和状态下趋势线走势基本一致。

（4）湿陷性黄土深堑填方地基变形规律

① 天然含水量条件下深堑填方地基填土层变形较大，湿陷性土层变形较小，非湿陷性土层变形最小，且发生变形的部分位于填方体与原地基结合面附近。饱和状态下，填方体及湿陷性土层强度大大降低，并发生湿陷，变形增大，非湿陷性土层层的变形受含水量变化的影响，导致变形量增大，且变形范围发生较大扩展。对于填筑地基而言，填方体与原状地基的不均匀变形导致了两者之间发生错动，虽然天然状态下，二者变形较小，但差异变形量较大，因此，错动量较大，饱和状态下由于原地基强度减小，变形增大，二者错动量反而减小。不同深堑地形所形成边界条件对深堑填方地基的沉降变形有很大的影响。当断面不对称时，缓坡一侧承担了大部分填方体荷载，当缓坡原地基土体强度能够承担上部荷载时，填方体在其原地基结合部位的变形相对于陡坡一侧较小。

② 在天然含水量状态下，深堑填方地基填土越厚，沉降越大，地表发生不均匀沉降，导致地基发生开裂，原地基坡度较陡时，其滑动趋势首先表现出来，并对填方体有挤压作用，很大程度上延缓了填方体的沉降趋势。当原地基坡度较缓时，原地基边坡较稳定，滑动趋势不明显。

③ 深堑填方地基或者具有同等约束条件下的类似深堑填方地基的填方最大高度建议不超过 70m，如工程要求必须超过 70m，则需对填方体与原地基接触带进行处理，增加填

方体的约束，提高填方体的压实度，以减小填方地基与原地基的不均匀沉降，防止地基开裂失稳。饱和状态下及天然状态下深堑填方地基地表沉降规律类似，填筑过程中地表沉降模式基本不变。研究表明：深堑填方地基在饱和状态下是不稳定的，设计和施工过程中应保证地基具有有效的排水系统，防止地基浸水饱和发生失稳。

（5）强度指标的统计特征及其对边坡可靠度的影响

① 压实黄土的抗剪强度指标分布概率模型应首先考虑正态分布和对数正态分布。压实黄土饱和状态下 c 和 φ 值呈正相关；天然状态下 c 和 φ 值呈负相关。c 值变异性较大，数据离散性大；φ 值变异性较小，数据离散性较小。

② c、φ 相关系数的绝对值越大，边坡可靠性指数越大，边坡越稳定；当 R 小于 0 时，可靠性指数随着 R 绝对值的增大迅速增大，曲线较为陡峭；当 R 大于 0 时，可靠性指数随着 R 的增大趋于平缓。坡高较低时，可靠性指数随 R 绝对值的增大呈指数增大；坡高较高时，可靠性指数在 R 绝对值约大于等于 0.6 时开始趋于平缓。

③ c 值变异性对可靠性指数影响程度普遍大于 φ 值。当 $COV\varphi$ 一致，$COVc$ 不同时，$COVc$ 对低边坡的可靠性指数的影响较大，$COVc$ 对高边坡的可靠性指数的影响相对较小。当 $COVc$ 一致，$COV\varphi$ 不同时，$COV\varphi$ 对低边坡的可靠性指数的影响程度较小，$COV\varphi$ 对高边坡的可靠性指数的影响相对较大。

7.1.3 湿陷性黄土高填方地基变形施工控制

（1）深厚湿陷性黄土地基处理技术

① 采用素土挤密桩处理后的吕梁机场试验场区湿陷性黄土地基土层桩体密实情况良好；原地基经素土挤密桩处理后桩间土的湿陷性消除效果不佳，干密度与处理前的平均参考值相比变化不大，而压缩模量增幅大小不均。素土挤密桩桩间距越小，地基土的处理效果越佳；素土挤密桩单桩复合地基承载力特征值为 240kPa，与本区黄土状土承载力特征值 140～160kPa 相比有较大提高。采用冲击沉管或振动沉管工艺施工素土挤密桩，抱管及塌孔现象严重，工效不佳。综合考虑施工情况及试验结果可知：若素土挤密桩处理类似试验场区的湿陷性黄土地基，需选择和制定科学的施工工艺及参数，才能同时满足地基承载力及施工工效的要求。

② 采用碎石桩处理后的吕梁机场试验场区湿陷性黄土地基桩体密实性较好，但密实性沿深度变化大；0～3m 深度桩间土密实性较好，3m 以下较差；处理后的土层湿陷性基本消除，干密度与处理前的平均参考值相比，基本没有变化，而压缩模量增幅较大；碎石桩的单桩复合地基承载力特征值 240～250kPa，与本区黄土状土承载力特征值 140～160kPa 相比有较大提高；同时，碎石桩桩间距越小，地基土的处理效果越佳。采用冲击沉管或振动沉管工艺施工碎石桩，抱管及塌孔现象严重，工效不佳，施工工艺有待改进。综合考虑施工情况及试验结果可知：若采用碎石桩处理类似试验场区的原始地基，需选择和制定科学的施工工艺及参数，才能同时满足地基承载力及施工工效的要求。

③ 采用强夯处理吕梁机场试验场区深厚湿陷性黄土地基，能够有效加固地基、提高地基承载力及稳定性。经 2000kN·m、3000kN·m 或 6000kN·m 能级强夯处理后的地

基承载力特征值不低于 300kPa，变形模量大于 25MPa，且有效加固深度内湿陷性基本消除。类似试验场区的湿陷性黄土地基可参考本书表 5.1-17 中建议参数采用强夯处理。对试验场区而言，在合理范围内调整夯点中心距，对夯实效果不会造成较大影响，夯能是地基夯实效果的决定性因素。类似试验场区的深厚湿陷性黄土地基采用 6000kN·m 及其以下能级进行强夯处理，其强夯有效加固深度可采用修正 Menard 公式进行估算，修正系数可取 0.35~0.37。

（2）马兰黄土压实填筑工艺

① 吕梁机场试验场区马兰黄土具有很强的水敏感性，作为填料进行填筑施工时，必须严格控制土体含水量，压实系数要求达到 0.93 以上的现场施工土体含水量控制范围可取为 12%~14%，最大干密度可取 1.85~1.89g/cm³。

② 吕梁机场试验场区马兰黄土压实可首选振碾强夯组合压实技术，马兰黄土采用该技术压实，效果非常显著，该技术具有施工速度快、受限制小等特点，可较好的应用于沟壑填筑施工，施工参数可参考本书第 2 章的试验设计参数。

③ 吕梁机场试验场区冲击碾压马兰黄土效果优于振动碾压，含水量是压实效果优劣的主导因素，但现场含水量控制较困难。振动碾压后，再采用冲压补强压实的效果良好，此种组合式压实方法较适宜于对马兰黄土填筑体压实系数有较高要求且工期较短的工程。

④ 工程设计时，在缺乏可靠的试验数据的情况下，类似吕梁机场试验场区的马兰黄土压实填筑的设计与施工所需要的压实马兰黄土主要物理力学指标、填筑地基承载力特征值及土体变形模量可参考本书表 5.2-6 酌情选取。

7.2　展望

高填方地基稳定及工后沉降控制等问题决定着工程的成败，但高填方工程是一个受多因素影响、随时空变异的复杂动态系统，所以，如何控制高填方工程的安全性是工程的关键问题。

本书依托工程实例针对马兰黄土变形与抗剪强度特性、压实黄土受干湿循环作用下宏观强度劣化与微观机理变化规律、湿陷性黄土高贴坡变形模式和稳定性、湿陷性黄土深堑填方地基变形规律、湿陷性黄土地基处理技术等工程关键性问题进行了试验研究与探讨，但由于资料、时间和精力所限，本书尚有诸多内容需要进一步研究，具体包括：

① 构建了干湿循环作用下压实黄土强度劣化模型，在后续研究中将基于本书的研究成果继续研究干湿与冻融循环作用下的压实黄土强度劣化模型，并对两者的作用机理以及相互作用进行研究。

② 将 CLDM 模型与边坡降雨入渗分析相结合，完成了干湿循环作用下边坡安全系数变化规律的数值分析，但在分析过程中未考虑干湿循环对边坡土体入渗特性的影响。后续研究将针对此问题继续深入探讨。

③ 虽然本书引入单纯形搜索法实现了两个参数的同时标定，但是整个标定过程仍然分为了 4 个步骤，对于实际工程应用而言标定过程较繁琐，为推动离散元在实际工程中的

应用，后续研究将致力于简化参数标定过程。

④ 完成的干湿循环作用下边坡稳定离散元分析未考虑干密度的影响，也未考虑边坡不同位置的干湿循环程度不同这一事实，在后续研究中应继续深入研究。

⑤ 由于缺乏对压实黄土流变性的详细研究，本书在有限元分析及简化公式的推导与应用中仅关注了沉降量的问题，对时效变形没有深入分析，今后可进行系列压实黄土流变试验，总结流变规律，结合本书简化算法以及编制有限元软件程序将流变规律用于沉降计算。

⑥ 系列研究只对马兰黄土的填筑压实工艺进行了现场及室内试验，还有必要对离石黄土或两种混合料的压实工艺及变形和强度特性开展进一步研究。同时，由于马兰黄土的压实效果与含水率关系密切，在后续研究过程中还应着重探讨击实功与最优含水率的关系，以正确指导设计与施工。

⑦ 本书只根据试验结果针对模型对应的原型边坡稳定性进行了部分数值分析工作，后续工作中还应根据试验结果开展大量的数值分析，深入探讨黄土高填方地基的变形机理，并针对黄土高填方地基的固结问题开展相关试验及理论研究。

⑧ 虽开展了大量的深厚湿陷性黄土地基处理工艺的现场试验，并取得了许多有价值的试验数据，但尚缺乏深入的理论分析，还未针对大量的试验现象加以理论解释，并形成完整的理论体系，后续工作需开展相关内容的进一步研究。